21世纪高等教育计算机规划教材

数据结构（C++ 语言版）

Data Structure (C++ Language Version)

秦锋 汤亚玲　主编

陈桂芬 章曙光 汪军 林芳 司秀丽 陈学进 秦飞　副主编

人民邮电出版社

北京

图书在版编目（CIP）数据

数据结构：C++语言版 / 秦锋，汤亚玲主编. -- 北京：人民邮电出版社，2014.9（2021.7重印）
21世纪高等教育计算机规划教材
ISBN 978-7-115-35861-5

Ⅰ．①数… Ⅱ．①秦… ②汤… Ⅲ．①数据结构－高等学校－教材②C语言－程序设计－高等学校－教材 Ⅳ.
①TP311.12②TP312

中国版本图书馆CIP数据核字(2014)第178478号

内 容 提 要

本书在简要回顾基本 C++程序设计概念的基础上，全面系统地介绍了队列、堆栈、树、图等基本数据结构。本书将 C++语言作为数据结构的算法描述语言。一方面对传统的数据结构内容进行了 C++语言实现，另一方面将数据结构与面向对象技术结合起来，围绕抽象数据类型的概念来讨论每一种数据结构及算法。书中大量 C++语言的程序实例既是数据结构的具体实现，又是面向对象技术的算法基础。本书理论与实践并重，每章都有大量的习题，强调数据结构的应用价值。

本书可作为计算机类及信息类相关专业的核心教材，也可供广大研究开发人员自学参考使用。

◆ 主　　编　秦　锋　汤亚玲
　　副主编　陈桂芬　章曙光　汪　军　林　芳　司秀丽
　　　　　　陈学进　秦　飞
　　责任编辑　邹文波
　　执行编辑　吴　婷
　　责任印制　彭志环　杨林杰

◆ 人民邮电出版社出版发行　　北京市丰台区成寿寺路 11 号
　　邮编　100164　电子邮件　315@ptpress.com.cn
　　网址　http://www.ptpress.com.cn
　　北京虎彩文化传播有限公司印刷

◆ 开本：787×1092　1/16
　　印张：16.75　　　　　　　　　2014 年 9 月第 1 版
　　字数：438 千字　　　　　　　2021 年 7 月北京第 5 次印刷

定价：39.00 元

读者服务热线：(010)81055256　印装质量热线：(010)81055316
反盗版热线：(010)81055315

前言

写出高质量的程序是每个软件开发者追求的目标。要达到这个目标，仅靠学习几门高级语言是远远不够的，正如一个人仅靠认识几个汉字绝不会写出好文章一样。数据结构这门课程正是开启程序设计知识宝库的金钥匙，其主要目的是培养学生将现实世界抽象为数据和数据模型的能力以及利用计算机进行数据存储和数据加工的能力。

数据结构在计算机科学的各领域中应用十分广泛，如编译系统中要使用栈、语法树等，操作系统中要使用队列、存储管理表、目录树等，数据库系统中要使用线性表、链表、索引树等，人工智能中要使用广义表、检索树、图等。同样，在面向对象的程序设计、计算机图形学、多媒体技术、软件工程等领域，都会用到各种不同的数据结构。因此，学好"数据结构"这门课，能掌握更多的程序设计技巧，并能评价出算法的优劣，为以后学习计算机专业课程及走上工作岗位从事计算机大型软件开发打下良好的基础。

本书内容共 10 章。第 1 章介绍了数据结构与算法等一些基本概念，并对算法描述及算法分析做了简单说明，介绍了衡量算法优劣的主要因素：时间复杂度和空间复杂度的求法。第 2 章简单介绍了 C++基本知识，让熟悉 C 语言但对 C++比较陌生的读者能迅速掌握 C++的基本要点，为后续章节的学习打下基础。第 3 章~第 5 章介绍了线性表、栈、队列、串等的线性结构的逻辑特性、存储结构，以及常用的操作算法的实现和基本应用。第 6 章~第 8 章介绍了多维数据、广义表、树、二叉树、图等非线性结构的逻辑特征，在计算机中的存储表示，一些常用算法实现及基本应用。第 9 章~第 10 章介绍了在计算机中使用非常广泛的排序和查找两种运算，对一些常用的查找、排序算法进行了详细描述，并给出了实现的算法及效率分析。

本书的特点是采用面向对象程序设计语言，即 C++语言作为算法的描述语言，所有算法都已经在 VC++6.0 环境下上机调试通过。由于篇幅所限，大部分算法都以单独的函数形式给出；若读者要运行这些算法，还必须给出一些变量的说明及主函数来调用所给的函数。为方便读者对算法的理解和验证，书中尽量避免采用复杂的 C++机制，如函数模板、类模板、虚基类、多重继承等，只采用通俗易懂的类定义、数据封装和对象指针及简单的继承等基本机制，让读者更多地关注算法本身的设计思想。

"数据结构"是一门实践性很强的课程。读者在进行理论学习的同时，需要动手编写大量的程序并上机调试，以加深对所学知识的理解，也只有这样才能提高自己的编程能力。书中配有丰富的各种类型的习题。对于每章的算法设计题，希望读者思考并有选择地上机验证。

为方便教学，本书免费为授课教师提供电子教案和习题解答，可在人民邮电出版社教学服务与资源网（www.ptpedu.com.cn）上进行下载。

目前，"数据结构"是我国高校计算机专业的核心课程之一，也是其他信息类专业如信息管理、通信工程、信息与计算科学等的必修课程之一。正因为它在计算机培养计划中的重要地位，大多数高校计算机专业研究生入学考试都将"数据结构"作为必考课程之一。

本书可作为高等院校计算机类或信息类相关专业"数据结构"课程教材，建议理论课时为 50 ~ 70 学时，上机及课程设计等实践课时为 20 ~ 30 学时。各院校可根据本校的专业特点和学生的实际情况，适当增删。

本书由秦锋、汤亚玲任主编，负责全书的编撰和整理，以确保各章节内容的完整和风格的统一；由陈桂芬、章曙光、汪军、林芳、司秀丽、陈学进、秦飞任副主编。

其中，第 1 章、第 7 章由秦锋编写，第 8 章由汤亚玲编写，第 6 章由陈桂芬编写，第 9 章由章曙光编写，第 4 章由汪军编写，第 10 章由林芳编写，第 3 章由司秀丽编写，第 5 章由陈学进编写，第 2 章由秦飞编写。全书由秦锋、汤亚玲负责修改并统稿。

因编者水平有限，书中难免有不足甚至错误之处，敬请广大读者批评指正！

建议或者意见请联系 fqin@ahut.edu.cn、tangyl@ahut.edu.cn。

编　者
2014 年 6 月

目　录

第1章
绪论

教学提示：数据结构主要研究 4 方面的问题：（1）数据的逻辑结构，即数据之间的逻辑关系；（2）数据的物理结构，即数据在计算机内的存储方式；（3）对数据的加工，即基于某种存储方式的运行算法；（4）算法的分析，即评价算法的优劣。本章重点介绍数据结构研究问题所涉及的基本知识和概念。

教学目标：了解研究数据结构的目的及相关基本概念和术语，掌握算法基本概念和算法评价依据——时间复杂度和空间复杂度。

1.1 数据结构的概念

软件设计是计算机学科各领域的核心。在计算机发展的早期，软件设计所处理的数据都是整型、实型等简单数据，绝大多数的应用软件都是用于数值计算。随着信息技术的发展，计算机逐渐进入金融、商业、管理、通信及制造业等行业，广泛地应用于数据处理和过程控制。计算机加工处理的对象也由纯粹的数值型数据发展到字符、表格和图像等各种具有一定结构的数据，这就给程序设计带来一些新的问题。为了设计出一个结构好而且效率高的程序，必须研究数据的特性、相互关系及对应的存储表示，并利用这些特性和关系设计出相应的算法和程序，这正是数据结构课程研究的内容。

1.1.1 什么是数据结构

用计算机解决一个具体问题时，一般需要经过下列几个步骤：首先要从该具体问题抽象出一个适当的数学模型，然后设计或选择一个解此数学模型的算法，最后编写出程序进行调试、测试，直至得到最终的解答。

由于早期计算机所涉及的运算对象是简单的整型、实型或布尔类型数据，程序设计者的精力主要集中于程序设计的技巧上，无须重视数据结构。随着计算机应用领域的扩大和软、硬件技术的发展，非数值计算问题显得越来越重要。据统计，当今用计算机处理的非数值计算性问题占 90%以上的机器时间，如图书资料的检索、职工档案管理、博弈游戏等，这类问题涉及的数据结构相当复杂，数据元素之间的相互关系无法用数学方程或数学公式来描述。这类问题的处理对象中的各分量不再是单纯的数值型数据，更多的是字符、字符串或其他编码表示的信息。因此，首要的问题是把处理对象中的各种信息按其逻辑特性组织起来，再研究如何把它们存储到计算机中。只有做完了这些工作，才能设计解决具体问题的算法，并编写出相应的程序。下面列举的具体问题就属于这一类。

【例 1.1】 学生成绩查询。

假定要编写一个计算机程序以查询某大学或某地区学生英语四级考试成绩。解决此问题，首先要构造一张成绩登记表，表中每个登记项至少有 3 个信息：准考证号、姓名与考试成绩。写出查找算法的好坏，取决于这个登记表的结构及存储方式。最简单的方式是把表中的信息按照某种次序（如登记的次序）依次存储在计算机内一组连续的存储单元中。用高级语言表述，就是把整个表作为一个数组，表的每项（一个人的准考证号、姓名与考试成绩）是数组的一个元素。按准考证号查找时，从表的第一项开始，依次查对准考证号，直到找出指定的准考证号或确定表中没有要找的准考证号为止。这种查找算法对于一个规模不大的学校或许是可行的，但对于一个有几十万甚至几百万考生的省份或地区就不适用了。因此，一种常见的做法是把成绩登记表按照准考证号从小到大排序（见表 1-1），并存储在计算机内一组连续的存储单元中，在查找时可以采用折半查找算法（第 9 章有详细介绍），查找速度可大大提高。

表 1-1　　　　　　　　　　　　英语四级成绩表

准 考 证 号	姓　　名	成绩（按百分制算）
100405003	张　山	75
100405004	陈　明	59
100405123	王芳芳	63
…	…	…
100507082	丁凯乐	56
100507083	李　明	66

从这个例子可以看出，成绩登记表如何构造、如何存储在计算机内存中将直接影响查找算法的设计以及算法的执行效率。表 1-1 是为解决英语四级成绩查询问题而建立的数学模型。这类模型的主要操作是按照某个特定要求（如给定姓名或准考证号等）对登记表进行查询。诸如此类的还有人事档案管理、图书资料管理等。这类文档管理的数学模型中，计算机处理的对象之间通常存在一种简单的线性关系，故这类数学模型可称为线性的数据结构。

【例 1.2】 判定树问题。

有 8 枚硬币，分别用 a、b、c、d、e、f、g、h 表示，其中有且仅有一枚硬币是伪造的，假硬币的质量和真硬币的质量不同，可能轻，也可能重。现要求设计算法，用最少的比较次数挑选出假硬币，并同时确定这枚假硬币的质量比其他硬币的质量是重还是轻。

该问题的解决似乎比较难，借助一种叫作判定树的数据结构，将此问题的求解过程描述成图 1.1。很容易看出，只要比较 3 次就能找出答案。图中字母 H 和 L 分别表示假硬币较其他真硬币重、轻。

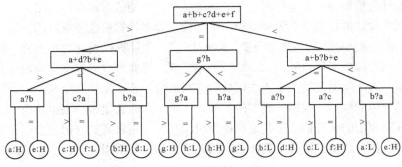

图 1.1　判定树

显然，这种树结构不是线性结构，它比线性结构复杂。

【例 1.3】 最小代价问题。

假设几个村庄之间要架设输电线路，根据电能的可传递性，并不需要在每对村庄之间架设线路。如何用最小代价架设线路让每个村庄都能用上电。

处理此类问题需要用到图这种数据结构。用顶点代表村庄，每对顶点之间的边代表村庄之间的线路，边的权值代表线路的建设费用，如图 1.2 所示。只要把这个图的有关信息存储在计算机中，利用图论中最小生成树算法，在此图中找出不能形成回路的 $n-1$ 条边，并使得权值最小。显然，这种图结构比树结构更加复杂。

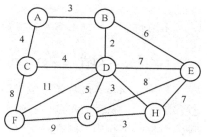

图 1.2 输电线路示意图

从上述 3 个例子可见，描述非数值计算问题的数学模型不再是数学方程或数学公式，而是诸如表、树、图之类的数据结构。从这些例子也可以看出，非数值计算问题的求解往往比较复杂，涉及数据的逻辑结构、数据存储、数据加工等。这也正是"数据结构"这门课程所要研究的内容。

1.1.2　学习数据结构的意义

数据结构是计算机科学与技术专业的核心基础课程。所有的计算机系统软件和应用软件都要用到各种类型的数据结构。因此，要想更好地运用计算机来解决实际问题，仅掌握几种计算机程序设计语言是难以应付众多复杂课题的。要想有效地使用计算机、充分发挥计算机的性能，还必须学习和掌握好数据结构的有关知识。学好"数据结构"这门课程，对于学习计算机专业的其他课程，如操作系统、编译原理、数据库管理系统、软件工程、人工智能等都是十分有益的。

数据结构作为一门独立的课程，最早是由美国开设的。1968 年，美国唐·欧·克努特教授开创了数据结构的最初体系。他所著的《计算机程序设计技巧》第一卷《基本算法》，是第一本较系统地阐述数据的逻辑结构和存储结构及其操作的著作。20 世纪 60 年代末至 70 年代初，出现了大型程序，软件也相对独立，结构程序设计成为程序设计方法学的主要内容，数据结构的地位显得更为重要。人们认为，程序设计的实质是对确定的问题选一个好的结构，加上一种好的算法。当时，数据结构几乎和图论，特别是表、树的理论为同义语。随后，数据结构这个概念被扩充到包括图、集合、格、关系等方面，从而变成现在称为"离散结构"的内容。然而，由于数据必须在计算机中进行处理，因此，不仅要考虑数据本身的数学特性，还要考虑数据的存储结构，这就进一步扩大了数据结构的内容。

瑞士计算机科学家沃斯（N.Wirth）教授曾以"算法+数据结构=程序"作为他的一本著作的名称。可见，程序设计的实质是对实际问题选择一种好的数据结构，并设计一个好的算法。

数据结构的研究不仅涉及计算机硬件（特别是编码理论、存储装置和存取方法等）的研究范围，而且与计算机软件的研究有着密切的关系。无论是编译程序还是操作系统，都涉及如何组织数据，使检索和存取数据更为方便。因此，可以认为，数据结构是介于数学、计算机硬件和软件三者之间的一门核心课程。

目前，数据结构是我国高校计算机专业的核心课程之一，也是其他信息类专业如信息管理、通信工程、信息与计算科学等的必修课程之一。

1.2 基本概念和术语

本节将对一些基本概念和术语加以定义和解释，这些概念和术语将在以后的章节中多次出现。

1.2.1 数据与数据元素

数据（Data）是对客观事物的符号表示，它能被计算机识别、存储和加工处理。它是计算机程序加工的"原料"。例如，一个代数方程求解程序所用到的数据是整数和实数，一个编译程序处理的对象是字符串（源程序）。在计算机科学中，数据的含义相当广泛。如客观世界中的声音、图像等，经过某些处理也可被计算机识别、存储和处理，因而它们也属于数据的范畴。

数据元素（Data Element）是数据的基本单位，有时也称为元素、结点、顶点、记录。一个数据元素可能由若干数据项（Data Item）组成。例如，例 1.1 中的英语四级成绩表中，每个人的准考证号、姓名与成绩组成了一个数据元素，即一个数据元素包含 3 个数据项。整个英语四级成绩表就是计算机程序要处理的数据。数据项是最小标识单位，有时也称为字段、域或属性。数据元素也可以仅有一个数据项。

数据结构（Data Structure）是指数据元素之间的相互关系，即数据的组织形式。它一般包括以下 3 方面的内容：

（1）数据元素之间的逻辑关系，也称为数据的逻辑结构（Logical Structure）。它独立于计算机，是数据本身所固有的。

（2）数据元素及逻辑关系在计算机存储器内的表示方式，称为数据的存储结构（Storage Structure）。它是逻辑结构在计算机存储器中的映射，必须依赖于计算机。

（3）数据运算，即对数据施加的操作。运算的定义直接依赖于逻辑结构，但运算的实现必须依赖于存储结构。

1.2.2 数据的逻辑结构

数据的逻辑结构是从逻辑关系上描述数据，不涉及数据在计算机中的存储，是独立于计算机的。可以说，数据的逻辑结构是程序员根据具体问题抽象出来的数学模型。数据中元素通常有下列四种形式的逻辑关系。

（1）集合：任何两个元素之间都没有逻辑关系，每个元素都是孤立的。

（2）线性结构：结构中的元素之间存在一对一的关系，即所谓的线性关系。例 1.1 中的四级考试成绩表就是一个线性结构。在这个结构中，元素（由一个人的准考证号、姓名和考试成绩组成）的排列十分有序，第一个元素之后紧跟着第二个元素，第二个元素之后紧跟着第三个元素，以此类推，整个结构就像一条"链"，故有"线性结构"之称。

（3）树形结构：结构中的数据元素之间存在一对多的关系，如例 1.2 中的判定树。这种结构像自然界中倒长的"树"一样，呈分支、层次状态。在这种结构中，元素之间的逻辑关系通常称作双亲与子女关系。例如，家谱、行政组织结构等都可用树形结构来表示。

（4）图状结构：结构中的元素之间存在多对多的关系。也就是说，元素间的逻辑关系可以是任意的，如例 1.3 的数学模型。在这种结构中，元素间的逻辑关系也称作邻接关系。通常将集合、树形结构、图状结构归纳为非线性结构。因此，数据的逻辑结构可分为两大类，即线性结构和非线性结构。

1.2.3　数据的存储结构

数据的存储结构是指数据在计算机内的表示方法，是逻辑结构的具体实现。因此，存储结构应包含两方面的内容，即数据元素本身的表示与数据元素间逻辑关系的表示。数据的存储结构有下列 4 种基本方式。

（1）顺序存储：将数据元素依次存储于一组地址连续的存储单元中，元素间的逻辑关系由存储单元的位置直接体现，由此得到的存储表示称为顺序存储结构（Sequential Storage Structure）。高级语言中，常用一维数组来实现顺序存储结构。该方法主要用于线性结构。非线性结构也可通过某种线性化的处理，实现顺序存储。

（2）链接存储：将数据元素存储在一组任意的存储单元中，用附加的指针域表示元素之间的逻辑关系，由此得到的存储表示称为链接存储（Linked Storage Structure）。使用这种存储结构时，往往把一个数据元素及附加的指针一起称作一个结点。高级语言中，常用指针变量实现链接存储。

（3）索引存储：该方法的特点是在存储数据元素的同时，还可以建立附加的索引表。索引表中每一项称为索引项。索引项的一般形式是：（关键字，地址）。关键字是指能唯一标识数据元素的数据项。若每个数据元素在索引表中均有一个索引项，则该索引表称为稠密索引（Dense Index）。若一个索引项对应一组数据元素，则该索引表称为稀疏索引（Sparse Index）。

（4）散列存储：该方法是依据数据元素的关键字，用一个事先设计好的函数计算出该数据元素的存储地址，然后把它存入该地址中。这种函数称为散列函数，由散列函数计算出的地址称为散列地址。

上述 4 种存储方式既可单独使用，也可组合使用。逻辑结构确定后，采取何种存储结构，要根据具体问题而定，主要的考虑因素是运算方便、算法效率与空间的要求。例如为了提高查找例 1.1 中英语四级成绩表的效率，也可以采用索引存储方式，将姓张的、姓李的、姓王的……考生成绩分别按照姓氏存储在一起，同时建一个姓氏索引表。如果要查找李某的成绩，先到索引表中找到姓李的考生存储首地址，再去查找李某的成绩。

存储结构的描述与程序设计语言有关。用机器语言描述，则存储结构是数据元素在存储器中的物理位置；用高级语言描述，则不必涉及计算机的内存地址，可用类型说明来描述存储结构。

1.2.4　数据运算

数据运算是对数据施加的操作。每种逻辑结构都有一个基本运算的集合。例如，最常用的基本运算有检索（查找）、插入、删除、更新、排序等。因为这些运算是在逻辑结构上施加的操作，因此它们同逻辑结构一样也是抽象的，只规定"做什么"，无须考虑"如何做"。只有确定存储结构后，才能考虑"如何做"。简言之，运算在逻辑结构上定义，在存储结构上实现。

必须注意，数据结构包含逻辑结构、存储结构和运算三方面的内容。同一逻辑结构采用不同存储结构，得到的是不同的数据结构，常用不同的数据结构名来标识它们。例如，线性结构采用顺序存储时称为顺序表，采用链接存储时则称为链表。同样，同一逻辑结构定义不同的运算也会导致不同的数据结构。例如，若限制线性结构的插入、删除在一端进行，则该结构称为栈；若限制插入在一端进行，而删除在另一端进行，则称为队列。更进一步，若栈采用顺序存储结构，则称为顺序栈；若栈采用链式存储结构，则称为链栈。顺序栈与链栈也是两种不同的数据结构。

1.2.5　数据类型

数据类型（Data Type）是和数据结构密切相关的一个概念，几乎所有高级语言都提供这一概念。数据类型是一个值的集合和在这个集合上定义的一组操作的总称。例如，C++中的整型变量，其值集为某个区间上的整数（区间大小依赖于不同的机器），定义在其上的操作为加、减、乘、除和取模等运算。

按"值"可否分解，可把数据类型分为两类。

（1）原子类型：其值不可分解，如 C++的基本类型（整型、字符型、实型、枚举型）、指针类型和空类型。

（2）结构类型：其值可分解成若干成分（或称分量），如 C++的数组类型、结构类型等。结构类型的成分可以是原子类型，也可以是某种结构类型。可以把数据类型看作程序设计语言已实现的数据结构。

引入数据类型的目的，从硬件角度考虑，是作为解释计算机内存中信息含义的一种手段；对用户来说，实现了信息的隐蔽，即将一切用户不必了解的细节都封装在类型中。例如，用户在使用整数类型时，既不需要了解整数在计算机内如何表示，也不必了解其操作（如两个整数相加）硬件是如何进行的。

1.2.6　抽象数据类型

抽象数据类型（Abstract Data Type，ADT）是指一个数学模型，以及定义在该模型上的一组操作。抽象数据类型的定义取决于它的一组逻辑特性，而与其在计算机内部如何表示和实现无关。也就是说，不论其内部结构如何变化，只要它的数学特性不变，都不影响其外部的使用。

抽象数据类型和数据类型实质上是一个概念。例如，整数类型是一个 ADT，其数据对象是指能容纳的整数，基本操作有加、减、乘、除和取模等。尽管它们在不同处理器上的实现方法可以不同，但由于其定义的数学特性相同，在用户看来都是相同的。因此，"抽象"的意义在于数据类型的数学抽象特性。

但在另一方面，抽象数据类型的范畴更广。它不再局限于前述各处理器中已定义并实现的数据类型，还包括用户在设计软件系统时自己定义的数据类型。为了提高软件的重用性，在近代程序设计方法学中，要求在构成软件系统的每个相对独立的模块上，定义一组数据和施于这些数据上的一组操作，并在模块的内部给出这些数据的表示及其操作的细节，而在模块的外部使用的只是抽象的数据及抽象的操作。这也就是面向对象的程序设计方法。

抽象数据类型的定义可以由一种数据结构和定义在其上的一组操作组成，而数据结构又包括数据元素间的关系，因此抽象数据类型一般可以由元素、关系及操作三种要素来定义。

抽象数据结构的特征是使用与实现相分离，实行封装的信息隐蔽。也就是说，在抽象数据类型设计时，把类型的定义与其实现分离开来。

1.3　算法和算法分析

1.3.1　算法定义及描述

数据运算是通过算法来描述的，因此讨论算法是数据结构课程的重要内容之一。

算法（Algorithm）是对特定问题求解步骤的描述，是指令的有限序列，其中每条指令表示一个或多个操作。对于实际问题，不仅要选择合适的数据结构，还要有好的算法，才能更好地求解问题。

一个算法必须具备下列 5 个特性。

（1）有穷性：一个算法对于任何合法的输入必须在执行有穷步骤之后结束，且每步都可在有限时间内完成。

（2）确定性：算法的每条指令必须有确切含义，不能有二义性。在任何条件下，算法只有唯一的一条执行路径，即对相同的输入只能得出相同的结果。

（3）可行性：算法是可行的，即算法中描述的操作均可通过已经实现的基本运算的有限次执行来实现。

（4）输入：一个算法有零个或多个输入，这些输入取自算法加工对象的集合。

（5）输出：一个算法有一个或多个输出，这些输出应是算法对输入加工后合乎逻辑的结果。

程序与算法十分相似，但程序不一定要满足有穷性。例如，操作系统启动后，即使没有作业要处理，它仍然会处于等待循环中，以等待新的作业进入，所以不满足有穷性。另外，沃斯（N.Wirth）的"数据结构+算法=程序"公式意味着，可终止的程序的执行部分才是算法。

算法可以使用各种不同的方法来描述。

最简单的方法是使用自然语言。用自然语言来描述算法的优点是简单且便于人们对算法的阅读；缺点是不够严谨，容易产生二义性。

可以使用程序流程图、N-S 图等算法描述工具。其特点是描述过程简洁明了。

用以上两种方法描述的算法不能直接在计算机上执行。若要将它转换成可执行的程序，还有一个编程的问题。

可以直接使用某种程序设计语言来描述算法。不过直接使用程序设计语言并不容易，而且不太直观，常常需要借助注释才能使人看明白。

为了解决理解与执行之间的矛盾，人们常常使用一种称为伪码语言的描述方法来进行算法描述。伪码语言介于高级程序设计语言和自然语言之间，它忽略高级程序设计语言中一些严格的语法规则与描述细节，因此它比程序设计语言更容易描述和被人理解，而比自然语言更接近程序设计语言。它虽然不能直接执行，但很容易被转换成高级语言。本书采用 C++语言作为描述数据结构和算法的工具，但在具体描述时有所简化，如常常将类型定义和变量定义省略。考虑到部分读者有 C 语言的基础但对 C++不太熟悉，本书的第 2 章重点介绍 C++的基础知识。

1.3.2　算法评价

什么是好的算法？同一个问题可能有多种求解的算法，到底哪个更优？通常对算法的评价按照下面 4 个指标来衡量。

（1）正确性（Correctness）：算法的正确性主要有 4 个层次的要求，第一层次是指算法没有语法错误，第二层次是指算法对于几组输入数据能够得出满足规格说明要求的结果，第三层次是指算法对于精心选择的苛刻并带有刁难性的几组输入数据能够得出满足规格说明要求的结果，第四层次是指算法对于一切合法的输入数据都能得出满足规格说明要求的结果。显然，达到第四层次的正确性是非常困难的，因为所有不同输入数据的数量大得惊人，一一验证的方法既不可取也不现实。要证明一个算法完全正确还不是件容易的事情，目前也只处于理论研究阶段。当今对于大型软件进行专业测试，达到第三层次的正确性就认为该软件是合格产品。

（2）可读性（Readability）：指算法要便于人们阅读、交流与调试。可读性好有助于人们对算法的理解；晦涩难懂的算法易于隐藏错误且难以调试和修改。

在此提供几个在程序编写上提高可读性的方法，以帮助读者建立起良好的编写风格。

① 注释：一份良好的程序，除了程序本身外，最重要的是要有一份完整的程序说明文件。一份没有注释的程序，宛如一部天书，常常会让负责维护的程序员搞不懂设计者的设计思想。一份注释完整的程序，除了设计者自己阅读和排错上的方便外，更容易让人了解设计者的程序，并赞叹其在程序设计上的巧思与创意。通常，选择在重要的程序语句后面加上一个注释内容。

请读者将下面这一段程序与以前编写过的程序比较一下，看看这个程序是不是更容易读懂。

```cpp
//= = = = = = = = = = Program Description= = = = = = = = = =
//程序名称：sum.c
//程序目的：设计一个计算二维数组每行元素之和的程序
//Written By Hua Li
//= = = = = = = = = = = = = = = = = = = = = = = = = = = =

#include <iostream.h>
void RowSum(int A[][4], int nrow)
//计算二维数组 A 每行元素值的和，nrow 是行数
{
  for(int i = 0; i < nrow; i++)
  {
    for(int j = 1; j < 4; j++)
      A[i][0] += A[i][j];                  //每行和保存于数组 A 的第 0 列
  }
}
void main(void)                            //主函数
{
  int Table[3][4] = {{1,2,3,4},{2,3,4,5},{3,4,5,6}};    //定义并初始化数组
  for(int i = 0; i < 3; i++)               //输出数组元素
  {
    for(int j = 0; j < 4; j++)
      cout << Table[i][j] << "   ";
    cout << endl;
  }
  RowSum(Table,3);                         //调用子函数，计算各行和
  for(i = 0; i < 3; i++)                   //输出计算结果
  {
    cout << "Sum of row " << i << " is " <<Table[i][0]<< endl;
  }
}
```

② 变量命名：编程时常常需要定义变量，变量的取名不可随意。假设想要写一个计算学生成绩的程序，程序中需要用户输入学生学号、语文成绩、英语成绩、数学成绩，最后再计算出 3 科的平均成绩。此时如果程序中的变量声明为：

```cpp
int    x;
int    A,B,C;
int    D;
```

没有人会看懂这几个变量代表什么。即使在程序之初就注明 X 代表学生学号、A 代表语文成绩、B 代表英语成绩、C 代表数学成绩、D 代表 3 科平均成绩，在程序编写或维护过程中，也会

很容易忘记它们的含义。如果把这 5 个变量声明为：

```
int    studentNum;                    //学生学号
int    chinese;                       //语文成绩
int    english;                       //英语成绩
int    math;                          //数学成绩
int    average;                       //3 科平均成绩
```

这样是不是比较清楚易懂呢？因为变量的声明通常会在某一个特定的区域（如程序开头），如果在变量之后再加上一些注释说明，这样在编写或修改程序之际，变量声明的区域就像一个小字典，提供给设计者所有在此程序中的输入和输出信息。

③ 程序缩排：在程序中经常会用到一些条件式语句或循环结构，这个语句包含了 C++语言中区块（Block），也就是一群单一语句的集合，通常以"{"及"}"来划分。"{"表示区块的开始，"}"表示区块的结束，在区块划分上有两种设计的风格。

一种是把开头的"{"与语句放在同一行，"}"要与第一行语句对齐，如：

```
for(i=0 ; i<10 ; i++ )  {
    cout<<Data[i] ;                   //输出数据
    if(key == data[i])                //查找到数据时
            return i;
    counter++;                        //计数器递增
}
```

另一种是把开头的"{"不与语句放在同一行，"}"要与"{"对齐，如：

```
for(i=0 ; i<10 ; i++ )
{
    cout<<data[i];                    //输出数据
    if(key == data[i])                //查找到数据时
            return i;
    counter++;                        //计数器递增
}
```

这两种格式都可以，但第二种格式更规范，程序可读性更强。

另外程序中最好有缩排，可以帮助程序员减少排错的时间。缩排通常在一些区块、条件语句、循环结构上产生出层次的关系。缩排通常空 2 个空格、4 个空格或 8 个空格。其中以 4 个空格最佳。

④ 段落：程序中除了子程序以外，还有一些专为某一个目的所写的语句，这些语句的个数不等。在编写程序时，不同目的语句之间最好插入一个空白行，再加上注释，这可让程序有段落的感觉，在排错时也较容易找出错误。

（3）健壮性（Robustness）：当输入数据非法或运行环境改变时，算法能恰当地做出反应或进行处理，不会产生莫名其妙的输出结果。为此，算法中应对输入数据和参数进行合法性检查。例如，从键盘输入三角形的三条边的长度，求三角形的面积。当输入的 3 个值不能组成三角形时，不应继续计算，应该报告输入出错并进行处理。处理的方法应是返回一个表示错误或错误性质的值，并中止程序的执行，以便在更高的抽象层次上进行处理。

（4）时空效率（Efficiency）：要求算法的执行时间尽可能短，占用的存储空间尽可能少。但这两者往往相互矛盾，节省了时间可能牺牲空间，反之亦然。设计者应在时间与空间两方面有所平衡。

评价算法优劣的 4 个指标，除"正确性"外，其他都不是硬性指标，有时指标间甚至互相抵触，很难做到十全十美，因此只能根据具体情况有所侧重。例如，若算法使用次数少，则力求可读性；若算法需重复多次使用，则力求节省时间；若问题的数据量很大，机器的存储量又较小，则力求节省空间。下面的算法分析主要讨论算法的时间性能以及空间性能。

1.3.3 算法性能分析与度量

可以用算法的时间复杂度与空间复杂度来评价算法的优劣。

将一个算法转换成程序并在计算机上执行时，其运行所需要的时间主要取决于下列因素。

（1）硬件的速度，如使用 PC 还是小型机。

（2）书写程序的语言。实现语言的级别越高，其执行效率就越低。

（3）编译程序所生成目标代码的质量。代码优化较好的编译程序，其所生成的程序质量较高。

（4）问题的规模。例如，求 100 以内的素数与求 1000 以内的素数，其执行的时间必然是不同的。

显然，在各种因素都不能确定的情况下，很难比较出算法的执行时间。也就是说，使用执行算法的绝对时间来衡量算法的效率是不合适的。为此，定义时间复杂度如下。

一个算法的时间复杂度（Time Complexity）是指算法运行从开始到结束所需要的时间。这个时间就是该算法中每条语句的执行时间之和，而每条语句的执行时间是该语句执行次数（也称为频度）与执行该语句所需时间的乘积。但是，当算法转换为程序之后，一条语句执行一次所需的时间与机器的性能及编译程序生成目标代码的质量有关，是很难确定的。为此，假设执行每条语句所需的时间均为单位时间。在这一假设下，一个算法所花费的时间就等于算法中所有语句的频度之和。这样就可以脱离机器的硬、软件环境而独立地分析算法所消耗的时间。

【例 1.4】 求两个 N 阶方阵的乘积 $C=A*B$ 的算法如下。

```
#define N 100
void matrixMultiply(int A [N][N],int B[N][N],int C[N][N])
{
① for(i=0;i<N; i=i+1)                        n+1
②   for(j=0; j<N;j=j+1)                      n(n+1)
③   { C[i][j]=0;                             n²
④     for(k=0;k<N;k=k+1)                     n²(n+1)
⑤     C[i][j]=C[i][j]+A[i][k]*B[k][j];       n³
   }
}
```

其中右边列出的是各语句的频度，n 是方阵的阶数（N，问题的规模）。语句①是循环控制语句，它的频度由循环条件"$i<n$"的判断次数决定，故是 $n+1$，但是它的循环体却只执行 n 次。语句②作为语句①的循环体内的语句应执行 n 次，但每次执行时它本身又要执行 $n+1$ 次，故语句②的频度为 $n(n+1)$。其他语句的频度可类似得到。

综合上述分析，可以确定上述算法的执行时间（语句的频度之和）是

$$T(n)=2n^3+3n^2+2n+1$$

显然，它是方阵阶数 n 的函数。

一般而言，一个算法的执行时间是求解问题的规模 n（如矩阵的阶数、线性表的长度）的函数，这是因为问题的规模往往决定了算法工作量的大小。但是，我们不关心它是个怎样的函数，

只关心它的数量级量度，即它与什么简单函数 $f(n)$ 是同一数量级的，即 $T(n)=O(f(n))$。其中 "O" 是数学符号，其数学定义如下。

如果存在正的常数 C 和 n_0，使得当 $n \geq n_0$ 时都满足 $0 \leq T(n) \leq C*f(n)$，则称 $T(n)$ 与 $f(n)$ 是同一数量级的，并记作 $T(n)=O(f(n))$。

算法的执行时间 $T(n)=O(f(n))$ 为该算法的时间复杂度。它表示随着问题规模 n 的增大，该算法执行时间的增长率和 $f(n)$ 的增长率相同。

对于上面的例子，当 $n \to \infty$ 时

$$T(n)/n^3 = (2n^3+3n^2+2n+1)/ n^3 \to 2$$

根据 "O" 的定义可知 $T(n)=O(n^3)$，所以例 1.4 中求两个方阵之积的算法的时间复杂度是 $O(n^3)$。

一般而言，我们总是以算法的时间复杂度来评价一个算法时间性能的好坏。也就是说，对解决同一问题的不同算法，其时间性能可以宏观地评价。例如，用两个算法 A_1 和 A_2 求解同一问题，它们的时间耗费分别是 $T_1(n)=100n^2+5000n+3$，$T_2(n)=2n^3$。如果问题规模 n 不太大，则二者的时间花费也相差不大；若问题规模 n 很大，如 $n=10\,000$，则二者的时间花费相差很大。二者的差别从时间复杂度上一目了然，因为 $T_1(n)=O(n^2)$，$T_2(n)=O(n^3)$，所以算法 A_1 的时间性能优于算法 A_2。

如果一个算法的所有语句的频度之和是问题规模 n 的多项式，即

$$T(n)=C_k n^k+C_{k-1}n^{k-1}+\cdots+C_1 n+C_0 \qquad C_k \neq 0$$

则按 "O" 的定义可知 $T(n)=O(n^k)$，称该算法为 k 次方阶算法。特别地，如 $T(n)=C$，其中 C 为常数，即算法耗费的时间与问题规模 n 无关，则记 $T(n)=O(1)$，称该算法为常数阶算法。

常见的时间复杂度，按数量级递增排序有：常数阶 $O(1)$、对数阶 $O(\log_2 n)$、线性阶 $O(n)$、平方阶 $O(n^2)$、立方阶 $O(n^3)$、指数阶 $O(2^n)$。指数阶算法的执行时间随 n 的增大而迅速放大，所以其时间性能极差，当 n 稍大时我们就无法忍受，如汉诺塔问题。常见的时间复杂度有：

$$O(1)<O(\log_2 n)<O(n)<O(n\log_2 n)<O(n^2)<O(n^3)<O(2^n)$$

由于算法的时间复杂度仅刻画了算法执行时间的数量级，为了简化对算法时间性能的分析，通常的做法是，从算法中选取一种对于所研究的问题来说是最基本的操作，并以该基本操作执行的次数作为算法的时间度量。例如，对于例 1.4，"乘法" 运算是矩阵相乘问题的基本操作，从语句⑤可见，该操作重复执行 n^3 次，所以例 1.4 中算法的时间复杂度是 $O(n^3)$。

显然，被选用的基本操作应是其重复执行次数与算法的执行时间成正比例的。例如，在查找或排序问题的算法中，通常选择 "关键字比较" 操作作为算法时间度量的基本操作。关键字比较次数越多，算法所花的时间也越多。

在多数情况下，被选的基本操作是含在嵌套层数最多的最内层循环体中。在这种情况下，该循环体的执行次数就可作为算法的时间度量。如下程序段：

```
x=0;
y=0;
for(k=1;k<=n;k++)  x=x+1;
for(i=1;i<=n;i++)
for(j=1;j<=n;j++)  y=y+1;
```

其中嵌套层数最多的最内层的循环体是语句 "y=y+1"，它应执行 n^2 次。所以该程序段的时间复杂度是 $O(n^2)$，其他语句可以不必理会。

有时，最内层循环的执行次数与问题的规模 n 并无直接关系，但却与外层循环变量的取值有关，而最外层循环次数直接与 n 有关。在这种情况下，可以由最内层循环开始向外计算出最内层

循环体的执行次数。例如，有下列程序段：

```
x=0;
for(i=2;i<=n;i++)
for(j=2;j<=i-1;j++)
{   x=x+1;
    a[i][j]=x;
}
```

其最内层循环体执行的次数分别是 0 次，1 次，2 次，3 次，…，$n-1$ 次。

所以该程序段的时间复杂度是 $O(n^2)$。

有时，算法的时间复杂度不仅与问题的规模有关，还与输入数据有关。例如，在数组 A[n]中查找给定值 k 的算法如下：

```
i=n-1;
while(i>=0 && A[i]!=k)  i=i-1;
return i;
```

前面已说过，查找算法通常选用键值比较为基本操作，故可选条件判断"A[i]! = k"作基本操作。当然，选语句"i=i-1"作基本操作也是可以的，结果相同。这个操作的执行次数取决于数组 A 中有没有值为 k 的元素。若有，这个值为 k 的元素又在数组中哪个位置；显然，若数组中无值为 k 的元素，则操作"A[i]!=k"的执行次数为 n；若 A[$n-1$]等于 k，则该操作的执行次数为 1。所以，该算法在最坏情况下的时间复杂度为 $O(n)$，最好情况下的时间复杂度是 $O(1)$。因此，有时我们会对算法的平均（或称期望）时间复杂度感兴趣。所谓平均时间复杂度，是指所有可能的输入数据在等概率出现的情况下算法的平均执行时间。当算法的平均时间复杂度难以确定时，就以算法的最坏时间复杂度作为算法的时间复杂度，因为它是算法执行时间的一个上界，保证了算法的执行时间不会比它更长。

有些算法的时间复杂度需要分析和计算，特别是一些递归算法。

【例 1.5】 有如下递归算法 fact(n)，分析其时间复杂度。

```
fact(int n)
{if(n<=1)return(1);              (1)
    else  return(n*fact(n-1));  (2)
}
```

设 fact(n)的运行时间复杂度函数是 T(n)，该函数中语句（1）的运行时间是 O(1)，语句（2）的运行时间是 T($n-1$)+O(1)，其中 O(1)为基本运行时间，因此：

如果 $n \le 1$ T(n) = O(1)

如果 $n>1$ T(n) = T($n-1$)+O(1)

则   T(n) = T($n-1$)+O(1)= T($n-2$)+2*O(1)= T($n-3$)+3*O(1)=…

                = T(1)+($n-1$)*O(1)=n*O(1)=O(n)

即 fact(n)的时间复杂度为 O(n)。

类似于算法的时间复杂度，本书以空间复杂度（Space Complexity）作为算法所需存储空间的量度，记作 S(n)=O($f(n)$)。

其中，n 为问题的规模。请注意，这里所说的算法所需的存储空间，通常不含输入数据和程序本身所占的存储空间，而是指算法对输入数据进行运算所需的辅助工作单元和存储为实现计算所需信息的辅助空间。这类空间也称额外空间。算法的输入数据所占的空间是由具体问题决定的，一般不会因算法不同而改变。算法本身占用的空间不仅和算法有关，而且和编译程序产生的目标代码的质量有关，所以也难以讨论。算法所占的额外空间却与算法的质量密切相关，好的算法既节省时间又节省额外空间。有时，算法的输入数据所占的空间不是由问题本身决定的，而是由算法决定的。在这种情况下，算法所需的存储空间应包括输入数据的存储空间。

空间复杂度的度量和时间复杂度的度量一样，这里就不再赘述。

在大多数算法设计中，时间效率和空间效率很难兼得，设计者往往要根据具体问题进行取舍，有时会用更多的存储空间来换取时间，有时也会浪费时间来获取较少的存储空间。

【例 1.6】 若矩阵 $A_{m×n}$ 中存在某个元素 a_{ij} 满足：a_{ij} 是第 i 行中最小值且是第 j 列中的最大值，则称该元素为矩阵 A 的一个鞍点。试编写算法找出 A 中的所有鞍点。

方法一 基本思路：用枚举法，对矩阵中的每一个元素 a_{ij} 进行判别。若 a_{ij} 是第 i 行的最小数，则继续判别，看它是否也是第 j 列的最大数，如果成立则是鞍点。当 a_{ij} 不是第 i 行的最小数或者不是第 j 列的最大数，则选择下一个元素继续。显然，矩阵 A 用一个二维数组表示，算法如下。

```
void saddle(int A[][n],int m,int n)        //求 m 行 n 列矩阵的鞍点，smin 为 true 时
{ //表示A[i][j]是第 i 行最小数，smax 为 true 时表示A[i][j]是第 j 列的最大数
    int  i,j,k,smin,smax;
    for(i=0;i<m;i++ )
    for(j=0;j<n;j++ )
    { k=0;
      smin=true;                           //可定义 true 为 1, false 为 0
      while  (k<n) && smin                 //判断当前元素是否是行最小
        if(A[i][k]>= A[i][j])k++;
        else    smin=false;
      if(smin)
      { k=0;
        smax = true;
        while  (k<m)&& smax                //判断当前元素是否是列最大
          if  (A[k][j]<=A[i][j])  k++;
          else    smax = false;
      }
      if  (smin && smax)
        cout<< "A["<<i<<","<<j<<"]是鞍点" <<endl ;//A[i j]是鞍点
    }
}
```

时间效率分析：

双重循环体内有两个并列的 while 循环语言。第一个 while 循环执行 O(N)次，第二个 while 循环最多执行 O(M)次。所以总的时间效率应该是 O(M×N×(M+N))。

空间效率：

除矩阵 A 用二维数组存储外，还用了几个辅加空间作为中间变量，所以空间效率为 O(1)。

方法二 第一种方法采用枚举法，时间效率较差，能否设计一个时间效率较优的算法呢?可以通过增加辅助空间来提高时间效率，具体方法如下：先将矩阵每行每列的最小数和最大数求出来，并存放在 B[n]和 C[m]两个一维数组中，如图 1.3 所示。

图 1.3 增加两个辅助向量

然后对 B[n]和 C[m]的每对元素进行比较，假定 B[j]和 C[i]相等（见图 1.4），则 A[i][j]一定是鞍点。

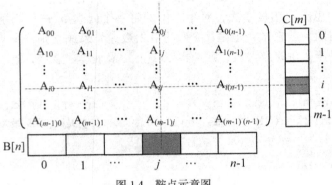

图 1.4 鞍点示意图

可以证明如下：

因为 C[i]是第 i 行的最小数，

所以 A[i][j]≥C[i]。

又因为 B[j]是第 j 列的最大数，

所以 A[i][j]≤B[j]。

根据 B[j]和 C[i]相等，得出 A[i][j]==B[j]==C[i]，

即 A[i][j]既是第 i 行的最小数，又是第 j 列的最大数。具体算法如下。

```
void Saddle(int A[][n],int m,int n)
{int i,j,k;
 int B [n],C[m];
 //求每行的最小数
     for(i=o;i<m;j++ ) {
         C[i]=A[i,o];
         for(j=1;j<n;j++ )
         if C[i]>A[i,j]   C[i]=A[i,j]
     }
 //求每列的最大数
     for(j = 0;j<n;j++ ){
         B[j] = A[o,j];
         for(i = 1;i<m;i++ )
         if B[j]<A[i,j]   B[j] = A[i,j];
     }
 //求所有鞍点
     for(i = 0;i<m;j++ )
```

```
for(j = 0;j<n;j++ )
if(C[i] = =B[j]
cout<< "A["<<i<<","<<j<<"]是鞍点" <<endl ;    // A [i j]是鞍点
      }
```

时间效率分析：

本算法共有 3 小段并列的函数。

求每行的最小数　　O($M \times N$)

求每列的最大数　　O($M \times N$)

求所有鞍点　　　　O($M \times N$)

所以总的时间效率 O($M \times N$)

显然空间效率为：　O($M+N$)

结论：比较这两种算法，第一种节省存储空间，但时间效率差；第二种算法正好相反。这是典型的空间换时间算法实例之一。

本章小结

数据类型有两种，即原子类型（如整型、字符型、实型、布尔型等）和结构类型。原子类型不可再分解，结构类型由原子类型或结构类型组成。

数据元素是数据的一个基本单位，通常由若干个数据项组成。

数据项是具有独立含义的最小标识单位，有时也称域或字段。其数据可以是一个原子类型，也可以是结构类型。

数据结构研究的是数据的表示和数据之间的关系。从逻辑上讲，数据结构有集合类型、线性结构、树结构和图 4 种。从物理实现上讲，数据有顺序结构、链式结构、索引结构和散列结构 4 种。理论上，任意一种数据逻辑结构都可以用任何一种存储结构来实现。

在集合结构中，不考虑数据之间的任何关系，它们处于无序的、各自独立的状态。在线性结构中，数据之间是 1 对 1 的关系。在树结构中，数据之间是 1 对多的关系。在图结构中，数据之间是多对多的关系。

算法的评价指标主要为正确性、健壮性、可读性和时空效率 4 方面。

习　　题

一、选择题

1. 算法的计算量的大小称为计算的（　　　）。

　　A. 效率　　　　　　　B. 复杂性　　　　C. 现实性　　　　　D. 难度

2. 算法的时间复杂度取决于（　　　）。

　　A. 问题的规模　　　B. 待处理数据的初态　　　　　　C. A 和 B

3. 一个算法应该是（　　　）。

　　A. 程序　　　　　　　　　　　　　B. 问题求解步骤的描述

　　C. 要满足 5 个基本特性　　　　　　D. A 和 C

4. 下面关于算法说法错误的是（　　　）。

    A. 算法最终必须由计算机程序实现

    B. 为解决某问题的算法与为该问题编写的程序含义是相同的

    C. 算法的可行性是指指令不能有二义性

    D. 以上选项都是错误的

5. 从逻辑上可以把数据结构分为（　　　）两大类。

    A. 动态结构、静态结构   B. 顺序结构、链式结构

    C. 线性结构、非线性结构   D. 初等结构、构造型结构

6. 程序段

```
FOR(i=n-1;i>=0;i--)
        FOR(j=1;j<=n;j++)
           IF A[j]>A[j+1]
             A[j]与A[j+1]对换；
```

其中，n 为正整数，则最后一行的语句频度在最坏情况下是（　　　）。

    A. $O(n)$ B. $O(n\log n)$ C. $O(n^3)$ D. $O(n^2)$

二、填空题

1. 数据结构主要包含_____、_____和运算 3 个方面的内容。

2. 对于给定的 n 个元素，可以构造出的逻辑结构有_____、_____、_____、_____ 4 种。

3. 沃斯（N.Wirth）教授曾以"_____+_____=程序"作为他的一本著作的名称。

4. 评价算法优劣的 4 个指标是_____、_____、_____、_____。

5. 一个算法具有 5 个特性：_____、_____、_____、有零个或多个输入、有一个或多个输出。

三、判断题

1. 数据元素是数据的最小单位。   （　　　）

2. 数据的逻辑结构是指数据的各数据项之间的逻辑关系。   （　　　）

3. 算法的优劣与算法描述语言无关，但与所用计算机有关。   （　　　）

4. 健壮的算法不会因非法的输入数据而出现莫名其妙的状态。   （　　　）

5. 算法可以用不同的语言描述，如果用 C 语言或 Pascal 语言等高级语言来描述，则算法实际上就是程序了。   （　　　）

6. 程序一定是算法。   （　　　）

7. 数据结构的抽象操作的定义与具体实现有关。   （　　　）

四、应用题

1. 数据结构是一门研究什么内容的学科？

2. 试举一个数据结构的例子，叙述其逻辑结构、存储结构和运算三方面的内容。

3. 数据类型和抽象数据类型是如何定义的？二者有何相同和不同之处？抽象数据类型的主要特点是什么？使用抽象数据类型的主要好处是什么？

4. 评价一个好的算法，你是从哪几方面来考虑的？

5. 解释下列概念：数据、数据元素、数据类型、数据结构、逻辑结构、存储结构、线性结构、非线性结构、算法、算法的时间复杂度、算法的空间复杂度。

6. 设 n 为正整数，用大"O"记号，将下列程序段的执行时间表示为 n 的函数。

（1）
```
int  sum1(int n)
{   int p=1,s=0;
  for(int i=1;i<=n;i++){
    p*=I;
    s+=p;
  }
  return s;
}
```
（2）
```
int  sum2(int n)
{
  int s=0;
  for(int i=1;i<=n;i++){
    int p=1;
    for(int j=1;j<=i;j++) {
      p*=j;
      s+=p;
    }
  }
  return s;
}
```
（3）
```
int fun(int n)
{
  int i=1,s=1;
  while(s<n)
    s+=++i;
  return i;
}
```

第 2 章
C++程序设计基础知识

教学提示：C 语言是面向过程的语言，因此用 C 语言编写的程序必然包含一组函数以及这些函数所处理的数据。由于 C 语言没有提供数据抽象及封装功能，函数与数据分散在程序的不同地方，因此程序中很难分清哪些函数处理了哪些数据。此外，C 语言在数据授权访问、函数重载、继承、多态等方面也无能为力，使得程序结构容易变得十分复杂，且难以维护。

作为 C 语言的超集，C++提供了数据的封装与抽象功能，为程序员提供了定义新的数据类型的简单而强大的工具。新的数据类型中既包含数据内容，又包含对数据内容的操作。把它封装起来以后，数据类型本身能控制外界对它的数据成员的访问。C++本身的功能十分强大而复杂。作为"数据结构"教材的一部分，本章将介绍一些必要的且适用的 C++基础知识。

教学目标：熟练掌握 C++的输入/输出方法、函数的引用参数传递；熟练掌握类的定义、类与对象的关系、类与对象的使用；熟悉构造函数、析构函数的定义及其含义；熟练掌握动态内存分配、指向对象的指针、对象数组、指向对象的指针数组；掌握简单的类继承方法，并理解虚函数的概念。

2.1 C++的基本操作

C++是在 C 语言的基础上为支持面向对象程序设计而研制的一种编程语言。C++包含 C 语言的全部特征和优点，同时添加了对面向对象编程（Object Oriented Programming，OOP）的完全支持。在 C 语言中所学的知识对 C++是完全适用的。本节重点就不同于 C 语言的 C++新特性进行描述。

2.1.1 C++的基本输入与输出

C++中的基本输入/输出仍然可以用 C 语言中的相关函数，如 printf，scanf，puts，gets 等。但在使用这些函数前必须先包含头文件 stdio.h，即要在程序中加上#include <stdio.h>。

在 C++中，数据输入和输出还可以分别使用系统所提供的输入流对象 cin 和输出流对象 cout 来完成。在使用前，程序的开头应加上#include <iostream.h>。

1. 数据输出 cout

使用 cout 输出数据的语句格式是：

cout<<表达式 1<<表达式 2<<……<<表达式 n;

（1）cout 是系统预定义的一个标准输出设备（一般代表显示器）；"<<"是输出操作符，用于向 cout 输出流中插入数据。

（2）cout 的作用是向标准输出设备上输出数据，被输出的数据可以是常量、变量或者一个表达式。

【例 2.1】　cout 的使用。

```
#include <iostream.h>
void main()
{
    float a=10,b=20;
    cout<<"The square is:\n";
    cout<<a*b;
}
```

程序的输出结果是：

```
The square is:
200
```

（3）可以将多个被输出的数据写在一个 cout 中，各输出项之间用"<<"操作符隔开。但要注意，cout 首先按从右向左的顺序计算出各输出项的值，再从左向右依次输出各项的值。如：

```
cout<<"The square of " << a << "*" << b << " is :"<<a*b;
```

（4）一个 cout 语句也可以拆成若干行写，但注意语句结束符"；"只能写在最后一行上。如：

```
cout<<"The square of"          //注意：此行末无分号"；"
    << a << "*" <<b
<<" is : "  << a*b ;           //注意：最后一行有分号
```

（5）在 cout 中，实现输出数据换行功能的方法是：既可以使用转义字符"\n"，也可以使用表示行结束的流操作符 endl。如：

```
cout << "Result:" << endl << 3*6;
```

结果是：

```
Result:
18
```

（6）在 cout 中还可以使用流控制符控制数据的输出格式。但要注意，在使用这些流控制符时，要在程序的开头嵌入头文件"#include <iomanip.h>"，因为这些控制符是在该头文件中定义的。常用的流控制符及其功能如表 2-1 所示。

表 2-1　　　　　　　　　　　I/O 流的常用控制符及其功能

控　制　符	功　　能
Dec	十进制输出
Hex	十六进制输出
Oct	八进制输出
setfill(c)	在给定的输出域宽度内填充字符 c
setprecision(n)	设显示小数精度为 n 位

（续表）

控 制 符	功 能
setw(n)	设域宽为 n 个字符
setiosflags(ios::fixed)	固定的浮点显示
setiosflags(ios::scientific)	指数显示
setiosflags(ios::left)	左对齐
setiosflags(ios::right)	右对齐
setiosflags(ios::skipws)	忽略前导空格
setiosflags(ios::uppercase)	十六进制数大写输出
setiosflags(ios::lowercase)	十六进制数小写输出
setiosflags(ios::showbase)	当按十六进制输出数据时，前面显示前导符 0x；当按八进制输出数据时，前面显示前导符 0

【例 2.2】 cout 数据输出的格式化控制。

```
#include <iostream.h>
#include <iomanip.h>
void main()
{
    int a=21;
    cout<<setw(3)<<a<<setw(4)<<a<<setw(5)<<a<<endl;
    cout.fill('#');
    cout<<setw(3)<<a<<setw(4)<<a<<setw(5)<<a<<endl;
}
```

程序输出结果是：

```
━21━━21━━━21
#21##21###21
```

其中，━表示空格。

2. 数据输入 cin

C++中，数据的输入通常采用输入流对象 cin 来完成。其格式如下：

cin>>变量 1>>变量 2>>……>>变量 n;

① cin 是系统预定义的一个标准输入设备（一般代表键盘）；">>"是输入操作符，用于从 cin 输入流中取得数据，并将取得的数据传送给其后的变量，从而完成输入数据的功能。

② cin 的功能是：当程序在运行过程中执行到 cin 时，程序会暂停执行并等待用户从键盘输入相应数目的数据；用户输入完数据并按回车键后，cin 从输入流中取得相应的数据并传送给其后的变量。

③ ">>"操作符后除了变量名外，不得有其他数字、字符串或字符，否则系统会报错。如：

```
cin>>"x=">>x;          //错误，因含有字符串"x="
cin>>'x'>>x;           //错误，因含有字符'x'
cin>>x>>10;            //错误，因含有常量10
```

④ cin 后面所跟的变量可为任意数据类型。若变量为整型数据类型，则在程序运行

过程中从键盘输入数据时，可分别按十进制、八进制或十六进制格式输入该整数。但要注意：当按十进制格式输入整数时，直接输入数据本身即可；若以十六进制格式输入整数，数据前要冠以 0x 或 0X；若按八进制格式输入整数，数据前要冠以数字 0。若 cin 后面的变量为浮点类型（单精度或双精度），则在程序运行过程中从键盘输入数据时，可分别按小数或指数的格式输入该浮点数。若 cin 后面的变量是字符类型（字符变量），则在程序运行过程中从键盘输入数据时，可直接输入字符数据而不能在字符的两端加单引号。

⑤ 当一个 cin 后面有多个变量时，用户输入数据的个数应与变量的个数相同，各数据之间用一个或多个空格隔开，输入完毕后按回车键；或者，每输入一个数据按回车键也可。

2.1.2　函数及其参数传递

C++中函数定义形式与 C 语言中基本相同，但也增加了一些新的特性，主要表现在内联函数、函数重载、默认参数函数、引用文引用参数传递、函数模板等方面。

1. 内联函数

（1）内联函数的定义方法如下：

```
inline 函数值类型 函数名（形参及类型列表）
{函数体}
```

如：

```
inline double square(double x)
{return x*x;}
```

（2）内联函数与普通函数的区别与联系

在定义内联函数时，函数值的类型左面有"**inline**"关键字，而普通函数在定义时没有此关键字。程序中调用内联函数与普通函数的方式和方法相同。

当在程序中调用一个内联函数时，将该函数的代码直接插入调用点，然后执行该段代码，所以在调用过程中不存在程序流程的跳转和返回问题；而对于普通函数的调用，程序是从主调函数的调用点转去执行被调函数，待被调函数执行完毕后，再返回主调函数的调用点的下一语句继续执行。

从调用机理看，内联函数可加快程序的执行速度和效率，减少调用开销。但这是以增加程序代码为代价来求得速度的。

（3）对内联函数的限制

应注意：不是任何一个函数都可定义成内联函数。

内联函数的函数体内不能含有复杂的结构控制语句，如 switch 和 while 等。如果内联函数的函数体内有这些语句，则编译时将该函数视同普通函数那样产生函数调用代码。

递归函数不能被用来作为内联函数。

内联函数一般适合于只有 1～5 行语句的小函数。对于一个含有很多语句的大函数，函数调用和返回的开销相对来说是微不足道的，所以，也没有必要用内联函数来实现。

2. 函数重载

在 C++语言中，允许定义多个相同名称的函数，但这些函数的形式参数表不同。

函数重载是指一个函数可以和同一作用域中的其他函数具有相同的名字，但这些同名函数的参数类型、参数个数、返回值以及函数功能可以完全不同。

【例2.3】 求最大值的函数重载方法。

（1）求两个整数的最大值。

```
int Max(int a,int b)
{
  if(a>b)return a;
  else return b;
}
```

（2）求两个实数的最大值。

```
float Max(float a,float b)
{
  if(a>b)return a;
  else return b;
}
```

（3）求3个整数的最大值。

```
int Max(int a,int b,int c)
{
   int t;
   if(a > b)t=a;
   else t=b;
   if(t<c)t=c;
   return t;
}
```

（4）求3个实数的最大值。

```
float Max(float a,float b,float c)
{
   float t;
   if(a>b)t=a;
   else t=b;
   if(t<c)t=c;
   return t;
}
```

在本例中，4个函数名均是Max，这在C语言中不行，在C++中却是可以的。注意，这4个函数的参数是互不相同的。第1、2个函数参数个数相同，但类型不同；第3、4个函数也是参数个数相同，但类型不同。第1、3个函数虽参数类型相同，但个数不同；第2、4个函数也是参数类型相同，但个数不同。总之，同名函数间，只要参数在数量或类型上能够相互区别即可。

对上述函数的使用见例2.4。

【例2.4】 求最大值重载函数的使用。

```
#include <iostream.h>
main()
{
   int a=10,b=5,c=15;
   float x=15.2,y=18.5,z=10.1;
   int d;
   float f;
   d=Max(a,b); cout<<d<<endl;
   d=Max(a,b,c); cout<<d<<endl;
   f=Max(x,y); cout<<d<<endl;
```

```
f=Max(x,y,z); cout<<d<<endl;
}
```

程序运行结果是：

```
10
15
18.5
18.5
```

显然，在具体用函数时，编译程序会自动根据传入的参数情况决定调用哪一个函数。

3. 默认参数函数

在 C++中，允许在定义函数时给其中的某个或某些形式参数指定默认值。这样，当发生函数调用时，如果省略了对应位置上的实际参数的值，则在执行被调函数时，以该形式参数的默认值进行运算，如：

【例 2.5】 默认函数参数。

```
#include <iostream.h>
void sum(int num=0)
{
  int i,s=0;
  for(i=0;i<num;i++)s+=i;
  cout<<"sum is "<< s <<endl;
}
main()
{
  sum();                          //没传参数，函数体内以 num=0 为默认值参加运算
  sum(10);
}
```

程序的输出是：

```
0
45
```

使用默认参数函数应注意：

（1）默认参数一般在函数原型申明时提供。如果程序中既有函数的原型申明又有函数体的定义，则函数体定义函数时不允许再定义参数默认值；如果程序中只有函数体的定义而没有函数的说明，则默认参数可出现在函数体定义中。

（2）默认参数的顺序：如果一个函数中有多个默认参数，则在形参分布中，默认参数应从右至左逐次定义。如：

```
void f1(int x=1,float y,int z=0);        //错误，未从右至左逐次定义
void f2(int x,float y=0,int z=0);        //正确
```

（3）在调用函数时，传入的参数是从左至右匹配的，其中，未指定默认值的参数必须传入实际值。如：

```
main()
{
  f2(5);                          //正确，相当于 f2(5,0,0)
  f2();                           //不正确，因为参数 x 的值不定
  f2(5,3);                        //正确，相当于 f(5,3,0)
```

```
    f2(5,3,5);                    //正确
}
```

4. 引用及引用参数传递

（1）引用的概念、声明和使用

在 C++中，可以通过定义对某一变量的引用来使用该变量。引用的定义方法如下：

类型标识符&引用名=目标变量名；

如：

```
int a;
int &ra=a;                    //定义引用 ra,它是变量 a 的引用,即别名
```

① "&"在此不是求地址运算，而是起标识作用。标识在此声明的是一个引用名称。

② 类型标识符是指目标变量的类型。

③ 声明引用时，必须同时对其进行初始化，即给出引用的具体变量。

④ 声明引用完毕后，相当于目标变量有两个名称，即该目标原名称和引用名。

⑤ 声明一个引用不是新定义了一个变量，它只表示该引用名是目标变量名的一个别名，所以，系统并不给引用分配存储单元。

一旦一个引用被声明，则该引用名就只能作为目标变量名的一个别名来使用，所以，不能再把该引用名作为其他变量名的别名，任何对该引用的赋值就是对该引用对应的目标变量名赋值。对引用求地址就是对目标变量求地址。

【例 2.6】 引用变量的定义与使用。

```
#include <iostream.h>
void main()
{
  int a,b=5;
  int &ra=a;                    //定义引用 ra, 初始化成变量 a, 所以, ra 是变量 a 的引用
                                //（别名）
  a=18;
  cout << a  << endl;
  cout << ra << endl;           //等价于 cout<<a<<endl
  cout << &a << endl;           //输出变量 a 所占存储单元的地址
  cout << &ra<< endl;           //等价于 cout << &a << endl
  ra=b;                         //等价于 a=b
}
```

（2）用引用作为函数的参数

在定义一个函数时，函数的形式参数可以是基本数据类型的变量、数组名和指针变量等。除此之外，一个函数的参数也可定义成引用的形式，如：

① 用引用参数定义的函数。

```
void swap(int &p1,int &p2)    //交换两个数
{
    int p;
    p=p1;
    p1=p2;
    p2=p;                       //由于 p1, p2 是对实际参数的引用, 因此, 它改变了传
```

```
                                        //入的实际参数的值
}
```

② 用指针定义的交换函数

```
void pswap(int *p1,int *p2)            //注意，定义形式与上例的不同
{
    int p;
    p=*p1;
    *p1 = *p2;
    *p2=p;                             //间接地通过传入的实际变量地址来改变原变量值
}
```

由于 swap 函数的参数是定义成引用形式，因此在实际调用此函数时传入的参数不能是常量，必须是变量，因为只有变量才能被引用。调用时只需将实际变量作为参数传入，而无须作其他特殊说明。

【例 2.7】 引用函数参数与指针函数参数的使用对比。

```
#include <iostream.h>
main()
{
    int a=10,b=15;
    swap(a,b);                         //直接传入 a，b，交换 a，b 的值
    cout<<a<<b<<endl;
    pswap(&a,&b);                      //注意，传入的是 a，b 的地址，也是交换 a，b 的值
    cout<<a<<b<<endl;
}
```

程序运行结果是：

```
15 10
10 15
```

（3）一个函数返回多值的方法小结

函数返回值是通过函数体中的 return 语句来完成的，但一个 return 语句只能返回一个值，且被调函数一旦执行了 return 语句，则被调函数便不再继续执行，而必须返回主调函数。所以，要使一个函数同时返回多个值，必须通过其他途径，具体来讲可采用以下几种方法。

① 利用全局变量的方法。可以在程序的开头定义一些全局变量。因为全局变量可以在所有函数体内使用，因此，可以将需要被调函数返回给主函数的值写到若干个全局变量中。这样，当被调函数执行完毕后，所需要的数据已经保存在全局变量中，只需在主调函数中直接读取全局变量的值即可。

② 使用指针或数组的方法。因为在用指针作为函数参数的情况下，可将主调函数的某些变量的地址传给被调函数，从而可以在被调函数中通过指针间接存取主调函数的这些变量。因此，只要将需要传递到主调函数的值通过指针写到这些变量中即可。

③ 利用引用参数的方法。通过前面介绍的函数引用传递参数的方法，可以在被调函数中改变主调函数中目标变量的值，从而达到使被调函数返回多个值的目的。

5. 函数模板

函数模板是函数的一种抽象形式。由于 C++中的数据类型很多，针对某种类型设计的函数显然不能用于其他类型，因此，对于同一个功能的不同要求就不得不编制多个相似的函数。如求两

数最大值函数 Max，它一般有以下 3 种形式。

① int Max(int a,int b);
② float Max(float a,float b);
③ double Max(double a,double b);

这 3 种函数的函数体功能及代码几乎完全一样，针对每一种参数类型都要写一个函数显然是十分麻烦的。为解决这样的麻烦，C++引入了函数模板的概念。函数模板就是指用一个模板来生成多个函数的问题。

定义函数模板的格式为：

template <类型形式参数>
函数返回值类型　函数模板名(函数形参及类型)
{函数体}

如 Max 函数可定义如下。

【例 2.8】　求最大值的函数模板应用。

```
#include <iostream.h>
template <class T>                   //此处也可用 template <typename T> 代替
T  Max(T  a,T  b)
{
    if(a > b)return a;
    else return b;
}
main()
{
    int a=10,b=15;
    float x=3.5,y=2.5;
    double p=4.6,q=5.8;
    char c1='d',c2='D';
    cout << Max(a,b);
    cout << Max(x,y);
    cout << Max(p,q);
    cout << Max(c1,c2);
}
```

程序运行结果是：

```
15
3.5
5.8
d
```

显然，在实际调用函数时，编译程序会自动根据传入的参数生成相应类型的重载函数。函数模板使得代码的重复编写工作量大大减少。

2.2　类　与　对　象

在 C++中，新的数据类型可以用 class 来构造，称为类类型。class 声明的语法与 C 语言中的 struct 声明相似，但 class 中还可以包含函数声明。

2.2.1　类定义

C++中类的定义的基本形式如下：

```
class <类名>
{
  private:
     <私有数据及函数定义>
  public:
     <公有数据及函数定义>
};
```

【例 2.9】 定义一个"点"类 Point。

```
class Point{
  private:
   int  x,y;
  public:
   void SetPoint(int,int);
   void ShowPoint();
};
```

在例 2.9 中，声明一个名为 Point 的类。它所包含的数据内容为 x、y，它所包含的函数操作为 SetPoint 和 ShowPoint。这两个函数是对其数据内容 x、y 的操作。

（1）私有成员（private）。在 C++类中的私有成员（包括数据和函数），它们只限于通过成员函数来访问。也就是说，只有类本身能够访问它，任何类以外的函数对私有数据的访问都是非法的（除非是友元函数或友元类，本书中不提倡）。

（2）公有成员（public）。C++中，公有成员提供了类的外部界面，它允许从类的外部访问，使用者通过访问公有成员使用类。

（3）类的成员函数的定义。对成员函数的定义，一般采用这样的策略，在类定义体中对成员函数进行原型声明，而在类定义体外定义函数体。

如在例 2.9 中的 SetPoint 和 ShowPoint 函数，在类体外定义如下：

```
void Point::SetPoint(int x1,int y1){
   x=x1;y=y1;
}
void Point::ShowPoint(){
   cout<<x<<","<<y<<endl;
}
```

从上面的定义中，可归纳出定义成员函数时应注意的 3 个问题。

① 在所定义的成员函数名之前应加上类名，在类名和函数名之间加上分隔符"::"，如上例中的"Point::"。

② 函数的返回类型一定要与函数声明时的类型相匹配。

③ 在定义成员函数时，对函数所带的参量，仅仅说明它的类型是不够的，还需要指出它的参量名。

对于成员函数的定义，并不是必须要把它们放在类定义体之外，有时一些简单的成员函数也可以在类定义体中定义。这些在类定义体中定义的成员函数称为内联（inline）函数。为避免算法描述的复杂性，本书中成员函数体一般在类定义体外定义。

2.2.2　对象定义与声明

类在概念上是一种抽象机制，它抽象了一类对象的存储和操作特性。在系统实现中，类是一种共享机制，它提供了对象共享的操作实现。

对象其实就是类在内存中的一个实例，定义一个对象具体有以下两种方法。

（1）在定义类的同时定义对象。如：

```
class Point{
    private:
int x,y;
public:
    void SetPoint(int,int);
    void ShowPoint();
}point1,point2;
```

此例中，point1，point2 是类 Point 的两个实例，即类 Point 的两个对象。

（2）在使用时定义对象，其定义过程与普通变量定义一样，具体如下例所示。

```
Point point1,point2;
```

其中，Point 是类类型，point1，point2 是两个 Point 类的对象。

2.2.3　类与对象的使用

要想使用一个类，一般是通过创建此类的一个对象，之后通过使用它的公有成员来达到对此类对象的操纵。

【例 2.10】 类与对象的使用。

```
void main()
{
    Point p1,p2;
    p1.SetPoint(10,15);
    p2.SetPoint(30,48);
    p1.ShowPoint();
    p2.ShowPoint();
}
```

程序执行结果是：

```
10,15
30,48
```

当然，也可以定义指向对象的指针，并通过此指针操作对象。

【例 2.11】 通过指针操作对象。

```
void main()
{
    Point p1,*p;
    p1.SetPoint(10,15);
    p=&p1;
    p1.ShowPoint();
    p->ShowPoint();                    //通过指针访问成员,要用 "->"
}
```

程序的执行结果是：

```
10,15
10,15
```

通过例 2.11 可以看出，访问类的成员要用"对象名.类成员"。其中，类成员必须是公有成员，即定义在 public：段中的成员，既可以是成员函数，也可以是成员变量。

若通过指向对象的指针访问类成员，则要用"对象指针->类成员"。显然，被访问的成员也必须是公有成员。

2.2.4　对象数组

类对象和普通类型变量一样，也可以由多个对象构成对象数组，对数组中的每个对象的引用也和一般的数组操作一样，具体见例 2.12。

【例 2.12】　对象数组。

```
void main()
{
  int i;
  Point points[5];
  for(i=0;i<5;i++)points[i].SetPoint(10,20+10*i);
  for(i=0;i<5;i++)points[i].ShowPoint();
}
```

程序的运行结果是：

```
10,20
10,30
10,40
10,50
10,60
```

此例中，Point 是类名，points 是类型为 Point 的对象数组，数组中的每个元素都是一个 Point 类的对象。

2.2.5　动态存储分配

在 C 语言中，可以通过函数 malloc()和 free()实现变量或对象的动态存储空间分配与释放。而在 C++中，还可以使用运算符 new 和 delete 实现动态存储分配与释放。与 malloc()函数相比，C++中的 new 运算符具有以下优点。

（1）new 自动计算要分配的类型的大小。这样既省事，又可以避免存储量分配的偶然性错误。

（2）它自动返回正确的指针类型，不必对返回指针进行类型转换。

（3）可以用 new 将分配的对象初始化（通过后面讲述的构造函数完成初始化）。

在 C++中，new 用来为对象分配存储空间，若成功，其返回相应内存空间的指针；若不成功，则返回空指针。delete 用来释放已分配的存储空间。

new 的语法格式是：

（1）指针变量名=new 变量类型；

分配指定类型的一个变量或对象。

（2）指针变量名=new 变量类型（变量的初始化值）；

分配指定类型的一个变量或对象，并按给的初始化值初始化变量或对象。

（3）指针变量名=new 变量类型[Size]；

分配具有指定类型的变量或对象数组，其元素个数是 Size，返回的是数组的首地址。

delete 的语法格式是：

① delete 指向待释放空间的指针变量，如 delete p; p 为指针变量。

② delete []指针变量,如 delete []q; q 为一数组的首地址。

注意：delete 只能用来释放先前由 new 分配的存储空间，因此，其后的指针变量必须指向已由 new 成功分配的存储空间。用 new 分配的空间若不用 delete 来释放，是不会自动释放的。因此应注意在已分配的空间不用时，或程序退出前，应用 delete 将其空间释放。

具体看下面的例子。

```
① int *p1;
p1=new int;                        //分配一个 int 型大小的空间，并将其地址赋给 p1
*p1=20;                            //通过指针 p1 对此变量赋值
delete p1;                         //通过 new 分配的空间，在用完后应用 delete 释放
② float *p2;
p2=new float(10.5);                //分配一个 float 型大小的空间，使其初值为 10.5，
                                   //并将其地址赋给 p2；注意此例中是圆括号 ()
cout<<*p2;                         //显示 p2 所指向空间的值，此时应显示 10.5
delete p;                          //用完此空间后，用 delete 释放
③ int *p3;
int i;
p3=new int[10];                    //连续分配拥有 10 个整型大小的空间(长度为 10 的整型数组)，
                                   //注意此例中用的是方括号 []
    for(i=0;i<10;i++)p3[i]=i+1;    //通过指针 p3 依次访问每个元素
    等价于:
    for(i=0;i<10;i++)*(p3+i)=i+1;
    delete []p3;                   //用完后，应释放此空间
④ Point *p4;                       //定义指向 point 类类型的指针变量
p4=new Point;                      //分配一个 Point 对象，其地址赋给 p4
p4->SetPoint(3,5);                 //通过指针 p4 访问 Point 对象的公有成员函数
p4->ShowPoint();                   //注意此处的 "->"
delete p4;                         //不用时，应释放此对象空间
⑤ Point *p5;
int i;
p5=new Point[10];                  //分配拥有 10 个 Point 对象的数组，首地址赋给 p5
for(i=0;i<10;i++)p5[i].SetPoint(10,20+10*i);
                                   //依次访问每个对象，注意此处的 "."
for(i=0;i<10;i++)(p5+i)->SetPoint(10,20+10*i);
                                   //同上句，依次访问每个对象，注意此处的 "->"
delete[]p5                         //不用时，应释放此空间
```

2.2.6　构造函数与析构函数

为了使用户定义的类能在其对象被创建时自动地进行初始化，而在对象被清除前自动地完成必要的清理工作，就需要一种新的机制。在 C++中，类的构造函数和析构函数就是为这个目的而设置的。构造函数仅在对象被创建时自动执行，而析构函数仅在对象被清除前自动执行。

1. 构造函数

当一个对象被创建时，在 C++中通过构造函数对对象进行初始化，即每当对象被声明或在堆栈中被分配或由 new 运算符创建时，构造函数即被调用。

构造函数是类的一个特殊的成员函数。它的函数名与类名相同，但不能具有返回值类型。当创建一个对象时，系统自动调用构造函数。例 2.13 给出了一个构造函数的例子。

【例 2.13】 带构造函数的堆栈类。

```
class Stack{
  private:
    int  size,top;                        //size:堆栈元素最大个数,top:栈顶指针
    int  *items;
  public:
    Stack();
    void Init(int s);
    void Push(int item);
    void Pop(int &item);                  //此参数是引用参数传递,这种方式可将参数值带回。
                                          //注意,只在函数定义时,在参数名前加"&"符号
};
Stack::Stack(){                           //构造函数,与类同名,用以初始化成员数据
   size=0;top=0;items=NULL;
}
void Stack::Init(int s){                  //堆栈初始化,并根据传入的参数确定栈最大空间
  if(items!=NULL)delete items;            //若原来已分配空间,则释放之
  items=NULL;size=0;top=0;
  if(s<=0){cout<<"参数不合理"; return; }   //若长度 s<=0,不合理,应返回
  items=new int[s];
  if(items==NULL){cout<<"内存不足,初始化失败"};
  size=s;
}
Stack::Push(int item){
  if(top>=size-1){cout<<"栈满,不能进栈";return;}
  items[top]=item;
  top++;
}
Stack::Pop(int &item){
  if(top<=0){cout<<"栈空,无元素可出栈";return;}
  top--;
  item=items[top];
}
```

此例中定义了一个无参数的构造函数 Stack()。显然，其函数名与类名一致。若函数名与类名不一致，编译器就会把它当作一般的函数来看待。本例中只给出了一种不带参数的最简单的构造函数，C++中还有带参数的构造函数、复制构造函数等。为避免使问题复杂化，本书原则上只使用不带参数的构造函数。

若不定义构造函数，系统会给出一个默认的构造函数。在定义构造函数时，要注意以下几个问题。

① 构造函数的名字必须与类名相同。

② 构造函数没有返回值，因此在声明和定义构造函数时不能说明它的类型。

③ 构造函数的功能是对对象进行初始化，因此在构造函数中只应对数据成员做初始化。这些数据成员一般均为私有成员，在构造函数中一般不做赋初值以外的事情。

【例 2.14】 堆栈类 Stack 的应用。

```
void main()
{
  Stack s;                   //对象 s 定义，构造函数同时也被执行
  int item;
  s.Init(20);                //初始化栈，元素个数是 20
  s.Push(10);s.Push(20);s.Push(5);s.Push(15);
  s.Pop(item);               //注意，因为参数为引用调用，所以其值能带回
                             //此处传参数时，item 前不能加 "&" 符号
  cout<<item<<endl;
  s.Pop(item);
  cout<<item<<endl;
  s.Pop(item);
  cout<<item<<endl;
  s.Pop(item);
  cout<<item<<endl;
  s.Pop(item);
}
```

此程序运行的结果是：

```
15
5
20
10
```

栈空，无元素可出栈。

仔细分析例 2.14，不难发现，Stack 类还有一个重要的缺陷，那就是在执行 Init 初始化后，对象中用 new 分配了 20 个整型空间，但在程序退出，也就是对象 s 被清除之后，这 20 个整型空间却没有用 delete 来释放，结果系统中再也无法使用此空间，从而造成空间浪费（这种情况一般称作"内存泄漏"）。若此 Stack 类被反复使用或每次分配很大空间，则会造成大量内存泄漏，并影响整个系统的运行。

为解决此类问题，在每个对象被清除之前，应能自动调用一个函数做一些清理工作。如例 2.14 中，在对象被清除之前，应先释放已分配的内存。在 C++中，这项工作可通过析构函数来完成。

2. 析构函数

析构函数是类的成员函数。它的名字与类名相同，只是在前面加了一个符号"～"。析构函数不接受任何参数，也不返回任何说明的类型和值。下面给出对例 2.13 中的 Stack 类的改造。

【例 2.15】 带构造函数和析构函数的堆栈类。

```
class Stack{
  private:
    int size,top;              //size:堆栈元素最大个数，top:栈顶指针
    int *items;
  public:
    Stack();
    ~Stack();                  //析构函数声明
    void Init(int s);
    void Push(int item);
    void Pop(int &item);       //此参数是引用参数传递，C 语言中没有，C++特有。
                               //这种方式可将参数值带回。注意，只在函数定义时，
                               //在参数名前加 "&" 符号
```

```
};
Stack::~Stack(){                        //析构函数，注意 Stack 前的 "~" 符号
   if(items!=NULL)delete items;
}
```

其他函数说明同例 2.13。

显然，有了此析构函数，就不用担心例 2.14 中提到的内存泄漏问题，因为在对象被清除前，此析构函数会被自动调用，从而确保已分配的内存空间被释放。

2.2.7　继承和派生

继承是 C++面向对象程序设计的重要特性之一。它是指建立一个新的派生类，从一个或多个先前定义的基类中继承函数和数据，而且可以重新定义或加进新的数据和函数，从而建立类的层次或等级。本小节将简要介绍从一个基类继承的单继承概念及其应用。

继承就是利用已有的数据类型定义出新的数据类型。在继承关系中，被继承的类称为基类，而通过继承关系定义出来的新类则称为派生类。派生类不仅可以继承原来类的成员，还可以通过以下方式产生新的成员。

① 增加新的数据成员。
② 增加新的成员函数。
③ 重新定义已有成员函数。
④ 改变现有成员的属性。

定义派生类的定义形式：

```
class 派生类名:访问方式 基类名
{
   派生类中的新成员
};
```

其中：
① 派生类名由用户自己命名。
② 在冒号 ":" 后面的内容告诉系统，这个派生类是从哪个基类派生的，以及在派生时的继承方式是什么。
③ "访问方式" 即继承方式，可以是 public、private 或 protected。它们分别对应公有继承、私有继承和保护继承。本节中，为避免复杂性，一般只用公有继承。
④ 基类名必须是程序中已有的一个类。
⑤ 大括号内的部分是派生类中新定义的成员。

本书中建议只用公有继承进行相应数据结构的描述。

现在以一个图形对象为例说明基本继承方法。

【例 2.16】 图元类的继承。

所有图形对象首先都可被抽象为一个质点，设为 Object。

（1）质点类，此例中还是其他类的基类。

```
class Object                            //一个基类，可表示一个质点
{
   public:
   int x,y;                             //位置
```

```
    void Show();                          //绘制此质点
    void Move(int dx,int dy);             //移动此质点
};
void Object::Show()
{
    cout<<"OBJ:"<<x<<"," <<y<<endl;
}
void Object::Move(int dx,int dy)
{
    x+=dx;  y+=dy;
}
```

（2）圆形类，从质点类派生而来。

圆形是一个特殊的质点，因此它具有一般质点的很多特征，但也有自己的特点。

```
class Circle : public Object
{
    public:
    int radius;                           //圆的半径
    void Show();                          //因为绘圆与绘质点不同，应重载此函数
                                          //因为点 x，y 及 Move 与基类一致，因此无须再写
};
void Circle::Show()
{
    cout<<"CIR:"<<x<<","<<y<<","<<radius<<endl;
}
```

（3）矩形类，从质点类派生而来。

矩形也是一个特殊的质点，因此它具有一般质点的很多特征，但也有自己的特点。

```
class Rectangle : public Object
{
    public:
    int width,height;                     //矩形有宽和高的属性
    void Show();                          //重载此函数
};
void Rectangle::Show()
{
    cout<<"RECT:"<<x<<","<<y<<","
<<width<<","<<height<<endl;
}
```

（4）标签类，从矩形类派生而来。

标签类是在矩形的基础上，带有一字符串的特殊类。

```
class Label : public Rectangle
{
    public:
    char caption[20];                     //在矩形的基础上，增加一字符数组
    void Show();                          //重载显示函数
    void SetCaption(char *str);           //设置标签字符串
};
void Lable::Show()
{
```

```
    Rectangle::Show();                  //调用基类的 Show();
    cout<<"CAP:"<<caption;               //再显示字符串
}
void Lable::SetCaption(char *str)
{
    if(str!=NULL)strcpy(caption,str);
}
```

【例 2.17】 图元类的使用。

```
main()
{
    Object o;                           //定义一个质点类对象 o
    Circle c;                           //定义一个圆类对象   c
    Rectangle r;                        //定义一个矩形类对象 r
    Lable l;                            //定义一个标签类对象 l
    o.x=10;o.y=10;
    o.Show();                           //显示:        Obj:10,10

    c.x=20;c.y=20;                      //直接使用其类的 x,y
    c.radius=20;
    c.Show();                           //显示:        CIR: 20,20,20
    c.Move(40,40);                      //直接调用基类函数 Move
    c.Show();                           //显示:        CIR: 60,60,20

    r.x=30;r.y=30;
    r.Width=40;r.Height=40;
    r.Show();                           //显示:        RECT: 30,30,40,40
    r.Move(10,10);
    r.Show();                           //显示:        RECT: 40,40,40,40

    l.x=40; l.y=40;
    r.Width=70;r.height=40;
    r.SetCaption("标签 1");
    r.Show();                           //显示:        RECT: 30,30,70,40
                                        //             CAP:标签 1
}
```

2.2.8　虚函数

例 2.16 中定义的图元类中包含一系列的类：Object、Circle、Rectangle、Label。在实际使用过程中，分别用它们定义的对象。因为类型不同，所以这些不同类型的图元集合很难管理。虽然可以用指向对象的指针数组之类方式来管理，但由于无法区分指针所指的对象，因而很难操纵对象。对例 2.16 中的类，可给出下面的用法。

【例 2.18】 无虚函数的多图元管理。

```
typedef Object*  PObj;                  //为便于操作,定义一个指向 Object 类型的指针型
main()
{
    int i;
    PObj *objs;
```

```
    objs=new PObj[4];              //一个指针数组，用于存放 10 个指向图元的指针
    Object *o=new Object();        //动态创建一个 Object 对象
    o->x=10; o->y=10;
    objs[0]=o;                     //由指针数组中第 0 个元素指向质点对象 o
    Circle *c=new Circle();
    c->x=20;c->y=20;c->radius=30;
    objs[1]=c;                     //由指针数组中第 1 个元素指向圆形对象 c
    Rectangle *r=new Rectangle();
    r->x=30;r->y=30;r->Width=40;r->Height=40;
    objs[2]=r;                     //由指针数组中第 2 个元素指向矩形对象 r
    Label *l=new Label();
    l->x=40;l->y=40;l->Width=80;l->Height=40;
    l->SetCaption("标签");
    objs[3]=l;                     //由指针数组中第 3 个元素指向标签对象 l
    for(i=0;i<4;i++)               //依次显示每个图元
      objs[i]->Show();             //由于各类中的 Show 函数是普通成员函数
                                   //又因为 objs[i]是指向基类 Object 类型的指针
                                   //所以此处将始终调用 Object::Show();
    for(i=0;i<4;i++)               //依次释放每个图元对象所占空间
      delete objs[i];
    delete []objs;                 //释放指针数组
}
```

程序运行结果是：

```
Obj:10,10
Obj:20,20
Obj:30,30
Obj:40,40
```

　　显然，这一显示结果并非所期望的。虽然数组中 4 个元素指针类型都指向基类 Object，但它们实际指向的对象是不同类型。现在期望的是它们能自动调用实际对象相关的函数，那么如何才能做到这一点呢？

　　虚函数可以解决这一问题。虚函数是重载的另一种表现。它允许函数调用与函数体之间的联系在运行时才建立，也就是运行时才决定如何动作，即所谓的"动态链接"。

　　虚函数是引入派生概念以后，用来表现基类和派生类的成员函数之间的一种关系的。虚函数定义是在基类中进行的，这是在基类中需要定义为虚函数的成员函数的声明前冠以关键字 virtual，从而提供了一种接口界面。在基类中的某个成员函数被声明为虚函数后，此虚函数就可以在一个或多个派生类中被重新定义。在派生类中重新定义时，其函数原型包括返回类型、函数名、参数个数、参数类型，都必须与基类中的原型完全相同。

　　【例 2.19】　虚函数定义。

```
#include <iostream.h>
class base{
  public:
virtual void show(){cout <<"base"<<endl;}
};
class derived1 : public base
{
  public:
```

```
        void show(){cout<<"derived 1"<<endl;}
    };
    class derived2: public base
    {
      public:
        void show(){cout<<"derived 2"<<endl;}
    };
    main()
    {
      base obj1,*p;          //注意, p 的类型是 base
      derived1 obj2;
      derived2 obj3;
      p=&obj1;
      p->show();             //调用的是 base 类的 show
      p=&obj2;               //虽然 p 的类型是 base, 但它实际指向 derived1 类对象
      p->show();             //因为 show 为虚函数, 所以此时调用的是 derived1 类的 show;
      p->obj3;
      p->show();             //实际调用的是 derived2 类的 show;
    }
```

程序运行结果是：

```
    base
    derived1
    derived2
```

从例 2.18 可以看出，被定义成虚函数的成员函数，当类型为基类型的指针变量（如例 2.19 中的 p）指向派生类型对象时，通过该指针访问此虚函数时，调用的是它所指对象实际类的函数。由此可见，要解决例 2.18 中的问题，只要将例 2.16 中类 Object 中的 show 函数前加上 virtual 关键字使之变为虚函数即可。即

```
class Object                    //一个基类,可表示一个质点
{
   public:
int x,y;                        //位置
virtual void Show();            //绘制此质点,定义成虚函数
void Move(int dx,int dy);       //移动此质点
};
```

修改后，再运行例 2.18 中的程序，其运行结果是：

```
OBJ:10,10
CIR:20,20,30
RECT:30,30,40,40
RECT:40,40,80,40
CAP:标签
```

本章小结

本章用较短的篇幅介绍了 C++的基础，在尽量避免重复 C 语言的内容的同时，力图回避 C++复杂机理的描述，因此不可能包含 C++的全部知识内容。主要内容如下。

（1）C++基本输入与输出，重点是掌握流输入对象 cin 和流输出对象 cout 的使用。凡使用这两个对象之一者，应在文件头加上"#include <iostream.h>"；若使用格式控制，则还应加上"#include <iomanip.h>"。

（2）内联函数在函数定义前应加上 inline 关键字。内联函数节省了函数调用的开销，但其函数体不能包含复杂控制结构，一般只由赋值语句构成。

（3）函数重载是指一个函数可以和同一作用域中的其他函数具有相同的名字，但这些同名函数的参数表必须不同。同名函数的不同重载体可以有完全不同的代码和返回值。

（4）函数的引用参数传递为函数返回给主调程序参数提供了一个十分有效的方法。在 C 语言中，除全局变量和返回值外，函数只能通过指针类型参数向主调程序返回值。在 C++中，可用引用型参数返回值。

（5）动态存储分配是很重要的内存操作手段。在 C 语言中是通过 malloc( )和 free( )函数完成动态存储分配的；而在 C++中，主要用 new 和 delete 运算符完成动态存储分配。用 new 分配的空间，不用时应用 delete 释放。

（6）类与对象是 C++区别于 C 的关键特征，也是本书描述数据结构的重要手段。类是用户定义的一种数据类型，它抽象了一类对象的共同特征。一个类是由成员数据和成员函数组成的，这些成员又分为私有成员和公有成员。类的私有成员体现了封装和数据隐藏，而公有成员提供了与外界的接口。

（7）在 C++中，允许以某个类为基类并用继承的方式定义新的类。继承是 C++的一个重要机制。通过继承和派生，便可形成类的层次结构。处在最高层的类具有一般特征，而越处在底层的类就越详细、越具体。

习　题

一、选择题

1. C++语言是从早期的 C 语言逐渐发展演变而来的。与 C 语言相比，它在求解问题方法上进行的最大改进是（　　）。

    A. 面向过程　　　　B. 面向对象　　　　C. 安全性　　　　D. 复用性

2. C++语言的跳转语句中，关于 break 和 continue 说法正确的是（　　）。

    A. break 语句只应用于循环体中

    B. continue 语句只应用于循环体中

    C. break 是无条件跳转语句，continue 不是

    D. break 和 continue 的跳转范围不够明确，容易产生问题

3. for(int x=0, int y=0;!x& &y<=5;y++)语句执行循环的次数是（　　）。

    A. 0　　　　　　　B. 5　　　　　　　C. 6　　　　　　　D. 无数次

4. 考虑函数原型 void test(int a, int b=7, char='*')，下面的函数调用中，属于不合法调用的是（　　）。

    A. test(5)　　　　B. test(5, 8)　　　　C. test(6, '#')　　　　D. test(0, 0, '*')

5. 下面有关重载函数的说法中正确的是（　　）。

    A. 重载函数必须具有不同的返回值类型

38

  B.　重载函数形参个数必须不同

  C.　重载函数必须有不同的形参列表

  D.　重载函数名可以不同

6. 下列关于构造函数的描述中，错误的是（　　　）。

  A.　构造函数可以设置默认参数

  B.　构造函数在定义类对象时自动执行

  C.　构造函数可以是内联函数

  D.　构造函数不可以重载

7. 下面描述中，表达错误的是（　　　）。

  A.　公有继承时基类中的 public 成员在派生类中仍是 public 的

  B.　公有继承时基类中的 private 成员在派生类中仍是 private 的

  C.　公有继承时基类中的 protected 成员在派生类中仍是 protected 的

  D.　私有继承时基类中的 public 成员在派生类中是 private 的

二、填空题

1. 在用 class 定义一个类时，数据成员和成员函数的默认访问权限是_____。

2. 含有纯虚函数的类称为_____。

3. C++的 3 种继承方式是_____、_____、_____。

三、应用题

1. 什么是引用？定义一个引用和定义一个变量有什么不同？

2. 什么是类？在 C++程序中如何定义？一个类包括哪几部分成员？各有什么限制？

3. 什么是对象？在 C++程序中如何定义？如何访问类中的成员？

4. 什么是构造函数和析构函数？它们各有什么作用？在程序中如何定义？

四、编程题

1. 定义一个内联函数，求两个数的最大值。

2. 定义一个学生类，要处理的学生信息有学号、姓名、年龄、所学专业。所有的学生记录用数组存放（可动态分配对象数组）。要求的功能有对学生记录的插入、查找和删除。

3. 编写程序设计一个汽车类 vehicle，包含的数据成员有车轮个数 wheels 和车重 weight。小车类 car 是它的私有派生类，其中包含载人数 passenger_load。卡车类 truck 是 vehicle 的私有派生类，其中包含载人数 passenger_load 和载重量 payload。每个类都有相关数据的输出方法。

第3章
线性表

教学提示：线性结构的特点是：在数据元素的非空有限集中，存在唯一的一个被称作"第一个"的数据元素，存在唯一的一个被称作"最后一个"的数据元素。除第一个数据元素外，集合中的每个数据元素均只有一个直接前驱；除最后一个数据元素外，集合中的每个数据元素均只有一个直接后继。

线性表是最简单、最基本也是最常用的一种线性结构。它有两种存储方式：顺序存储方式和链式存储方式。它的主要操作是插入、删除和检索等。

教学目标：掌握线性表的逻辑结构特征、线性表的顺序存储结构及其算法描述；掌握线性表的链式存储结构如单链表、循环链表、双向链表的定义及其算法描述；掌握两种存储结构下对线性表各种基本操作的时间复杂度分析。

3.1 线性表的定义及其运算

线性表是一种最简单、最基本也是最常用的线性结构。在线性结构中，数据元素之间存在一个对一个的线性关系，数据元素"一个接一个地排列"。在一个线性表中，数据元素的类型是相同的，或者说，线性表是由同一类型的数据元素构成的。在实际问题中，线性表的例子很多，如学生自然情况信息表、工资信息表等都是线性表。

3.1.1 线性表的定义

线性表是具有相同数据类型的 $n(n \geq 0)$ 个数据元素的有限序列，通常记为：$(a_1, a_2, \cdots, a_{i-1}, a_i, a_{i+1}, \cdots, a_n)$。其中，$n$ 为数据元素个数，称为表长。当 $n=0$ 时称为空表。

表中相邻元素之间存在顺序关系。将 a_{i-1} 称为 a_i 的直接前驱，a_{i+1} 称为 a_i 的直接后继。也就是说，对于 a_i，当 $i=2, \cdots, n$ 时，有且仅有一个直接前驱 a_{i-1}；当 $i=1, 2, \cdots, n-1$ 时，有且仅有一个直接后继 a_{i+1}。a_1 是表中第一个数据元素，它没有前驱；a_n 是最后一个数据元素，它无后继。

线性表的逻辑结构可表示为：

```
LinearList=(D,R)
```

其中，

```
D={a_i | 1≤i≤n,n≥0,a_i∈DataType}
R={r}
r={< a_i,a_{i+1} > | 1≤i≤n-1}
```

其中，DataType 为数据元素类型。

3.1.2　线性表的运算

数据结构的运算是在逻辑结构基础上定义的，而运算的具体实现是建立在存储结构上的，因此下面定义的线性表的基本运算作为逻辑结构的一部分，每一个操作的具体实现只有在确定线性表的存储结构之后才能完成。

线性表上的基本运算如下。

（1）线性表初始化：void Initiate()

初始条件：线性表不存在。

操作结果：构造一个空的线性表。

（2）求线性表的长度：int Length()

初始条件：线性表已存在。

操作结果：返回线性表所含数据元素的个数。

（3）取表元：DataType Get(int i)

初始条件：表存在且 $1 \leq i \leq$ Length()。

操作结果：返回线性表的第 i 个数据元素的值。

（4）按值查找：int Locate(DataType x)

初始条件：线性表已存在，x 是给定的一个数据元素。

操作结果：在线性表中查找值为 x 的数据元素，返回首次出现的值为 x 的那个数据元素的序号，称为查找成功；如果未找到值为 x 的数据元素，返回 0 表示查找失败。

（5）插入操作：int Insert(DataType x, int i)

初始条件：线性表已存在。

操作结果：在线性表的第 i 个位置上插入一个值为 x 的新元素，使原序号为 i，$i+1$，…，n 的数据元素的序号变为 $i+1$，$i+2$，…，$n+1$，插入后表长=原表长+1，返回 1 表示插入成功；若线性表 L 中数据元素个数少于 i-1 个，则返回 0 表示插入失败。

（6）删除操作：int Deleted(int i)

初始条件：线性表已存在。

操作结果：在线性表 L 中删除序号为 i 的数据元素，删除后使序号为 $i+1$，$i+2$，…，n 的元素变为序号 i，$i+1$，…，n-1，新表长=原表长-1，返回 1；若线性表中数据元素个数少于 i，则返回 0 表示删除失败。

说明如下。

① 某数据结构上的基本运算不是它的全部运算，而是一些常用的基本运算。每一个基本运算在实现时也可能根据不同的存储结构派生出一系列相关的运算。例如，线性表的查找在链式存储结构中还会按序号查找；再如插入运算，也可能是将新元素 x 插入适当位置上等，不可能也没有必要全部定义出它的运算集。读者掌握某一数据结构上的基本运算后，其他运算可以通过基本运算来实现，也可以直接去实现。

② 在上面各操作中定义的线性表仅是一个抽象在逻辑结构层次的线性表,尚未涉及它的存储结构。因此，每个操作在逻辑结构层次上尚不能用具体的某种程序设计语言写出具体的算法，而算法的实现只有在存储结构确立之后。

3.1.3　线性表的抽象数据类型描述

上述这些运算可用抽象数据类型描述为：

```
ADT  LinearList is
Data:
一个线性表 L 定义为 L=(a₁,a₂,…,aₙ)，当 L=()时定义为一个空表。
Operation:
    void Initiate()                    //线性表初始化
    int Length()                       //求线性表的长度
    DataType Get(int i)                //取表元
    int Locate(DataType x)             //按值查找
    int Insert(DataType x,int i)       //插入操作
    int Deleted(int i)                 //删除操作
END  LinearList
```

3.2　线性表的顺序存储结构

线性表的顺序存储结构是指在内存中用一组地址连续的存储空间顺序存放线性表的各数据元素，使得逻辑关系上相邻的数据元素在物理位置上也相邻。采用这种存储形式存储的线性表称为线性表的顺序存储结构，简称顺序表。

3.2.1　顺序表结构

因为内存中的地址空间是线性的，因此用物理上的相邻实现数据元素之间的逻辑关系相邻是既简单又自然的，如图 3.1 所示。设数据元素 a_1 的存储地址为 $\text{Loc}(a_1)$，每个数据元素占用 d 个存储地址，则第 i 个数据元素的地址为：

$$\text{Loc}(a_i)=\text{Loc}(a_1)+(i-1)*d \qquad 1\leqslant i\leqslant n$$

也就是说，只要知道顺序表的首地址和每个数据元素所占用地址单元的个数，就可以求出第 i 个数据元素的地址。这也是顺序表具有按数据元素的序号随机存取的特点。

在程序设计语言中，一维数组在内存中占用的存储空间就是一组连续的存储区域。因此，用一维数组表示顺序表的数据存储区域是再合适不过的。考虑到线性表的运算有插入、删除等，即线性表的长度是经常发生变化的，数组的容量需要设计得足够大。假设用 data[MAXSIZE]来表示，其中 MAXSIZE 是一个根据实际问题定义的足够大的整数，线性表中的数据元素从 data[0]开始依次存放，但当前线性表中的实际元素个数可能未达到 MAXSIZE，因此需要用一个变量 len 记录当前线性表中数据元素个数，使得 len 起到一个数字指针的作用，始终指向线性表中最后

存储地址	内存排列	位置序号
$\text{Loc}(a_1)$	a_1	1
$\text{Loc}(a_1)+d$	a_2	2
…	…	…
$\text{Loc}(a_1)+(i-1)*d$	a_i	i
…	…	…
$\text{Loc}(a_1)+(n-1)*d$	a_n	n
	…	…

图 3.1　顺序表中数据元素及其存储位置关系示意图

一个元素的下一个位置，其值为最后一个数据元素的位置值，若该表为空表，则 len=0。这种存储思想的具体实现可描述成：

```
Datatype  data[MAXSIZE];
int  len;
```

这样表示的顺序表如图 3.2 所示。表长为 len，数据元素分别存放在 data[0]到 data[len-1]中。这样使用简单方便，但由于位置值与数据元素下标之间差 1，有时不便于管理。

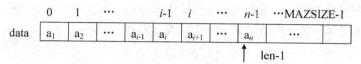

图 3.2　线性表的顺序存储形式描述

顺序表的数据结构类型定义如下。

```
#define MAXSIZE 100
typedef int DataType;
class SequenList
{
    public:
        void Initiate();
        int Length();
        int Insert(DataType x,int i);
        int Deleted(int i);
        int Locate(DataType x);
        DataType Get(int i);
    private:
        DataType data[MAXSIZE];
        int len;
};
```

3.2.2　顺序表运算

1．顺序表的初始化

顺序表的初始化即构造一个数据元素个数为 0 的空表，算法如下。

算法 3-1　顺序表的初始化

```
void SequenList::Initiate()
{
    len=0;
}
```

设调用函数为主函数，主函数对初始化函数的调用如下。

算法 3-2　主函数对初始化函数的调用

```
void main()
{
    SequenList L;
    L.Initiate();
    ……
}
```

2．插入运算

顺序表的插入运算是指在顺序表的第 i 个位置上插入一个值为 x 的新元素，插入后使原表为 n 的顺序表（a_1, a_2, $\cdots$, a_{i-1}, a_i, a_{i+1}, $\cdots$, a_n）

变为表长为 $n+1$ 的顺序表

$(a_1, a_2, \cdots, a_{i-1}, x, a_i, a_{i+1}, \cdots, a_n)$

其中，i 的合理取值范围为 $1 \leq i \leq n+1$。

顺序表的插入如图 3.3 所示。

在顺序表上完成插入运算，主要通过以下步骤进行。

（1）将数据元素 $a_i \sim a_n$ 依次向后移动一个位置，为新元素让出位置；

（2）将 x 置入空出的第 i 个位置；

（3）修改 len 值，使之仍指向最后一个元素的下一个位置，代表表长。

算法如下。

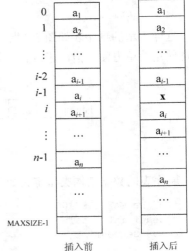

图 3.3　顺序表的插入

算法 3-3　插入运算

```cpp
int SequenList::Insert(DataType x,int i)
{
    //在线性表的第 i 个数据元素之前插入一个新的数据元素 x
    int j;
    if(len>=MAXSIZE)
    {
        cout<<"overflow!"<<endl;          //数据溢出
        return 0;
    }
    else if((i<1)|| (i>len+1))            //如果插入位置不合法
    {
        cout <<"position is not correct!"<<endl;
        return 0;
    }
    else
    {
        for(j=len; j>=i; j--)
            data[j]=data[j-1];            //元素后移
        data[i-1]=x;                      //插入元素
        len++;                            //表长度增加 1
        return 1;
    }
}
```

本算法应注意以下问题。

（1）顺序表中数据区域有 MAXSIZE 个存储单元，所以在向顺序表中做插入操作时，首先检查表空间是否满了，在表满的情况下不能再做插入，否则产生溢出错误。

（2）要检验插入位置的有效性，这里 i 的有效范围是 $1 \leq i \leq n+1$，其中 n 为原表长。

（3）注意数据的移动方向。

插入算法的时间性能分析：

顺序表上的插入运算，时间主要消耗在数据元素的移动上。在第 i 个位置上插入 x，从第 i 个到第 n 个元素都要向后移动一个位置，共需要移动 $n-(i-1)$，即 $n-i+1$ 个数据元素。而 i 的取值范围为 $1 \leq i \leq n+1$，即有 $n+1$ 个位置可以插入。设在第 i 个位置上做插入操作的概率为 P_i，则平均移动数据元素的次数为：

$$E_{in} = \sum_{i=1}^{n+1} P_i(n-i+1)$$

在等概率情况下，$P_i=1/(n+1)$，则

$$E_{in} = \sum_{i=1}^{n+1} P_i(n-i+1) = \frac{1}{n+1}\sum_{i=1}^{n+1}(n-i+1) = \frac{n}{2}$$

这说明，在顺序表上做插入操作需移动表中一半数据元素。显然，时间复杂度为 O(n)。

3. 删除运算

线性表的删除运算是指将表中第 i 个元素从线性表中删除，使原表长为 n 的线性表（a_1, a_2, $\cdots$, a_{i-1}, a_i, a_{i+1}, $\cdots$, a_n）变成表长为 n-1 的线性表

$$(a_1,\ a_2,\ \cdots,\ a_{i-1},\ a_{i+1},\ \cdots,\ a_n)$$

i 的取值范围为 $1 \le i \le n$。

顺序表的删除如图 3.4 所示。

在顺序表上完成删除运算的步骤如下。

（1）将数据元素 $a_{i+1} \sim a_n$ 依次向前移动一个位置。

（2）修改 len 值，使之仍指向最后一个数据元素的下一个位置。

算法如下。

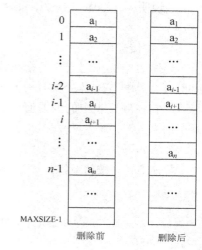

图 3.4　顺序表的删除

算法 3-4　删除运算

```cpp
int SequenList::Deleted(int i)        //删除顺序表的第 i 个数据元素
{
    int j;
    if((i<1)|| (i>len))               //若删除位置不合法
    {
        cout<<"position is not correct!"<<endl;
        return 0;
    }
    else
    {
        for(j=i; j<len; j++)
            data[j-1]=data[j];        //元素前移
        len--;                        //表长度减 1
        return 1;
    }
}
```

本算法应注意以下问题。

（1）删除第 i 个数据元素，i 的取值为 $1 \le i \le n$（即 len），否则第 i 个元素不存在。因此，要检查删除位置的有效性。

（2）删除 a_i 之后，该数据不再存在；如果需要，可先取出 a_i，再做删除。

删除算法的时间性能分析：

与插入运算相同，其时间主要消耗在移动表中元素上。删除第 i 个元素时，其后面的元素 $a_{i+1} \sim a_n$ 都要向前移动一个位置，共移动 n-i 个元素，所以平均移动数据元素的次数为

$$E_{de} = \sum_{i=1}^{n} P_i(n-i)$$

在等概率情况下，$P_i = 1/n$，则

$$E_{de} = \sum_{i=1}^{n} P_i(n-i) = \frac{1}{n}\sum_{i=1}^{n}(n-i) = \frac{n-1}{2}$$

这说明，在顺序表上做删除运算时大约需要移动表中一半元素。显然，该算法的时间复杂度为 $O(n)$。

4. 按值查找

顺序表中的按值查找是指在线性表中查找与给定值 x 相等的数据元素。在顺序表中完成该运算最简单的方法是：从第一个元素 a_1 起依次和 x 比较，直到找到一个与 x 相等的数据元素，则返回它在顺序表中的位置值（下标+1）；或者查遍整个表都没有找到与 x 相等的数据元素，则返回 0。

算法如下。

算法 3-5　按值查找

```
int SequenList::Locate(DataType x)
{
    //返回值为 x 的数据元素的位序值
    int j=0;
    while((j<len)&& (data[j]!=x))j++;
    if(j<len)return j+1;
    else return 0;
}
```

本算法的主要运算是比较。显然，比较的次数与 x 在表中的位置有关，也与表长有关。当 $a_1 = x$ 时，比较一次成功；当 $a_n = x$ 时，比较 n 次成功。在查找成功的情况下，平均比较次数为 $(n+1)/2$，时间复杂度为 $O(n)$。

5. 读取第 i 个数据元素的值

算法 3-6　读取第 i 个数据元素的值

```
DataType SequenList::Get(int i)
{
    if((i<1)|| (i>len))
    {
        cout<<"position is not correct!"<<endl;
        return NULL;
    }
    else return data[i-1];
}
```

6. 取得数据元素个数

算法 3-7　取得数据元素个数

```
int SequenList::Length()
{
    return len;
}
```

3.2.3　顺序表存储空间的动态分配

上面介绍的线性表顺序存储结构，是预先给定大小为 MAXSIZE 的存储空间，程序在编译阶段就已经知道该类型变量的大小，在程序开始运行前会为它分配好存储空间，因此是一种存储空间的静态分配。而动态分配是在定义线性表的存储类型时，不是定义好一个存储空间，而是只定义一个指针，待程序运行后再申请一个用于存放线性表数据元素的存储空间，并把该存储空间的起始地址赋给这个指针。访问动态存储分配的线性表中的元素和访问静态存储分配的线性表中的元素的情况完全相同，既可以采用指针方式，也可以采用数组下标方式。这部分内容不再赘述，有兴趣的读者可阅读其他参考书籍。

3.3　线性表的链式存储结构

由于顺序表的存储特点是用物理位置上的相邻实现了逻辑关系上的相邻，它要求用连续的存储单元顺序存储线性表中的各元素，因此，对顺序表插入、删除操作时需要通过移动数据元素来实现，严重影响了运行效率。本节介绍线性表的链式存储结构。它不需要用地址连续的存储单元来实现，因为它不要求逻辑关系上相邻的两个数据元素物理位置上也相邻。它通过"链"建立起数据元素之间的逻辑关系。因此对线性表的插入、删除不需要移动数据元素。

3.3.1　单链表结构

链表是通过一组任意的存储单元来存储线性表中的数据元素。那么怎样表示出数据元素之间的线性关系？为建立起数据元素之间的线性关系，对每个数据元素 a_i，除了存放数据元素自身的数据信息 a_i 之外，还需要存放其后继 a_{i+1} 所在的存储单元的地址，这两部分信息组成一个"结点"。结点的结构如图 3.5 所示，每个数据元素都如此。存放数据元素信息的域称为数据域，存放其后继数据元素地址的域称为指针域。因此，n 个数据元素的线性表通过每个结点的指针域形成了一个"链"，称为链表。由于每个结点中只有一个指向后继的指针，所以称其为单链表。

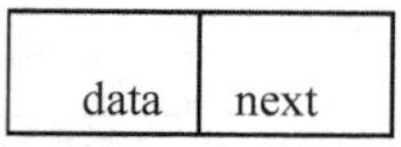

data	next

图 3.5　单链表结点结构

链表是由一个个结点构成的，结点结构定义如下。

```
typedef int DataType;
class Item
{
 public:
   DataType data;
   Item * next;
   Item(){next=NULL;}
};
class Link
{ public:
    Item *head;                    //链表头指针
    Link(){head=NULL;}             //构造函数
    ~Link(){DeleteAll();}          //析构函数
    void Initiate();               //初始化
    void DeleteAll();              //删除所有结点
```

```
void HeadCreate(int n);              //从头建链表
void TailCreate(int n);              //从尾建链表
void HeadCreateWithHead(int n);      //建立带表头的链表(从头)
void TailCreateWithHead(int n);      //建立带表头的链表(从尾)
int Length();                        //求链表长度
Item *Locatex(DataType x);           //查找值为 x 的数据元素
Item *Locatei(int i);                //查找第 i 个元素
DataType Get(int i);                 //取第 i 个元素值
bool Insert(DataType x,int i);       //在链表第 i 个结点之前插入 x
bool Deleted(int i);                 //删除链表中第 i 个结点
void Print();                        //打印链表
};
```

图 3.6 是线性表（a_1，a_2，a_3，a_4，a_5，a_6，a_7，a_8）对应的链式存储结构示意图。

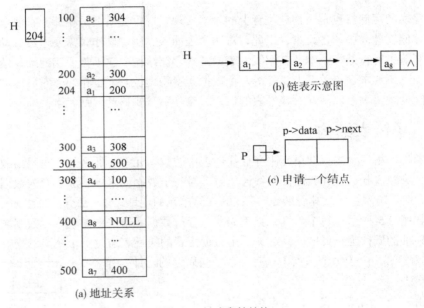

(a) 地址关系

图 3.6　链式存储结构

当然，必须将第一个结点的地址 204 放到一个指针变量如 H 中。最后一个结点没有后继，其指针域必须置空，表明此表到此结束。这样就可以从第一个结点的地址开始"顺藤摸瓜"，找到表中每个结点。

作为线性表的一种存储结构，很多情况下，用户只关心结点间的逻辑关系，而对每个结点的实际存储地址并不关心，所以通常情况下，单链表用图 3.6（b）的形式，而不用图 3.6（a）的形式表示。

通常我们用"头指针"来标识一个单链表，如单链表 L、单链表 H 等，指的是某链表的第一个结点的地址放在指针变量 L、H 中，头指针为"NULL"则表示一个空表。

需要进一步指出的是，上面定义的 Item 是结点的类型，Item*是指向 Item 类型结点的指针类型。为了增强程序的可读性，通常将标识一个链表的头指针说明为 Item*类型的变量，如 Item*L。当 L 有定义时，值或者为 NULL，表示一个空表；或者为第一个结点的地址，即链表的头指针。

将操作中用于指向某结点的指针变量说明为 Item*类型，如 Item*p；则语句：

    p=new Item;或者 p=new Item();

完成了申请一块 Item 类型的存储单元的操作，并将其地址赋值给变量 p。如图 3.6（c）所示，P 所指的结点为*p，*p 的类型为 Item 型，所以该结点的数据域为（*p）.data 或 p->data，指针域为（*p）.next 或 p->next。delete p 则表示释放 p 所指的结点。

3.3.2 单链表运算

1. 初始化
算法 3-8 初始化

```
void Link::Initiate()
{
    DeleteAll();
    head=NULL;
}
```

2. 建立单链表
（1）从表尾到表头建立单链表（不带有空白头结点）

链表与顺序表不同，它是一种动态管理的存储结构，链表中的每个结点占用的存储空间不是预先分配的，而是在运行时系统根据需求动态生成的，因此建立单链表应该从空表开始。可以在每读入一个数据元素后申请一个结点，然后插在链表的头部（从表尾到表头建立单链表）。图 3.7 体现了线性表（20，50，10，80，40）的链式存储结构的建立过程。因为是在链表的头部插入，读入数据的顺序和线性表中的逻辑顺序是相反的。

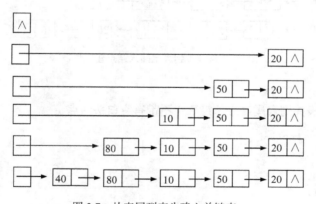

图 3.7 从表尾到表头建立单链表

算法如下。

算法 3-9 从表尾到表头建立单链表（不带有空白头结点）

```
void Link::HeadCreate(int n)
{
    DeleteAll();
    Item *s,*p;
    int i;
    p=NULL;
    for(i=1; i<=n; i++)
```

```
    {
        s=new Item();
        cin>>s->data;
        s->next=p;
        p=s;
    }
    head=p;
}
```

（2）从表头到表尾建立单链表（不带有空白头结点）

从表尾到表头插入结点建立单链表比较简单，但读入的数据元素的顺序与生成的单链表中元素的顺序是相反的。若希望次序一致，则用从表头到表尾建立单链表的方法。因为每次是将新结点插入链表的尾部，所以需加入一个指针 r 用来始终指向链表中的尾结点，以便能够将新结点插入链表的尾部。图 3.8 体现了在链表的尾部插入结点建立链表的过程。

初始状态：头指针 P=NULL，尾指针 r=NULL。按线性表中元素的顺序依次读入数据元素，只要不是结束标志，即申请结点，并将新结点插入 r 所指结点的后面，然后 r 指向新结点（但第一个结点有所不同，注意下面算法中的有关部分）。

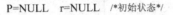
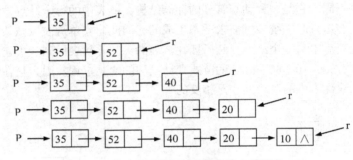

图 3.8　从表头到表尾插入结点建立单链表

算法如下。

算法 3-10　从表头到表尾建立单链表（不带有空白头结点）

```
void Link::TailCreate(int n)
{
 Item *s,*r,*p;
    int i;
    DeleteAll();
 p=NULL;
 for(i=1; i<=n; i++)
    {
        s=new Item();
        cin>>s->data;
        s->next=NULL;
        if(p==NULL)p=r=s;
        else
        {
            r->next=s;
            r=s;
        }
    }
```

```
      head = p;
   }
```

在上面的算法中，第一个结点的处理和其他结点是不同的，原因是第一个结点加入前链表为空，它没有直接前驱结点，它的地址就是整个链表的指针，需要放在链表的头指针变量中；而其他结点有直接前驱结点，其地址放入直接前驱结点的指针域。"第一个结点"的问题在很多操作中都会遇到。在链表中插入结点时，将结点插在第一个位置和其他位置是不同的；在链表中删除结点时，删除第一个结点和删除其他结点的处理也是不同的；为了方便操作，有时在链表的头部加入一个空白的"头结点"，头结点的类型与数据结点一致，数据域为空，在标识链表的头指针变量 H 中存放该结点的地址。这样即使是空表，头指针变量 H 也不再为空了。头结点的加入使得"第一个结点"的问题不再存在，也使得"空表"和"非空表"的处理成为一致。

图 3.9（a）、（b）分别是带空白头结点的单链表为空表和非空表的示意图。

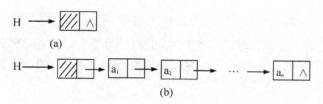

图 3.9　带空白头结点的单链表

 头结点的加入完全是为了运算的方便。它的数据域无定义，指针域中存放的是第一个数据元素的地址，空表时指针域为空。

（3）从表尾到表头建立单链表（带有空白头结点）

算法如下。

算法 3-11　从表尾到表头建立单链表（带有空白头结点）

```
void Link::HeadCreateWithHead(int n)
{
   Item *s,*p;
   int i;
   DeleteAll();
   p=new Item();
   p->next=NULL;
   for(i=1; i<=n; i++)
   {
      s=new Item();
      cin>>s->data;
      s->next=p->next;
      p->next=s;
   }
   head= p;
}
```

（4）从表头到表尾建立单链表（带有空白头结点）

算法如下。

算法 3-12　从表头到表尾建立单链表（带有空白头结点）

```
void Link::TailCreateWithHead(int n)
```

```
{
    Item *s,*r,*p;
    int i;
    DeleteAll();
    p=new Item();
    p->next=NULL;
    r=p;
    for(i=1; i<=n; i++)
    {
        s=new Item();
        cin>>s->data;
        r->next=s;
        r=s;
    }
    r->next=NULL;
    head= p;
}
```

从上面 4 个算法可以看出，对于不带空白头结点的单链表，空表情况下需要单独处理，而带上空白头结点之后则不用了，算法的时间复杂度均为 O(n)。在以后的单链表算法中，如不加说明则认为单链表是带空白头结点的。

3. 求表长

顺序表的表长可以方便获得。相比而言，求单链表的表长稍微复杂些。设有一个移动指针 p 和计数器 j，初始化后，p 所指结点后面若还有结点，p 向后移动，计数器加 1。

算法如下。

算法 3-13　求表长

```
int Link::Length()
{
    int j;
    Item *p;
    j=1;
    p=head->next;
    while(p!=NULL)
    {
        j++;
        p=p->next;
    }
    return --j;
}
```

此算法的时间复杂度为 O(n)。

4. 查找操作

（1）按序号查找

从单链表的第一个元素结点起，判断当前结点是否是第 i 个，若是，则返回该结点的指针；否则继续下一个结点的查找，直到表结束为止。若没有第 i 个结点，则返回空；如果 $i=0$；则返回头指针。

算法如下。

算法 3-14　查找操作

```
Item * Link::Locatei(int i)
{
```

```
    int j=1;
    Item *p; if(i==0)return head;
    p=head->next;
    while((p!=NULL)&& (j<i))
    {
        p=p->next;
        j++;
    }
    if(j==i)return p;
    else
    {
        cout<<"position is not correct!"<<endl;
        return NULL;
    }
}
```

（2）按值查找即定位

从链表的第一个元素结点起，判断当前结点值是否等于 x，若是，返回该结点的指针，否则继续下一个结点的查找，直到表结束为止。若找不到，则返回空。

算法如下。

算法 3-15 按值查找即定位

```
Item * Link::Locatex(DataType  x)
{
    Item *p;
    p=head->next;
    while((p!=NULL)&& (p->data!=x))p=p->next;
    if(p)
        return p;
    else
    {
        cout<<x<<" is not exist!"<<endl;
        return NULL;
    }
}
```

（3）读取第 i 个位置上的元素值

算法 3-16 读取第 i 个位置上的元素值

```
DataType Link::Get(int i)
{   int j;
    Item *p;
    j=1;
    p=head->next;
    while((j<i)&& (p!=NULL))
    {
        j++;
        p=p->next;
    }
    if((p==NULL)|| (j>i))
    {
        cout<<"position is not correct!"<<endl;
        return NULL;
    }
    else return p->data;
}
```

算法 3-14、算法 3-15 和算法 3-16 的时间复杂度均为 O(n)。

5. 插入

（1）后插结点

设 p 指向单链表中某结点，s 指向待插入的值为 x 的新结点，将*s 插入*p 的后面，插入示意图如图 3.10（a）所示。

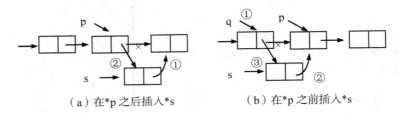

（a）在*p 之后插入*s   （b）在*p 之前插入*s

图 3.10 插入操作

操作如下：

① s->next=p->next;

② p->next=s;

 两个指针的操作顺序不能交换。

（2）前插结点

设 p 指向链表中某结点，s 指向待插入的值为 x 的新结点，将*s 插入*p 的前面，插入示意图如图 3.10（b）所示。与后插不同的是，首先要找到*p 的前驱*q，再完成在*q 之后插入*s。设单链表头指针为 L，操作如下：

```
q=L;
while(q->next!=p)
  q=q->next;                    //找*p 的直接前驱
s->next=q->next;
q->next=s;
```

后插操作的时间复杂度为 O(1)，前插操作因为要找*p 的前驱，时间复杂度为 O(n)。其实，我们关心的是数据元素之间的逻辑关系，所以仍然可以将 *s 插入*p 的后面，然后将 p->data 与 s->data 交换即可。这样既满足了逻辑关系，也能使得时间复杂度为 O(1)。

（3）插入算法

① 找到第 i-1 个结点；若存在，继续步骤②，否则结束。

② 申请新结点，将数据填入新结点的数据域。

③ 将新结点插入。

算法如下。

算法 3-17 前插结点

```
bool Link::Insert(DataType x,int i)
{
    Item *p,*s;
    p=Locatei(i-1);
```

```
    if(p==NULL)
    {
        cout<<"position is not correct!"<<endl;
        return false;
    }
    s=new Item();
    s->data=x;
    s->next=p->next;
    p->next=s;
    return true;
}
```

6. 删除

（1）删除结点

设 p 指向单链表中某结点，删除*p。操作示意图如图 3.11 所示。通过示意图可见，要实现对结点*p 的删除，首先要找到*p 的前驱结点*q，然后完成指针的删除操作即可。指针的操作，由下列语句实现。

图 3.11　删除*p

```
q->next=p->next;
delete p;
```

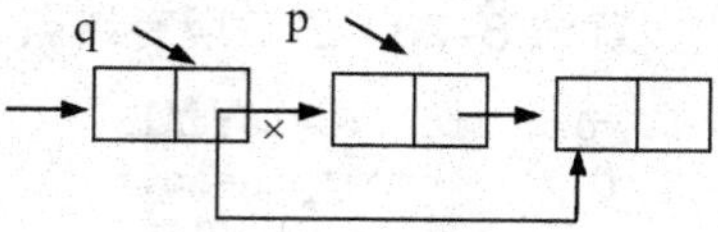

显然，找*p 前驱的时间复杂度为 $O(n)$。

若要删除*p 的后继结点（假设存在），则可以直接完成：

```
s=p->next;
p->next=s->next;
delete s;
```

该操作的时间复杂度为 $O(1)$。

（2）删除运算

① 找到第 i-1 个结点，若存在，继续步骤②，否则结束。

② 若存在第 i 个结点，则继续步骤③，否则结束。

③ 删除第 i 个结点，结束。

算法如下。

算法 3-18　删除结点

```
bool Link::Deleted(int i)
{   Item *p=Locatei(i-1);
    Item *q;
    if(p==NULL)
      {   cout<<"position is not correct!"<<endl;
          return false;
      }
    q=p->next;
    if(q!=NULL)
     { p->next=q->next;
       delete q;return true;
    }
      else
      {   cout<<"position is not correct!"<<endl;
          return false;
      }
}
```

算法 3-18 的时间复杂度为 $O(n)$。

7. 打印

算法 3-19 打印

```
void Link::Print()
{
    Item *p;
    p=head->next;
    while(p!=NULL)
    {   cout<<p->data<<"  ";
        p=p->next;
    }
    cout<<endl;
}
```

8. 删除所有结点

算法 3-20 删除所有结点

```
void Link::DeleteAll()
{   Item *p=head,*q;
    while(p!=NULL)
    {   q=p->next;
        delete p;
        p=q;
    }
    head=NULL;
}
```

通过上面的基本操作可知：

① 在单链表上插入、删除一个结点，必须知道其前驱结点的指针；

② 单链表不具有按序号随机访问的特点，只能从头指针开始一个个顺次进行。

3.3.3 循环链表结构

对于单链表而言，最后一个结点的指针域是空指针。如果将该链表头指针置入该指针域，则使得链表头尾结点相连，就构成了循环单链表，如图 3.12 所示。

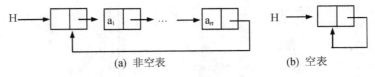

(a) 非空表   (b) 空表

图 3.12 带头结点的循环单链表

在循环单链表上的操作基本上与非循环链表相同，只是将原来判断指针是否为 NULL 变为是否是头指针，没有其他较大的变化。

对于单链表，只能从头结点开始遍历整个链表；而对于循环单链表，则可以从表中任意结点开始遍历整个链表。不仅如此，有时对链表常做的操作是在表尾、表头之间进行。此时可以改变链表的标识方法，不用头指针而用一个指向尾结点的指针 R 来标识，可以使操作效率得以提高。

例如，对两个循环单链表 H1、H2 的连接操作，是将 H2 的第一个数据结点接到 H1 的尾结点。如用头指针标识，则需要找到第一个链表的尾结点，其时间复杂度为 $O(n)$；而链表若用尾指针

R1、R2 标识，则时间复杂度为 O(1)。操作如下：

```
p= R1->next;                //保存 R1 的头结点指针
R1->next=R2->next->next;    //头尾连接
delete  R2->next;           //释放第二个表的头结点
R2->next=p;                 //组成循环链表
```

这一过程如图 3.13 所示。

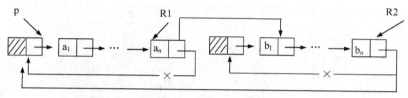

图 3.13　两个用尾指针标识的单循环链表的连接

3.3.4　双向链表结构

以上讨论的单链表的结点中只有一个指向其后继结点的指针域 next，因此若已知某结点的指针为 p，其后继结点的指针则为 p->next，而找其前驱则只能从该链表的头指针开始，顺着各结点的 next 域进行。也就是说，找后继的时间复杂度是 O(1)，找前驱的时间复杂度是 O(n)。如果也希望找前驱的时间复杂度达到 O(1)，则只能付出空间的代价：每个结点再加一个指向前驱的指针域，结点的结构如图 3.14 所示。用这种结点组成的链表称为双向链表。

图 3.14　双向链表结点的结构

1. 双向链表结点的定义

```
typedef int DataType;
class DualItem
{     public:
      DataType data;
      DualItem *next;
      DualItem *prior;
      DualItem(){next=NULL; prior=NULL;}
};
```

和单链表类似，双向链表通常也是用头指针标识，也可以带空白头结点和做成循环结构。图 3.15 是带头结点的双向循环链表示意图。显然，通过某结点的指针 p 既可以直接得到它的后继结点的指针 p->next，也可以直接得到它的前驱结点的指针 p->prior。这样在有些操作中需要找前驱结点时，无须再用循环。从下面的插入删除运算中，可以看到这一点。

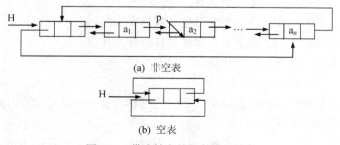

(a) 非空表

(b) 空表

图 3.15　带头结点的双向循环链表

设 p 指向双向循环链表中的某一结点，即 p 是该结点的指针，则 p->prior->next 表示的是*p 结点的前驱结点的后继结点的指针，即与 p 相等；类似，p->next->prior 表示的是*p 结点的后继结点的前驱结点的指针，也与 p 相等。所以有以下等式：

```
p->prior->next = p = p->next->prior
```

2. 双向链表中结点的插入

设 p 指向双向链表中某结点，s 指向待插入的值为 x 的新结点，将*s 插入*p 的前面，插入示意图如图 3.16 所示。操作如下：

① s->prior=p->prior;

② p->prior->next=s;

③ s->next=p;

④ p->prior=s;

指针操作的顺序不是唯一的，但也不是任意的。操作①必须放到操作④的前面完成，否则，*p 的前驱结点的指针就丢掉了。把每条指针操作的含义搞清楚，就不难理解了。

3. 双向链表中结点的删除

设 p 指向双向链表中某结点，删除*p。操作示意图如图 3.17 所示。
操作如下：

① p->prior->next=p->next;

② p->next->prior=p->prior;
　　delete p;

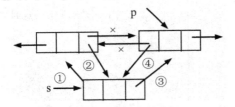

图 3.16　双向链表中的结点插入

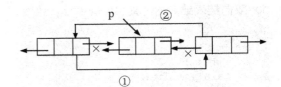

图 3.17　双向链表中的结点删除

3.4　顺序表与链式表的比较

本章前面介绍了线性表的逻辑结构及它的两种存储结构：顺序表和链式表。通过讨论可知，它们各有优缺点。顺序存储有以下 3 个优点。

（1）方法简单，各种高级语言中都有数组，容易实现。

（2）不用为表示结点间的逻辑关系而增加额外的存储开销。

（3）可以按元素序号随机访问表中结点。

有两个缺点：

（1）在顺序表中做插入、删除操作时，平均约需移动表中一半元素。因此对数据元素较多的顺序表来说，运算效率比较低。

（2）需要预先分配足够大的存储空间，估计得过大，可能会导致顺序表空间大量闲置；预先分配过小，又会造成溢出。

链式表的优缺点恰好与顺序表相反。在实际中怎样选取存储结构？通常有以下几点考虑。

（1）基于存储的考虑

顺序表的存储空间是静态分配的，在程序执行之前必须明确规定它的存储规模。也就是说，事先对"MAXSIZE"要有合适的设定，过大会造成空间的浪费，过小会造成数据溢出。可见，对线性表的长度或存储规模难以估计时，不宜采用顺序表。链式表不用事先估计存储规模，但链式表的存储密度较低。所谓存储密度，是指一个结点中数据元素所占的存储单元和整个结点所占的存储单元之比。显然，链式存储结构的存储密度小于 1。

（2）基于运算的考虑

在顺序表中按序号访问 a_i 的时间复杂度是 O(1)，而在链式表中按序号访问 a_i 的时间复杂度是 O(n)，所以如果经常做的操作是按序号访问数据元素，显然顺序表优于链式表。在顺序表中做插入、删除时，平均约需移动表中一半元素，当数据元素的信息量较大且表较长时，这一点是不应忽视的；在链式表中做插入、删除时，虽然也要找插入位置，但主要是比较操作。从这个角度考虑，显然后者优于前者。

（3）基于环境的考虑

顺序表容易实现，任何高级语言中都有数组类型；链式表的操作是基于指针的。相对来说，前者简单些，这也是用户考虑的一个因素。

总之，两种存储结构各有所长，选择哪一种存储结构应根据具体问题的操作需求决定。通常"较稳定"的线性表选择顺序存储结构，而频繁做插入、删除的即动态性较强的线性表宜选择链式存储结构。

3.5　算法应用举例

【例 3.1】　要求在时间复杂度为 O(n)的条件下将顺序表（a_1，a_2，…，a_n）重新排列为以 a_1 为界的两部分：a_1 前面的值都比 a_1 小，a_1 后面的值都比 a_1 大（这里假设数据元素的类型具有可比性，不妨设为整型），操作前后如图 3.18 所示。这一操作称为划分。a_1 也称为基准。

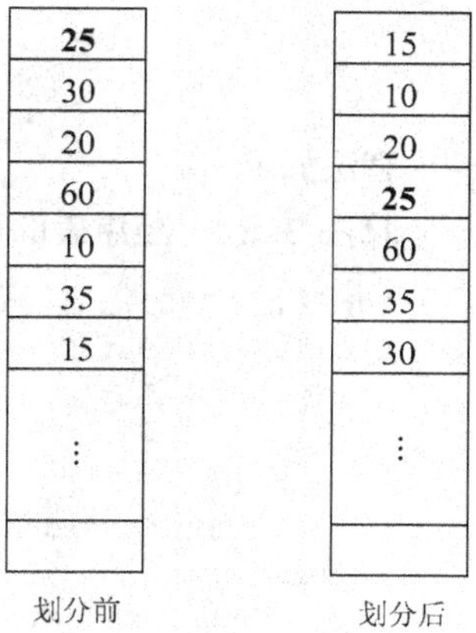

首先保存 a_1 的值到临时变量 a 中，定义 i、j 分别指向第一个元素和最后一个元素，从最后一个元素 a_j 开始逐一向前扫描每一个数据元素。

（1）条件 $i<j$：若当前结点的数据元素 a_j 比 a 大，表明它已经在 a 的后面，不必改变它的位置，继续比较 a_j 前一个数据元素；若当前结点的数据元素 a_j 比 a 小，说明它应该在 a 的前面，将 a_j 保存到 a_i 所在位置。

（2）条件 $i<j$：若当前结点的数据元素 a_i 比 a 小，说明它已经在 a 的前面，不必改变它的位置，继续比较 a_i 后一个数据元素；若当前结点的数据元素 a_i 比 a 大，说明它应该在 a 的后面，将 a_i 保存到 a_j 所在位置，重新执行步骤（1）。

算法如下。

划分前	划分后
25	15
30	10
20	20
60	**25**
10	60
35	35
15	30
⋮	⋮

图 3.18　顺序表的划分

算法 3-21　顺序表的划分

```
#define MAXSIZE 100
typedef int DataType;
class SequenList
{
    public:
        friend void Part(SequenList &L);
    private:
        DataType data[MAXSIZE];
        int len;
};
void Part(SequenList &L)
{
    int i,j;
    DataType a;
    a=L.data[0];
    i=0;
    j=L.length()-1;
    while(i<j)
    {
        while((i<j)&& (L.data[j]>=a))j--;
        L.data[i]=L.data[j];
        while((i<j)&& (L.data[i]<=a))i++;
        L.data[j]=L.data[i];
    }
    L.data[i]=a;
}
```

本算法中，每个数据元素仅被操作一次。因此，这个算法的时间复杂度为 $O(n)$。

【例 3.2】 有顺序表 A 和 B，其元素均按值非递减有序排列。编写一个算法，将它们合并成一个新的顺序表 C，要求 C 的元素也是按值非递减有序排列。

依次扫描通过 A 和 B 的元素，比较当前元素的值，将较小值的元素赋给 C，如此直到一个线性表扫描完毕，然后将未扫描完的那个顺序表中余下的部分元素赋给 C 即可。C 的容量要能够容纳 A、B 两个线性表相加的长度。

$$C(k)=\begin{cases}a_i & 当 a_i \leqslant b_j 时\\ b_j & 当 a_i > b_j 时\end{cases}$$

算法如下。

算法 3-22　顺序表的合并

```
#define MAXSIZE 100
typedef int DataType;
class SequenList
{
    public:
        friend void Merge(SequenList &A,SequenList &B,SequenList &C);
    private:
        DataType data[maxsize];
        int len;
};

void merge(SequenList &A,SequenList &B,SequenList &C)
```

```
{
    int  i,j,k;
      i=0;j=0;k=0;
    while(i<A.length()&& j<B.length())
       if(A.data[i]<=B.data[j])
          C.data[k++]=A.data[i++];
       else  C.data[k++]=B.data[j++];
    while(i<A.length())
      C.data[k++]= A.data[i++];
    while(j<B.length())
      C.data[k++]=B.data[j++];
    C.len=k;
}
```

由于本算法最终实现 A、B 中的数据元素合并到 C 表中，并且每次实现一个数据元素的移动，因此算法的时间复杂度是 O($m+n$)，其中 m 是 A 的表长，n 是 B 的表长。

【例 3.3】 已知带头结点的单链表 H，写一算法将其倒置，即实现如图 3.19 所示的操作。图（a）为倒置前，图（b）为倒置后。

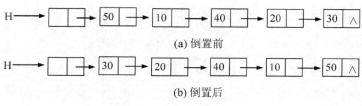

(a) 倒置前

(b) 倒置后

图 3.19 单链表的倒置

依次取原链表中的每个结点，将其作为第一个结点插入新链表中，指针 p 用来指向当前结点，p 为空时结束。

算法如下。

算法 3-23 单链表的倒置

```
void  Link::reverse(Link &H)
{
    Item  *p,*q;
    p=H.head->next;                    //p 指向第一个数据结点
    H.head->next=NULL;                 //将原链表置为空表 H
    while(p)
    {
       q=p;   p=p->next;
       q->next=H.head->next;           //将当前结点插到头结点的后面
       H.head->next=q;
    }
}
```

该算法只是对链表中数据元素按顺序扫描一遍即完成倒置，所以时间复杂度为 O(n)。

【例 3.4】 设有两个单链表 A、B，其中元素均按元素值非递减有序排列。编写算法，将 A、B 归并成一个按元素值非递增（允许有相同值）有序的单链表 C，要求用 A、B 中的原结点形成，不能重新申请结点。

利用 A、B 两表有序的特点，依次进行比较，将当前值较小者摘下，插入 C 表的头部，得到的 C 表则为非递增有序。

算法如下。

算法 3-24　单链表的归并

```
void Link::merge(Link &A,Link &B,Link &C)
{//采用引用方式传递参数
    Item  *p,*q,*s;
    p=A.head->next; q=B.head->next;
    C.head->next=NULL;
    while((p!=NULL)&& (q!=NULL))
    {
        if(p->data<=q->data)
        {
            s=p;
            p=p->next;
        }
        else
        {
            s=q;
            q=q->next;
        }
        s->next=C.head->next;          //插入 C 表的头部
        C.head->next=s;
    }  //while
    if(p==NULL)p=q;
    while(p!=NULL)
    {
        s=p;
        p=p->next;
        s->next=C.head->next;
        C.head->next=s;
    }
    A.   head=NULL;
    B.   head=NULL;//将链表 A 和 B 的 head 指针置空
}
```

该算法的时间复杂度为 O($m+n$)。

本章小结

本章主要讨论了线性表的概念、存储形式以及在各种存储形式下的基本运算的实现。线性表是一种简单的数据结构，它是由 n 个相同数据类型的元素组成的有序序列。线性表常用的存储结构有两类：顺序存储和链式存储。

在线性表的顺序存储结构中，元素与元素之间的逻辑关系通过存储位置物理上的相邻来表示，因此顺序存储结构中只需要存储数据元素本身的信息，而不需要存储元素与元素之间的关系，存储密度大。元素之间的关系可以用一个线性函数表示（序号与物理位置的映射），可以随机存取。正是元素之间物理上的相邻关系决定了在顺序存储结构上进行插入和删除操作时，可能需要移动其他元素，当元素信息较多时影响其速度。另外，顺序存储结构采用静态空间分配方式，必须按最大空间分配存储，对内存的浪费比较严重。

在线性表的链式存储结构中，元素与元素之间的逻辑关系通过在结点里增加指针记录的存储地址来实现。因此不仅要存储数据元素本身的信息，还要存储元素与元素之间的关系信息的指针，存储密度相对较小。结点地址之间无任何关系，因而不能实现随机存取，只能以遍历的方式进行存取；也正是由于元素结点无任何关系，在插入和删除操作时不需要移动元素，而只要修改指针即可。

习 题

一、选择题

1. 从一个具有 n 个结点的单链表中查找值为 x 的结点，在查找成功的情况下，需平均比较（   ）个结点。

    A. n B. $n/2$ C. $(n-1)/2$ D. $(n+1)/2$

2. （   ）插入、删除速度快，但查找速度慢。

    A. 链式表   B. 顺序表   C. 顺序有序表   D. 上述三项无法比较

3. 若希望从链表中快速确定一个结点的前驱，则链表最好采用（   ）方式。

    A. 单链表   B. 循环单链表   C. 双向链表   D. 任意

4. 在一个单链表中，若删除 p 所指结点的后继结点，则执行（   ）。

    A. p->next=p->next;   B. p=p->next->next;

    C. p=p->next;p->next=p->next->next;   D. p->next=p->next->next;

5. 带空白头结点的单链表 head 为空的判定条件是（   ）。

    A. head= =NULL   B. head->next==NULL

    C. head->next= =head   D. head!=NULL

6. 在循环双链表的 p 所指结点之后插入 s 所指结点的操作是（   ）。

    A. p->next=s; s->prior=p; p->next->prior=s; s->next=p->next;

    B. p->next=s; p->next->prior=s; s->prior=p; s->next=p->next;

    C. s->prior=p; s->next=p->next; p->next=s; p->next->prior=s;

    D. s->prior=p; s->next=p->next; p->next->prior=s; p->next =s;

7. 若某线性表最常用的操作是存取任一指定序号的元素和在最后进行插入和删除运算，则利用（   ）存储方式最节省时间。

    A. 顺序表   B. 双链表

    C. 带头结点的双向循环链表   D. 单向循环链表

二、填空题

1. 对于采用顺序存储结构的线性表，当随机插入或删除一个数据元素时，平均约需移动表中_____元素。

2. 当对一个线性表经常进行插入和删除操作时，采用_____存储结构为宜。

3. 当对一个线性表经常进行存取操作，而很少进行插入和删除操作时，最好采用_____存储结构。

4. 在一个长度为 n 的顺序存储结构的线性表中，向第 i 个元素（$1 \leq i \leq n+1$）之前插入一个新元素时，需向后移动_____个元素。

5. 从长度为 n 的采用顺序存储结构的线性表中删除第 i 个元素（$1 \leq i \leq n$），需向前移动的元素个数为_____。

6. 对于长度为 N 的顺序存储结构的线性表，插入或删除元素的时间复杂度为_____。

7. 在具有 N 个结点有序单链表中插入一个新结点并仍然有序的时间复杂度为_____。

8. 在双向链表中，每个结点共有两个指针域，一个指向_____结点，另一个指向_____结点。

三、判断题

1. 链表中的头结点仅起到标识的作用。　　　　　　　　　　　　　（　　）
2. 顺序存储结构的主要缺点是不利于插入或删除操作。　　　　　（　　）
3. 线性表采用链表存储时，结点和结点内部的存储空间可以是不连续的。（　　）
4. 顺序存储方式插入和删除时效率太低，因此它不如链式存储方式好。（　　）
5. 对任何数据结构来说，链式存储结构一定优于顺序存储结构。　（　　）
6. 顺序存储方式只能用于存储线性结构。　　　　　　　　　　　（　　）
7. 循环链表不是线性表。　　　　　　　　　　　　　　　　　　（　　）
8. 为了很方便地插入和删除数据，可以使用双向链表存放数据。　（　　）
9. 线性表的特点是每个元素都有一个前驱和一个后继。　　　　　（　　）
10. 取线性表的第 i 个元素的时间与 i 的大小有关。　　　　　（　　）

四、应用题

1. 线性表有两种存储结构：一是顺序表，二是链式表。试问：

（1）如果有 n 个线性表并存，并且在处理过程中各表的长度会动态变化，线性表的总数也会自动地改变。在此情况下，应选用哪种存储结构？为什么？

（2）若线性表的总数基本稳定，且很少进行插入和删除操作，但要求以最快的速度存取线性表中的元素，那么应采用哪种存储结构？为什么？

2. 线性表的顺序存储结构具有 3 个弱点：其一，在进行插入或删除操作时，需移动大量元素；其二，由于难以估计表长，必须预先分配较大的空间，往往使存储空间不能得到充分利用；其三，表的容量难以扩充。线性表的链式存储结构是否一定能够克服上述 3 个弱点，试讨论之。

3. 线性表（a_1, a_2, $\cdots$, a_n）用顺序映射表示时，a_i 和 a_{i+1}（$1 \leq i < n$）的物理位置相邻吗？链接表示时呢？

4. 试述头结点、首元结点、头指针这 3 个概念的区别。

5. 在单链表和双向链表中，能否从当前结点出发访问到任何一个结点？

6. 如何通过改链的方法，把一个单向链表变成一个与原来链接方向相反的单向链表？

五、算法设计题

1. 已知单链表 L，写一算法，删除其中的重复结点。

2. 将数据元素 X 插入递增有序的顺序表的适当位置，使插入后的顺序表仍为递增有序。

3. 假设有两个按元素值递增次序排列的线性表，均以单链表形式存储。请编写算法，将这两个单链表归并为一个按元素值递减次序排列的单链表，并要求利用原来两个单链表的结点存放归并后的单链表。

4. 已知递增有序的两个单链表 A，B 分别存储了一个集合。设计算法，实现求两个集合的并集的运算 A=A∪B。

5. 设有两个链表，ha 为单向链表，hb 为单向循环链表。编写算法，将两个链表合并成一个单向链表，要求算法所需时间与链表长度无关。

6. 设 L 为单链表的头结点地址，其数据结点的数据都是正整数且无相同的。试设计利用直接插入的原则把该链表整理成数据递增的有序单链表的算法。

7. 已知线性表（a_1、a_2、a_3、$\cdots$、a_n）按顺序存于内存，每个元素都是整数。试设计用最少时间把所有值为负数的元素移到全部正数值元素前边的算法，例：（x, -x, -x, x, x, -x, $\cdots$, x）变为（-x, -x, -x, $\cdots$, x, x, x）。

8. 已知非空线性链表由 list 指出，结点的构造为（data，next）。请写一算法，将链表中数据域值最小的那个链结点移到链表的最前面。要求：不得额外申请新的结点。

第4章
栈和队列

教学提示： 栈和队列在各种类型的程序设计中应用十分广泛，可以存放多种中间信息。在编译系统、操作系统等系统软件和递归等应用软件中经常都需要使用堆栈和队列完成特定的算法设计。它们的逻辑结构和线性表相同，但它们是一种特殊的线性表。其特殊性在于运算操作受到了限制，因此栈和队列又称操作受限的线性表。栈按"后进先出"的规则进行操作，队列按"先进先出"的规则进行操作。

教学目标： 熟悉栈和队列的定义和特点；熟练掌握栈和队列的工作原理、存储方法及基本操作的实现，并能够理解各自存储方法的优缺点；在深刻理解栈和队列内涵的基础上，能够利用栈和队列解决问题；掌握递归的定义，并能够在理解递归程序执行的过程的基础上，掌握递归程序编写；了解递归程序非递归化的方法。

4.1 栈

栈是限制在表的一端进行插入和删除的线性表。表中允许插入、删除的这一端称为栈顶，栈顶的当前位置是动态变化的；不允许插入和删除的另一端称为栈底，栈底是固定不变的。当表中没有元素时称为空栈。栈的插入运算称为进栈、压栈或入栈，栈的删除运算称为退栈或出栈。图4.1 所示为栈的进栈和出栈过程示意图，进栈的顺序是 e_1、e_2、e_3，出栈的顺序为 e_3、e_2、e_1，所以栈又称为后进先出线性表（Last In First Out），简称 LIFO 表，或称先进后出线性表。其特点是先进后出或者后进先出。

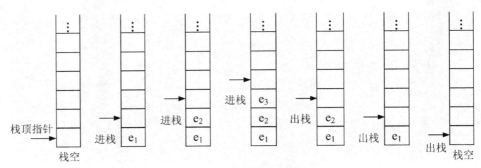

图 4.1 进/出栈示意图

在日常生活中，有很多后进先出的例子，如食堂里的碟子，堆放时是从下到上、从大到小，在取碟子时，则是从上到下、从小到大。在程序设计中，常常需要栈这样的数据结构，使得取数据与保存数据时呈相反的顺序。

4.1.1　栈的抽象数据类型

对于栈，常用的基本运算有入栈、出栈、取栈顶元素等操作。下面给出栈的抽象数据类型的定义。

```
ADT Stack{
数据：存储栈的元素的数据结构        //可以用顺序表或者单链表存储
      栈顶位置
      栈的空间大小
操作：
Stack()                         //构造了一个空栈
~Stack()                        //销毁一个已存在的栈
Empty_Stack()                   //判断栈是否为空
Push_Stack(e)                   //将元素 e 插入栈顶
Pop_Stack(&e)                   //从栈顶删除一个元素到 e 中返回
GetTop_Stack(&e)                //从栈顶取出一个元素到 e 中返回
}
```

4.1.2　顺序栈

栈的存储与一般的线性表的存储类似，主要有两种存储方式：顺序存储和链式存储。

利用顺序存储方式实现的栈称为顺序栈。类似于顺序表的定义，要分配一块连续的存储空间存放栈中的元素，栈底位置可以固定地设置在数组的任何一端（一般在下标为 0 的一端），而栈顶是随着插入和删除而变化的，再用一个变量指明当前栈顶的位置（实际上是栈顶元素的下一个位置），存储结构如图 4.2 所示。

需要说明的是，也可以将 base 指向下标为-1 的位置，top 指向栈顶元素当前位置（图 4.2 中的 e_3）。

顺序栈的类描述如下。

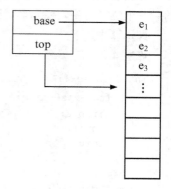

图 4.2　栈的存储示意图

```
typedef  int DataType;          //这里以整型为栈的数据类型
class SeqStack
{
private:
        DataType *base;         //栈底指针
        DataType *top;          //栈顶指针始终指向栈顶元素的后一个位置
        int  size;              //栈的大小
public:
        SeqStack(int stacksize=100)
        { base=new DataType [stacksize];
          top=base;             //指向栈顶元素的后一位置
          size=stacksize;
        };                      //构造了一个空栈,默认大小为 100 个单元
```

```
             ~SeqStack()
             { delete[] base;
                top=NULL;base=NULL;
             };                                    //销毁一个已存在的栈
             int Empty_Stack();                    //判断栈是否为空
             int Push_Stack(DataType e);           //将元素 e 插入栈顶
             int Pop_Stack(DataType &e);           //从栈顶删除一个元素到 e 中返回
             int GetTop_Stack(DataType &e);        //从栈顶取出一个元素到 e 中返回
      };                                           //顺序栈类
```

顺序栈的成员函数的实现，具体步骤如下。

（1）判断栈是否为空

算法思想：判断 top 是否小于等于 base，小于等于则为空栈，返回 1，否则返回 0。

具体算法如下。

算法 4-1

```
int SeqStack::Empty_Stack()                       //判断顺序栈是否为空
{
    return((top<=base));
}
```

（2）入栈操作

入栈操作是在栈的顶部进行插入操作，相当于在顺序表的表尾进行插入，因而无须移动元素。

算法思想：首先判断栈是否已满，若满则失败，返回 0；否则，由于栈的 top 指向栈顶元素的后一个位置，将入栈元素赋到 top 的位置，再将 top+1 指向新的位置，成功返回 1。

具体算法如下。

算法 4-2

```
int SeqStack::Push_Stack(DataType  e)             //顺序栈进栈操作
{   if(top-base<size)                             //判断栈是否为满
    {    *top=e;
         top++;
         return 1;
    }
    else
         return 0;
}
```

（3）出栈操作

出栈操作是在栈的顶部进行删除操作，相当于在顺序表的表尾进行删除，因而也无须移动元素。

算法思想：首先判断栈是否为空，若空则失败，返回 0；否则，由于栈的 top 指向栈顶元素的后一位置，要先修改 top 为 top-1，再将其所指向的元素以引用参数 e 返回，成功返回 1。

具体算法如下。

算法 4-3

```
int SeqStack::Pop_Stack(DataType &e)              //顺序栈出栈操作
{   if(top>base)                                  //判断栈是否为空
    {    top--;
         e=*top;
         return 1;
```

```
        }
     else
        return 0;
  }
```

（4）取栈顶元素操作

取栈顶元素是获取出栈顶元素的值，而不改变栈。

算法思想：首先判断栈是否为空，若空则失败，返回 0；否则，由于栈的 top 指向栈顶元素的后一位置，返回 top-1 所指单元的值，栈不发生变化。

具体算法如下。

算法 4-4

```
int SeqStack::GetTop_Stack(DataType &e)        //顺序栈取栈顶元素操作
{   if(top>base)                               //判断栈是否为空
    {   e=*(top-1);
        return 1;
    }
    else
        return 0;
}
```

4.1.3 链栈

栈也可以用链式存储方式实现。一般链栈用单链表表示，其结点结构与单链表的结构相同，即结点为：

```
typedef int DataType;                 //这里以整型为栈的数据类型
class StackNode                       //定义链栈的结点
{
public:
        DataType data;
        StackNode *next;
        StackNode()
        { next=NULL;
        };
}
```

因为栈中的主要运算是在栈顶进行插入和删除操作，显然在单链表的表头插入和删除都比较方便（请读者考虑用单链表的表尾作为栈顶会怎么样），因此以其作为栈顶，而且没有必要像单链表那样为了运算方便而附加一个头结点，存储结构如图 4.3 所示。

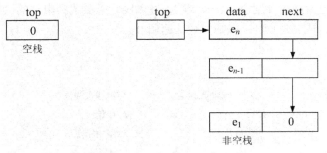

图 4.3　栈的链式存储示意图

链栈的类描述如下。

```
class LinkStack
{
private:
        StackNode *top;
public:
        LinkStack()
        {   top=NULL;                              //构造一个新的空栈
        };
        ~LinkStack()                               //销毁一个已存在的栈
        {   StackNode *p;
            while(top)                             //销毁栈中所有元素
              {   p=top;
                  top=top->next;
                  delete p;
              }
            top=NULL;                              //栈顶指针赋空表示为空栈
        };
        int Empty_Stack();                         //判断栈是否为空
        int Push_Stack(DataType e);                //将元素 e 插入栈顶
        int Pop_Stack(DataType &e);                //从栈顶删除一个元素到 e 中返回
        int GetTop_Stack(DataType &e);             //从栈顶取出一个元素到 e 中返回
};                                                 //链栈类
```

链栈的成员函数的实现具体步骤如下。

（1）判断栈是否为空

算法思想：判断 top 是否为空，为空则为空栈，返回 1，否则返回 0。

具体算法如下。

算法 4-5

```
int LinkStack::Empty_Stack()                       //判断链栈是否为空
{
    return(!top);
}
```

（2）入栈操作

入栈操作是在栈的顶部进行插入操作，相当于在单链表的表头（第一个元素之前）插入一个新元素。

算法思想：首先为链栈分配空间，若成功，将入栈元素赋值到申请的链栈结点，并插入栈顶，使其成为栈顶元素，成功返回 1；否则失败，返回 0。

具体算法如下。

算法 4-6

```
int LinkStack::Push_Stack(DataType e)              //链栈入栈操作
{   StackNode *p=new StackNode;                     //申请结点
    if(p)                                           //申请结点成功
{   p->data=e;
    p->next=top;
    top=p;                                          //修改栈顶指针
```

```
      return 1;
   }
   else
      return 0;
   }
```

（3）出栈操作

出栈操作是在栈的顶部进行删除操作，相当于删除单链表的第一个元素。

算法思想：首先判断栈是否为空，若非空，则取出栈顶元素，以引用参数 e 返回，并删除这个结点，成功返回 1；否则，失败返回 0。

具体算法如下。

算法 4-7

```
int LinkStack::Pop_Stack(DataType &e)          //链栈出栈操作
{   StackNode *p;
    if(top)
    {   p=top;
        e=p->data;
        top=top->next;                          //修改栈顶指针
        delete p;                               //删除结点
        return 1;
    }
    else
        return 0;
}
```

（4）取栈顶元素操作

取栈顶元素是获取出栈顶元素的值，而不改变栈。

算法思想：首先判断栈是否为空，若非空，则取出栈顶元素，以引用参数 e 返回，成功返回 1；否则，失败返回 0。（与出栈操作的不同在于不删除结点。）

具体算法如下。

算法 4-8

```
int LinkStack::GetTop_Stack(DataType &e)       //链栈取栈顶元素
{ if(top)
    {   e=top->data;
        return 1;
    }
    else
        return 0;
}
```

4.1.4　栈的应用

由于栈的"后进先出"特点，在很多实际问题中都利用栈做一个辅助的数据结构来实现逆向操作的求解。下面通过几个例子进行说明。

【例 4.1】　简单应用：数制转换问题。

将十进制数 N 转换为 r 进制的数，其转换方法为辗转相除法。以 $N=1\ 234$，$r=8$ 为例，转换方法如下。

N	$N/8$（整除）	$N\%8$（求余）	
1 234	154	2	↑ 低
154	19	2	
19	2	3	
2	0	2	高

所以，$(1234)_{10} = (2322)_8$。

可以看到，所转换的八进制数是按从低位到高位的顺序产生的，而通常的输出应该从高低到低位，恰好与计算过程相反，因此转换过程中每得到一位八进制数就进栈保存，转换完毕后依次出栈则正好是转换的结果。

算法思想如下。

① 初始化一个字符类型的栈，初始化 N 为要转换的数，r 为进制数；

② 判断 N 的值，为 0 时转④，否则 $N\%r$ 所表示的数码压入栈 s 中；

③ 用 N/r 代替 N，转②；

④ 出栈，出栈序列即为结果。

具体算法如下。

算法 4-9

```
int DecConversion(int N,int r,char NumR[])
{   //十进制 N 转换成 r 进制,这里 r 为不大于 10 的数
    SeqStack  S;                        //定义一个顺序栈
    DataType  x;
    int i=0;
    if(r<2 || r>10)                     //限定为十进制以下
    {
        return(0);
    }
    while(N)
    {   S.Push_Stack(CodeTable[N%r]);    //余数表示的数码入栈
        N=N/r;                           //商作为被除数继续
    }
    while(!S.Empty_Stack())              //直到栈空退出循环
    {
        S.Pop_Stack(x);                  //弹栈顶元素
        NumR[i++]=x;                     //输出栈顶元素
    }
    NumR[i]='\0';
    return(1);
}
```

【例 4.2】 利用栈实现迷宫的求解。

问题：这是实验心理学中的一个经典问题，心理学家把一只老鼠从一个无顶盖的大盒子的入口处赶进迷宫。迷宫中设置很多墙壁，对前进方向形成了多处障碍。心理学家在迷宫的唯一出口处放置了一块奶酪，吸引老鼠在迷宫中寻找通路以到达出口。

求解思想：回溯法是一种不断试探且及时纠正错误的搜索方法。下面的求解过程即是回溯法。从入口出发，按某一方向向前探索，若能走通并且未走过，即该处可以到达，则到达新点，否则试探下一方向；若所有的方向均没有通路，则沿原路返回最后一次达到的点，换下一个方向再继

续试探，直到找到一条通路，或无路可走又返回入口点。

在求解过程中，为了保证在到达某一点后不能向前继续行走（无路）时能正确返回前一点，以便继续从下一个方向向前试探，需要用一个栈保存已经能够到达的每一点的下标及从该点前进的方向。

实现该算法需要解决 4 个问题。

（1）表示迷宫的数据结构

设迷宫为 m 行 n 列，利用 maze[m][n] 表示一个迷宫，maze[i][j]=0 或 1，其中，0 表示通路，1 表示不通。当从某点向下试探时，中间点有 4 个方向可以试探（见图 4.4），而 4 个角点有 2 个方向，其他边缘点有 3 个方向。为使问题简单化，用 maze[m+2][n+2] 表示迷宫，而迷宫的四周的值全部为 1。这样问题变简单了，每个点的试探方向全部为 4（实际上是 8 个方向，本书为将问题简单化，只考虑 4 个方向），不用再判断当前点的试探方向有几个，同时与迷宫周围是墙壁为不能到达这一实际问题相一致。

图 4.4 所示的迷宫是一个 6×8 的迷宫。

入口坐标为（1，1），出口坐标为（m，n）。

迷宫的定义如下：

入口(1,1)

	0	1	2	3	4	5	6	7	8	9
0	1	1	1	1	1	1	1	1	1	1
1	1	0	1	1	1	0	1	1	1	1
2	1	0	0	0	0	1	1	1	1	1
3	1	0	1	0	0	0	0	0	1	1
4	1	0	1	1	1	0	1	1	1	1
5	1	1	0	0	1	0	0	0	0	1
6	1	0	1	1	0	0	1	1	0	1
7	1	1	1	1	1	1	1	1	1	1

出口 (6,8)

图 4.4　用 maze[m+2][n+2] 表示的迷宫

```
int  maze [m+2][n+2] ;          //m,n 为迷宫实际的行和列
```

二维数组不能直接作参数，后面函数用一维指针数组作参数。

（2）试探方向

在上述表示迷宫的情况下，每个点有 4 个方向去试探，如当前点的坐标（x，y），与其相邻的 4 个点的坐标都可根据与该点的相邻方位而得到，如图 4.5 所示。因为出口在（m，n），因此试探顺序规定为：从当前位置向前试探的方向为从正东沿顺时针方向进行。为了简化问题，方便求出新点的坐标，将从正东开始沿顺时针进行的这 4 个方向的坐标增量放在一个结构数组 move [4] 中。在 move 数组中，每个元素由 2 个域组成：x 为横坐标增量，y 为纵坐标增量。move 数组如图 4.6 所示。

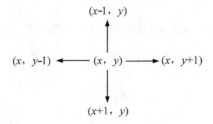

	x	y
0	0	1
1	1	0
2	0	-1
3	-1	0

图 4.5　与点（x，y）相邻的 4 个点及坐标　　　图 4.6　增量数组 move

move 数组定义如下：

```
typedef  struct
```

```
{   int x;
    int y;
}item ;
item move[4] ;
```

这样对 move 的设计会很方便地求出从某点（x，y）按某一方向 v（$0 \leqslant v \leqslant 3$）到达的新点（$i$，$j$）的坐标：$i=x+move[v] \cdot x$，$j=y+move[v] \cdot y$。

（3）栈的设计

当到达某点而无路可走时，需返回前一点（最后一次走的点），再从前一点开始向下一个方向继续试探。因此，压入栈中的不仅是顺序到达的各点的坐标，还要知道从前一点到达本点的方向。栈中元素由行、列和方向组成，栈元素的设计如下。

```
typedef struct
{int x,y,d;              //横纵坐标及方向
}DataType ;
```

栈的定义为：LinkStack　S；

（4）如何防止已经走过的路不再走，即避免重复到达某点，以避免发生死循环

一种方法是另外设置一个标志数组 mark[m][n]，它的所有元素都初始化为 0，一旦到达某一点（i，j）之后，使 mark[i][j]置 1，下次再试探这个位置时就不能再走了。另一种方法是当到达某点（i，j）后，使 maze[i][j]置-1，以便区别未到过的点，同样也能起到防止走重复点。本算法采用后者，算法结束前可恢复原迷宫。

迷宫求解算法思想如下。

① 栈初始化；
② 将入口点坐标及到达该点的方向（设为-1）入栈；
③ while（栈不空）

```
    {   出栈并得到栈顶元素 = >(x,y,d)
        求出下一个要试探的方向 d++ ;
        while  (还有剩余试探方向时)
        {  if(d方向可走)
        {   (x,y,d)入栈 ;
            求新点坐标   (i,j);
            将新点(i,j)切换为当前点(x,y);
            if(  (x,y)==(m,n))
                结束 ;
            else
                重置 d=0 ;              //新位置开始从正东方向的试探
        }
        else  d++ ;                  //换个新方向
        }
    }
```

算法如下。

算法 4-10

```
int  mazepath(int *maze[],int x0,int y0,int m,int n,LinkStack &S)
{  //求迷宫路径,入口参数：指向迷宫的指针数组,
   //开始点(x0,y0),到达点(m,n),返回值：1表示求出路径,0表示无路径
```

```
//如果求得迷宫路径,就倒序保存在栈 S 中
    DataType  temp ;
    int x,y,d,i,j ;
    struct
    {
        int dx;
        int dy;
    }move[4];                          //定义移动试探的 4 个方向数据结构
    move[0].dx=0;    move[0].dy=1;
    move[1].dx=1;    move[1].dy=0;
    move[2].dx=0;    move[2].dy=-1;
    move[3].dx=-1;   move[3].dy=0;
    temp.x=x0 ;    temp.y=y0 ;
    temp.d=-1 ;                        //起点方向
    S.Push_Stack(temp);
    while(!S.Empty_Stack ())
    {  S.Pop_Stack(temp);
        x=temp.x ;  y=temp.y ;
        d=temp.d+1 ;                   //试探下一个方向
        while  (d<4)
        {
            i=x+move[d].dx ;
            j=y+move[d].dy ;           //得到下一个方向的位置
            if(maze[i][j]==0)          //试探的位置可通
            {
                temp.x=x;    temp.y=y;    temp.d=d ;
                S.Push_Stack(temp);    //保存该位置及方向
                x=i ;     y=j ;        //切换当前位置为新位置
                maze[x][y]= -1 ;       //标记该位置已经走过
                if(x==m&&y==n)         //到达迷宫的出口,成功走出迷宫
                {
                    while(!S.Empty_Stack())//按照从出口到入口的序列输出路径
                    {
                        S.Pop_Stack(temp);
                        cout<<"("<<temp.x<<","<<temp.y<<")"<<endl;
                    }
                    for(i=x0;i<=m;i++)     //恢复迷宫
                        for(j=y0;j<=n;j++)
                            if(maze[i][j]==-1)
                                maze[i][j]=0;
                    return 1 ;             //找到一条路径返回
                }
                else                   //未到出口,新位置从第一个方向试探
                    d=0 ;
            }
            else                       //试探的方向不通, 切换到下一个方向试探
                d++ ;
        } //while(d<4)
    }  //while
    for(i=x0;i<=m;i++)                 //恢复迷宫
        for(j=y0;j<=n;j++)
```

```
            if(maze[i][j]==-1)
                maze[i][j]=0;
        return  0 ;                           //迷宫无路返回
}
```

【例 4.3】 表达式求值。

表达式求值是程序设计语言编译中一个最基本的问题。它的实现也是栈的应用中的一个典型的例子。

任何一个表达式都是由操作数、运算符和界限符组成的有意义的式子。一般地，操作数既可以是常数，也可以是变量或常量。运算符从运算对象的个数来分，有单目运算符、双目运算符和三目运算符；从运算类型来分，有算术运算、关系运算、逻辑运算。界限符有左右括号和表达式结束符等。运算符、界限符统称算符。为简单化，这里仅限于讨论只含双目运算符的加、减、乘、除算术表达式，并且操作数为一位字符表示的整数。

在表达式求值时，一般表达式有以下 3 种表示形式。

① 后缀表示：<操作数><操作数><运算符>；

② 中缀表示：<操作数><运算符><操作数>；

③ 前缀表示：<运算符><操作数><操作数>。

平常所用的表达式都是中缀表示，如 1+2*（8-5）-4/2。

由于中缀表示中有算符的优先级问题，有时还采用括号改变运算顺序，因此一般在表达式求值中，较少采用中缀表示，在编译系统中更常见的是采用后缀表示。上述式子的计算顺序和用后缀表示的计算顺序如图 4.7 所示。

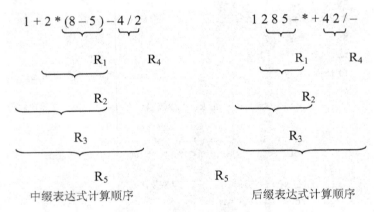

图 4.7 中缀、后缀表达式计算顺序

（1）后缀表达式（也称逆波兰式）求值。

由于后缀表达式的操作数总在运算符之前，并且表达式中既无括号又无优先级的约束，算法比较简单。具体做法：只使用一个操作数栈，当从左向右扫描表达式时，每遇到一个操作数就送入栈中保存，每遇到一个运算符就从栈中取出两个操作数进行当前的计算，然后把结果再入栈，直到整个表达式结束，这时送入栈顶的值就是结果。

下面是后缀表达式求值的算法。在下面的算法中假设，每个表达式是合乎语法的，并且假设后缀表达式已被存入一个足够大的字符数组 A 中，且以 "#" 为结束字符。

后缀表达式求值。

算法 4–11

```
typedef  double DateType ;
int IsNum(char c)          //判断字符是否为操作数。若是则返回1,否则返回0
{
    if(c>='0' && c<='9')
        return(1);
    else
        return(0);
}
double  postfix_exp(char *A)
{  //返回由后缀表达式 A 的运算结果
    //算式中的操作数限定为数字 0～9,且为个位数,如 89 被认为是 8 和 9
    //如果操作数要扩大到 9 以上,则应另加处理,这里只是为了表达后缀表达式的基本算法
    SeqStack  S ;
    double result,a,b,c;
    char ch;
    ch=*A++ ;
    while(ch != '#' )
    {
        if  (IsNum(ch))       //数字看作操作数
            S.Push_Stack(ch-'0');
        else                  //非数字被认为是运算符
        {
            S.Pop_Stack(b);
            S.Pop_Stack(a); //取出两个运算量
            switch(ch)
            {
                case '+':
                    c =a+b ;
                    break ;
                case '-':
                    c=a-b ;
                    break ;
                case '*':
                    c=a*b ;
                    break ;
                case '/':
                    c=a/b ;
                    break ;
            }
            S.Push_Stack(c);
        }
        ch=*A++ ;
    }
    S.Pop_Stack(result);
    return  result ;
}
```

（2）中缀表达式转换为后缀表达式。

根据中缀表达式中算术运算规则，式子<操作数>θ_1<操作数>θ_2<操作数>中，θ_1、θ_2 的运算优先关系如图 4.8 所示。

θ_1＼θ_2	+、-	*、/	（	）	#
+、-	>	<	<	>	>
*、/	>	>	<	>	>
（	<	<	<	=	不合法
）	>	>	不合法	>	>
#	<	<	不合法		=

图 4.8　算符运算规则

表达式作为一个满足表达式语法规则的串存储，转换过程为：初始化一个算符栈，自左向右扫描表达式，当扫描到的是操作数时直接输出，扫描到算符时不能马上输出，因为后面可能还有更高的运算；若算符栈栈顶算符比这个算符低，则入栈，继续向后处理；若算符栈栈顶算符比这个算符高，则从算符栈出栈一个运算符输出，继续处理当前字符；若算符栈栈顶算符等于这个算符，则为括号，从算符栈中出栈，继续向后处理，直到遇到结束符，求值结束。表达式 "1+2*（8-5）-4/2#" 的求值过程如图 4.9 所示。

读字符	算符栈 S	说明	输出的后缀表达式
1	#	1 为操作数直接输出	1
+	#+	# < +，+ 入栈 S	1
2	#+	2 为操作数直接输出	12
*	#+*	+ < *，* 入栈 S	12
（	#+*（	* < （，（ 入栈 S	12
8	#+*（	8 为操作数直接输出	128
-	#+*（-	（ < -，- 入栈 S	128
5	#+*（-	5 为操作数直接输出	1285
）	#+*（	- > ），- 出栈输出	1285-
	#+*	（ = ），（ 出栈，脱括号	1285-
-	#+*	* > -，* 出栈输出	1285-*
	#	+ > -，+ 出栈输出	1285-*+
	#-	# < -，- 入栈 S	1285-*+
4	#-	4 为操作数直接输出	1285-*+4
/	#-/	- < /，/ 入栈 S	1285-*+4
2	#-/	2 为操作数直接输出	1285-*+42
#	#-	/ > #，/ 出栈输出	1285-*+42/
	#	- > #，- 出栈输出	1285-*+42/-
		# = #，# 出栈，栈空结束	1285-*+42/-

图 4.9　中缀表达式 1+2*（8-5）- 4/2 的求值过程

上述操作的算法步骤如下。

① 初始化算符栈，将结束符#入算符栈。

② 读表达式字符。

③ 判断栈是否为空，为空则结束，否则转④。

④ 判断该字符是否为操作数，若是则输出，读下一个字符转③；若不是，则是算符，取算符栈顶元素和该算符相比较。若大于，从算符栈中出栈算符输出，转③；若小于，算符入算符栈，读下一个字符转③；若相等，从算符栈中出栈，读下一个字符转③。

为实现上述算法，要能够判断表达式字符是否是操作数（只考虑 1 位操作数），要能够比较出算符的优先级，因此用下面的两个函数实现。

① 判断字符是否为操作数。若是则返回 1，否则返回 0，实现见后缀表达式求值部分。

② 求算符优先级。给定两个运算符，求其优先关系。

定义一维数组映射字符 static char CH[7]。

0	1	2	3	4	5	6
+	−	*	/	(	)	#

定义二维静态数组表示优先关系 static char R[7][7]。

	0	1	2	3	4	5	6
0	>	>	<	<	<	>	>
1	>	>	<	<	<	>	>
2	>	>	>	>	<	>	>
3	>	>	>	>	<	>	>
4	<	<	<	<	<	=	/
5	>	>	>	>	/	>	>
6	<	<	<	<	<	/	=

```
char procede(char theta1,char theta2)
{   //判断 theta1 和 theta2 字符表示的运算符的优先级
    int i,row,col;
    static char CH[7]={'+','-','*','/','(',')','#'};
    static char R[7][7]={{'>','>','<','<','<','>','>'},
                         {'>','>','<','<','<','>','>'},
                         {'>','>','>','>','<','>','>'},
                         {'>','>','>','>','<','>','>'},
                         {'<','<','<','<','<','=','/'},
                         {'>','>','>','>','/','>','>'},
                         {'<','<','<','<','<','/','='}};
    for(i=0;i<7;i++)        //求出 theta1 的字符映射下标
        if(CH[i]==theta1)
        {
            row=i;
            break;
        }
    for(i=0;i<7;i++)        //求出 theta2 的字符映射下标
      if(CH[i]==theta2)
        {
            col=i;
            break;
        }
    if(row<7&&col<7)
        return(R[row][col]);
    else                    //theta1 或者 theta2 为非法运算符
        return ('/');
}
```

③ 将中缀表达式转换成后缀表达式的算法

算法 4-12

```
typedef char DateType;
int InfixExpToPostfix(char *infixexp,char *postfixexp)
{
    SeqStack  S;                          //运算符栈
    char w,t,topelement;
    S.Push_Stack('#');
    w=*infixexp;
    while(!S.Empty_Stack())
    {
        if(IsNum(w))                      //w为操作数，则直接作为后缀表达式的一部分
        {
            *postfixexp=w;
            postfixexp++;
            w=*(++infixexp);
        }
        else                              //w为中缀表达式扫描到的当前运算符，需要判断优先级
        {
            S.GetTop_Stack(topelement);
            switch(procede(topelement,w))
            {
                case '>':                 //栈顶的运算符优先级高于当前的运算符的优先级
                    S.Pop_Stack(topelement);
                    *postfixexp=topelement;
                    postfixexp++;
                    break;
                case '=':                 //栈顶的运算符优先级等于当前的运算符的优先级
                    S.Pop_Stack(t);       //括号出栈不保存
                    w=*(++infixexp);
                    break;
                case '<':                 //栈顶的运算符优先级低于当前的运算符的优先级
                    S.Push_Stack(w);
                    w= *(++infixexp);
                    break;
                default:
                    return(0);            //中缀表达式不合法
            }
        }
    }
    *postfixexp='#';
    postfixexp++;
    *postfixexp='\0';
    return(1);                            //表达式转换完成返回
}
```

表达式的求值，如果是后缀表达式，可以直接采用后缀表达式求值的算法求解；如果是中缀表达式，可以采用先将中缀表达式转换为后缀表达式，再用后缀表达式算法求解。当然，读者也可以直接用中缀表达式求值，算法和将中缀表达式转换成后缀表达式算法类似，只是要设两个栈，一个保存运算符，另一个保存操作数，在运算符栈的栈顶算符大于当前算符时不是输出运算符而是直接运算出结果入操作数栈。读者可以自己去实现。另外，对于前缀表达式，由于较少采用，有兴趣的读者可考虑如何实现。

4.2 队 列

队列也是一种特殊的线性表，是限制在表的一端进行插入和在另一端进行删除的线性表。表中允许插入的一端称为队尾（rear），允许删除的一端称为队头（front）。当表中没有元素时称为空队列。队列的插入运算称为进队列或入队列，队列的删除运算称为退队列或出队列。图 4.10 所示为队列的入队列和出队列的过程示意图，入队列的顺序是 e_1、e_2、e_3、e_4、e_5，出队列的顺序为 e_1、e_2、e_3、e_4、e_5，所以队列又称为先进先出线性表（First In First Out），简称 FIFO 表。其特点是先进先出或者后进后出。

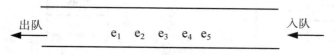

出队　　　　　　　e_1　e_2　e_3　e_4　e_5　　　　　　入队

图 4.10 队列示意图

在日常生活中，队列的例子很多，如排队买票，排头的买完票后出队走掉，新来的排在队尾。

4.2.1 队列的抽象数据类型

对于队列，常用的基本运算有进栈、出队、取队头元素等操作。下面给出队列的抽象数据类型的定义。

```
ADT Queue {
    数据：存储队列的元素的数据结构              //可以用顺序表或者单链表存储
         队头位置
         队尾位置
    操作：
    Queue()                             //构造一个空队列
    ~Queue()                            //销毁一个已存在的队列
    Empty_ Queue()                      //判断队列是否为空
    EnQueue(e)                          //将元素 e 插入队尾
    DeQueue(&e)                         //从队头删除一个元素到 e 中返回
    FrontQueue(&e)                      //从队头取出一个元素到 e 中返回
}
```

4.2.2 顺序队列

与线性表、栈类似，队列的实现也有顺序存储和链式存储两种存储方法。

顺序存储的队称为顺序队，要分配一块连续的存储空间来存放队列中的元素，并且由于队列的队头和队尾都是活动的，因此有队头、队尾两个指针。这里约定，队头指针指向实际队头元素所在的位置的前一位置，队尾指针指向实际队尾元素所在的位置，存储结构如图 4.11 所示。

由于顺序队列是静态分配存储，队列的操作是一个动态过程：入队操作是在队尾 rear 加 1 的位置插入一个元素，rear 移到空间的最后一个位置时队满；出队操作是在队头删除一个元素，有两种方法，第一种是将所有的队列元素向前移一位，rear 减 1，front 始终指向 0 位置不变，就像排队时，队头总是固定在一个位置不变，每出队列一个人，其余的人向前走一个位置；另一种方法是不需要移动元素，修改队列头指针 front 加 1，一般常采用第二种方法。但第二种方法存在假溢出的情况。通过前面顺序结构的线性表和栈可知，顺序存储结构存在溢出的情况，即表中元素的个数达到并超过实际分配的内存空间时溢出，这是正常的，队列也存在这种情况；但是队列还存在另外一种假溢出的情况，由于在出队删除元素时为了避免移动元素，只是修改了队头指针，这就会造成随着入队、出队的进行，队列整体向后移动，出现了图 4.12 所示的情况：队尾指针已经移到最后，再有元素入队就会出现溢出，而事实上，此时队中并未真的"满员"，这种现象为"假溢出"。

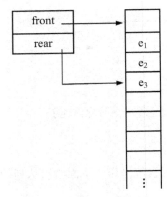

图 4.11　队列的存储示意图

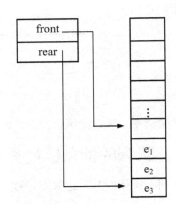

图 4.12　假溢出示意图

解决假溢出的方法之一是将队列的数据区看成头尾相接的循环结构，头尾指针的关系不变，将其称为"循环队列"。"循环队列"的示意图如图 4.13 所示。

因为是头尾相接的循环结构，入队时的队尾指针加 1 操作修改为：rear=(rear+1)% size；（size 为顺序队列空间的大小），出队时的队头指针加 1 操作修改为：front=(front+1)% size。

下面讨论队列空和满的条件。队空的条件：front=rear；队满的条件：如果队列的入队比出队快，队列中元素逐渐增多，rear 会追上 front，此时队满 front=rear。因此，队空的条件和队满的条件相同，无法判断。这显然是必须要解决的一个问题。

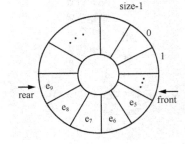

图 4.13　循环队列示意图

方法之一是附设一个存储队中元素个数的变量，如 num，当 num=0 时为队空，当 num=size 时为队满。

另一种方法是少用一个元素空间，使队尾指针 rear 永远赶不上 front，即当队尾指针加 1 就会从后面赶上队头指针时，就视为队满。在这种情况下，队满的条件是：(rear+1)% size=front，就能和空队区别开。

循环队列利用第二种判断队空和队满条件的类描述如下。

```
typedef int DataType;        //这里以整型为队列的数据类型
class SeqQueue
{
private:
        DataType *base;
```

```
                 int front;
                 int rear;
                 int size;
      public:
                 SeqQueue(int Queuesize=100)          //构造一个空队列,默认空间大小为100
                 {
                     base=new DataType [Queuesize];
                     front=0;
                     rear=0;
                     size=Queuesize;
                 };
                 ~SeqQueue()                          //销毁一个已存在的队列
                 {
                      delete[] base;
                 };
                 int Empty_Queue();                   //判断队列是否为空
                 int En_Queue(DataType e);            //入队将元素 e 插入队尾
                 int De_Queue(DataType &e);           //出队从队头删除一个元素到 e 中返回
                 int Front_Queue(DataType &e);        //取队头元素,从队头取出一个元素到 e 中返回
      };                                              //循环队列类
```

循环队列的成员函数的实现具体步骤如下。

① 判断循环队列是否为空。

判断队中是否有元素,算法思想:只需判断 front 是否等于 rear 即可。

具体算法如下。

算法 4-13

```
int SeqQueue::Empty_Queue()                  //判断循环队列是否为空
{
    return(front==rear);
}
```

② 进队操作。

进队操作是在队尾插入一个元素,相当于在线性表的表尾进行插入操作,因而无须移动元素。

算法思想:首先判断队是否已满,若满则退出,否则,由于队的 rear 指向队尾元素,先修改 rear 到新的队尾位置,再将入队元素赋到 rear 的位置即可。

具体算法如下。

算法 4-14

```
int SeqQueue::En_Queue(DataType e)           //循环队列进队操作
{
    if(((rear+1)%size)!=front)               //判断队列是否满
    {
        rear=(rear+1)%size;
        base[rear]=e;
        return 1;
    }
    else
        return 0;
}
```

③ 出队操作。

出队操作是在队头进行删除操作，相当于在线性表的表头进行删除操作，这里为避免移动元素，只是修改队头位置。

算法思想：首先判断队列是否为空，若空则退出，否则，由于队列的 front 指向队头元素的前一位置，因此要先修改 front，再将其 front 所指向的元素以引用参数 e 返回即可。

具体算法如下。

算法 4-15

```
int SeqQueue::De_Queue(DataType &e)            //循环队列出队操作
{
    if(rear!=front)                            //判断队列是否空
      {
        front=(front+1)%size;
        e=base[front];
        return 1;
      }
    else
        return 0;
}
```

④ 取队头元素操作。

取队头元素是取出 front 所指的队头元素值。

算法思想：首先判断队是否为空，若空则退出，否则，由于队列的 front 指向队头元素的前一位置，因此要返回的队头元素是 front 的后一位置。

具体算法如下。

算法 4-16

```
int SeqQueue::Front_Queue(DataType &e)         //取循环队列的队头元素
{
    if(rear!=front)                            //判断队列是否空
      {
        e=base[(front+1)%size];
        return 1;
      }
    else
        return 0;
}
```

4.2.3 链队列

队列的链式存储就是用一个线性链表来表示队列，称为链队。一般链栈用单链表表示。为了操作上的方便，需要一个头指针和尾指针分别指向链队列的队头和队尾元素，其结点结构与单链表的结构相同，即结点为：

```
typedef int DataType;                          //这里以整型为队列的数据类型
class QueueNode
{
public:
    DataType data;
    QueueNode *next;
```

```
QueueNode()
{   next=NULL;
};
};                                          //链队列结点
```

按这种思想建立的链式存储结构如图 4.14 所示。front 指向链队的队头元素，rear 指向链队的队尾元素。删除出队时只要修改队头指针，插入入队时只要修改队尾指针。

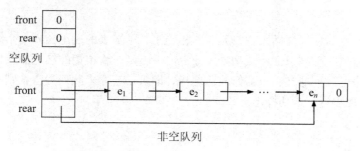

图 4.14　队列的链式存储示意图

链队的类描述如下。

```
class LinkQueue
{
private:
            QueueNode *front;
            QueueNode *rear;
public:
            LinkQueue()                     //构造一个新的空队列
            {
                front=NULL;
                rear=NULL;
            };
            ~LinkQueue()                    //销毁一个已存在的队列
            {
            QueueNode *p,*q;
            p=front;
            while(p)                        //删除链上所有的结点
            {
                q=p;
                p=p->next;
                delete q;
            }
            front=NULL;                     //置为空表示空队列
            rear=NULL;                      //置为空表示空队列
            };
    int Empty_Queue();                      //判断队列是否为空
    int En_Queue(DataType e);               //将元素 e 插入队尾
    int De_Queue(DataType &e);              //从队头删除一个元素到 e 中返回
    int Front_Queue(DataType &e);           //从队头取出一个元素到 e 中返回
    };                                      //链队列类
```

① 判断链队列是否为空

算法思想：只需判断 front 和 rear 是否都等于 NULL。

具体算法如下。

算法 4–17

```
int LinkQueue::Empty_Queue()              //判断链队列是否为空
{
    return(front==NULL&&rear==NULL);
}
```

② 进队操作

链队的进队操作是在队尾插入一个元素，相当于在单链表的表尾插入一个结点。

算法思想：首先申请结点，不成功则失败退出，否则，将申请的结点插入单链表的表尾。注意，此时如果原来的队列非空，只需修改队尾指针即可；若原来队列为空，则不仅要修改 rear，还需要修改 front 后再返回成功标志。

具体算法如下。

算法 4–18

```
int LinkQueue::En_Queue(DataType e)    //链队列入队操作
{
    QueueNode *p=new QueueNode;
    if(p)                              //申请结点成功
    { p->data=e;
      if(rear)                         //原队列为非空队列，入队元素直接插入单链表的尾部
        rear->next=p;
      else                             //原队列为空队列，插入元素既是队头元素也是队尾元素
        front=rear=p;
      return 1;
    }
    else
        return 0;
}
```

③ 出队操作

链队的出队操作是在队头删除一个元素，相当于在单链表的表头删除一个结点。

算法思想：首先判断队列是否为空，为空，则失败退出，否则，删除队头指针指向的结点。注意，此时如果原来的队列只有一个结点，则删除队头指针指向的结点后成了空队列，因此还要修改队尾指针。

具体算法如下。

算法 4–19

```
int LinkQueue::De_Queue(DataType &e)   //链队列出队操作
{
    QueueNode *p;
    if(!Empty_Queue())                 //判断队列是否为空
    {
        p=front;
        e=p->data;
        front=front->next;             //修改队头指针
        if(!front)                     //删除出队元素后队列成了空队列，要修改队尾指针
            rear=NULL;
        delete p;
```

```
            return 1;
        }
        else
            return 0;
}
```

④ 取队头元素操作

链队的取队头元素，相当于取出单链表的第一个结点的值。

算法思想：首先判断队列是否为空，为空则失败退出，否则，取出队头指针 front 指向的结点的值。

具体算法如下。

算法 4-20

```
int LinkQueue::Front_Queue(DataType &e)        //链队列取队头元素
{
    if(!Empty_Queue())                         //判断队列是否为空
    {
        e=front->data;
        return 1;
    }
    else
        return 0;
}
```

4.2.4　队列的应用

【例 4.4】　求迷宫的最短路径：现要求设计一个算法找一条从迷宫入口到出口的最短路径。

本算法要求找一条迷宫的最短路径，算法的基本思想为：从迷宫入口点（1，1）出发，向四周搜索，记下所有一步能到达的坐标点；然后依次再从这些点出发，再记下所有一步能到达的坐标点；依此类推，直到到达迷宫的出口点（m，n）为止，然后从出口点沿搜索路径回溯直至入口。这样就找到了一条迷宫的最短路径，否则迷宫无路径。另外，由于队列中保存了探索到的路径序列，出队后元素不能被删除，所以不能用循环队列，而应该用顺序非循环队列使进队的路径元素不会被覆盖，或者使用循环队列，但保证循环队列空间足够大，不会出现覆盖曾经使用过的空间。这样既有队列的先进先出，又能保存所有走过的路径。

有关迷宫的数据结构、试探方向、如何防止重复到达某点以避免发生死循环的问题，与例 4.2 处理相同，不同的是如何存储搜索路径。在搜索过程中必须记下每一个可到达的坐标点，以便从这些点出发继续向四周搜索。由于先到达的点先向下搜索，故引进一个"先进先出"数据结构——队列来保存已到达的坐标点。到达迷宫的出口点（m，n）后，为了能够从出口点沿搜索路径回溯直至入口，对于每一点，记下坐标点的同时，还要记下到达该点的前驱。因此，用一个结构数组 sq[num]作为队列的存储空间。因为迷宫中每个点至多被访问一次，所以 num 至多等于 m*n。sq 的每一个结构有 3 个域：x，y 和 pre。其中，x，y 分别为所到达的点的坐标；pre 为前驱点在 sq 中的坐标，是一个静态链域。除 sq 外，还有队头、队尾指针：front 用来指向队头元素，rear 用来指向队尾元素的下一位置（这样做的原因是容易获取队头元素的位置）。

队的定义如下。

```
typedef  struct
{
```

```
        int x,y;                        //迷宫坐标
        int pre;                        //回溯路径用的每个位置的前一位置的下标
    }DataType;                          //队列元素类型
```

初始状态，队列中只有一个元素 sq[0]记录的是入口点的坐标（1，1）。因为该点是出发点，因此没有前驱点。pre 域为–1，队头指针 front 指向它，队尾指针指向它的下一位置，此后搜索时都是以 front 所指点为搜索的出发点。当搜索到一个可到达点时，即将该点的坐标及 front 所指点的位置入队，不但记下了到达点的坐标，还记下了它的前驱点。front 所指点的 4 个方向搜索完毕后，则出队，继续对下一点搜索。搜索过程中遇到出口点则成功，搜索结束，打印出迷宫最短路径，算法结束；或者当前队空即没有搜索点了，表明没有路径算法也结束。

利用队列求迷宫的最短路径算法。

算法 4-21

```cpp
int mazepath(int *maze[],int x0,int y0,int m,int n)
{   //求迷宫路径，入口参数：指向迷宫的指针数组，
    //开始点(x0,y0)，到达点(m,n)，返回值：1 表示求出路径，0 表示无路径
    DataType *sq;
    sq=new DataType[(m+1)*(n+1)+1];         //定义队列空间，使其空间大于迷宫的所有点
    int front,rear;
    int x,y,i,j;
    struct
    {
        int dx;
        int dy;
    }move[4];                               //定义移动的 4 个方向
    move[0].dx=0;move[0].dy=1;
    move[1].dx=1;move[1].dy=0;
    move[2].dx=0;move[2].dy=-1;
    move[3].dx=-1;    move[3].dy=0;
    front=0;
    rear=0;                                 //初始化空队列指针
    sq[0].x=x0; sq[0].y=y0;
    sq[0].pre=-1;
    rear++;                                 //入口点入队
    maze[x0][y0]=-1;
    while(front<rear)                       //队列不空
    {
        x=sq[front].x ;
        y=sq[front].y ;
        for(int v=0;v<4;v++)                //搜索当前位置的 4 个方向的位置是否可通
        {
            i=x+move[v].dx;
            j=y+move[v].dy;
            if(maze[i][j]==0)               //将可以通过的位置入队保存
            {
                sq[rear].x=i;
                sq[rear].y=j;
                sq[rear].pre=front;
                rear++;
                maze[i][j]=-1;
```

```
        }
        if(i==m&&j==n)                        //找到出口
        {
            printpath(sq,rear-1);             //打印迷宫
            delete []sq;
            for(i=x0;i<=m;i++)                //恢复迷宫
                    for(j=y0;j<=n;j++)
                    if(maze[i][j]==-1)
                            maze[i][j]=0;
            return 1;
        }
        }                                     //for v
        front++;                              //当前点搜索完,取下一个点搜索
    }                                         //while
    delete []sq;
    return 0;
}
void printpath(DataType sq[],int rear)        //打印迷宫路径
{
    int   i;
    i=rear;
    do
    {
        cout<<"("<<sq[i].x<<","<<sq[i].y<<")"<<"←";
        i=sq[i].pre;                          //回溯
    } while(i!=-1);
    cout<<endl;
}
```

　　上面的例子中没有采用循环队列,并且队头、队尾指针也和前面的算法有区别,是由于对出队的元素在求路径时还要使用。而在有些问题中,如持续运行的实时监控系统中,监控系统源源不断地收到监控对象顺次发来的信息,如报警,为了保持报警信息的顺序性,就要按顺序一一保存,而这些信息是无穷多个,不可能全部同时驻留内存,可根据实际问题设计一个适当大的向量空间,用作循环队列,最初收到的报警信息一一入队,当队满之后,又有新的报警到来时,新的报警则覆盖旧的报警,内存中始终保持当前最新的若干条报警,以便满足快速查询。因此,在实际应用时可以灵活运用队列设计出满足需求的数据结构。另外,上例中求出的路径是从终点到起点。如果想要从起点到终点,可以在输出路径的函数中用栈实现其顺序的颠倒,请读者自己完成。

4.3　递　　归

　　递归是程序设计中最有力的设计方法之一。递归的定义:若一个对象部分地包括它自己,或用它自己给自己定义,则称这个对象是递归的;或定义为在一个过程中直接或间接地调用自己,则这个过程是递归的。如果一个函数在其定义体内直接调用自己,则称直接递归函数;如果一个函数经过一系列的中间调用语句,通过其他函数间接调用自己,则称间接递归函数。

　　现实中,有许多实际问题是递归定义的,这时用递归方法可以使许多问题的处理大大简化,处理过程结构清晰,编写程序的正确性也容易证明。

以 n 的阶乘为例，$n!$ 的定义为：n 的阶乘等于 n 乘以 $n-1$ 的阶乘，公式表示：

$$n! = \begin{cases} 1 & \text{当} n = 0 \text{时} \\ n \times (n-1)! & \text{当} n > 0 \text{时} \end{cases}$$

根据定义可以很自然地写出相应的递归函数。

算法 4-22

```
int fact(int n)
{
    if(n==0)
        return 1;
    else
        return(n* fact(n-1));
}
```

4.3.1 递归算法书写要点及方法

递归算法就是算法中有直接或间接调用算法本身的算法。

递归算法书写要点如下。

（1）问题具有类同自身的子问题的性质，被定义项在定义中的应用具有更小的尺度。

（2）被定义项在最小尺度上有直接解。

递归算法设计的原则是用自身的简单情况定义自身，一步比一步更简单，确定递归的控制条件非常重要。

设计递归算法的方法是：

（1）寻找方法，将问题化为原问题的子问题求解（例如 $n!=n*(n-1)!$）。

（2）设计递归出口，确定递归终止条件（例如求解 $n!$ 时，当 $n=1$ 时，$n!=1$）。

4.3.2 递归过程的调用和返回

递归函数的递归过程：在递归进层（$i \rightarrow i+1$ 层）时系统需要做 3 件事。

（1）保留本层参数与返回地址（将所有的实际参数、返回地址等信息传递给被调用函数保存）；

（2）给下层参数赋值（为被调用函数的局部变量分配存储区）；

（3）将程序转移到被调函数的入口。

而从被调用函数返回调用函数之前，递归退层（$i \leftarrow i+1$ 层）系统也应完成 3 项工作。

（1）保存被调函数的计算结果；

（2）恢复上层参数（释放被调函数的数据区）；

（3）依照被调函数保存的返回地址，将控制转移回调用函数。

当递归函数调用时，应按照"后调用的先返回"原则处理调用过程，因此上述函数之间的信息传递和控制转移必须通过栈来实现。系统将整个程序运行时所需的数据空间安排在一个栈中，每当调用一个函数时，就为它在栈顶分配一个存储区，而每当从一个函数退出时，就释放它的存储区。显然，当前正在运行的函数的数据区必在栈顶。

一个递归函数的运行过程调用函数和被调用函数是同一个函数，因此，与每次调用时相关的一个重要的概念是递归函数运行的"层次"。假设调用该递归函数的主函数为第 0 层，则从主函数调用递归函数为进入第 1 层；从第 i 层递归调用本函数为进入"下一层"，即第 $i+1$ 层。反之，退

出第 i 层递归应返回"上一层",即第 $i-1$ 层。为了保证递归函数正确执行,系统需设立一个递归工作栈作为整个递归函数运行期间使用的数据存储区。每层递归所需信息构成一个工作记录,其中包括所有的实际参数、所有的局部变量以及上一层的返回地址。每进入一层递归,就产生一个新的工作记录压入栈顶。每退出一层递归,就从栈顶弹出一个工作记录。因此当前执行层的工作记录必为递归工作栈栈顶的工作记录,称这个记录为活动记录,并称指示活动记录的栈顶指针为当前环境指针。由于递归工作栈是由系统来管理的,不需要用户操心,所以用递归法编制程序非常方便。下面以求 3!为例说明执行调用的过程,如图 4.15 所示。

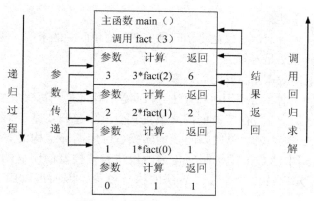

图 4.15　求解 fact(3)的过程

4.3.3　递归的应用

【例 4.5】　求迷宫中的一条路径的递归算法。

根据例 4.2 的设计思想,每个点朝 4 个方向的搜索方法是一样的,故可设计成递归算法。

算法 4-23　求迷宫中的一条路径的递归算法

```
int mazepath(int *maze[],int x,int y,int m,int n)
{
    struct
    {
        int dx;
        int dy;
    }move[4];                                    //定义移动的 4 个方向
    move[0].dx=0;    move[0].dy=1;
    move[1].dx=1;    move[1].dy=0;
    move[2].dx=0;    move[2].dy=-1;
    move[3].dx=-1;    move[3].dy=0;
    if(x==m&&y==n)
    {
        cout<<"("<<x<<","<<y<<")"<<"->";
        return 1;
    }
    for(int i=0;i<4;i++)
    {
        if(maze[x+move[i].dx][y+move[i].dy]==0)
        {
            maze[x+move[i].dx][y+move[i].dy]=-1;
            if(mazepath(maze,x+move[i].dx,y+move[i].dy,m,n))
```

```
            {
                cout<<"("<<x<<","<<y<<")"<<"->";
                return 1;
            }
        }
    }
    return 0;
}
```

4.3.4 递归函数的非递归化

递归算法具有两个特性：

（1）递归算法是一种分而治之、把复杂问题分解为简单问题的求解问题方法。对求解某些复杂问题，递归算法分析方法是有效的。

（2）递归算法的时间效率差，其时间效率低。

为此，求解某些问题时，希望用递归算法分析问题，用非递归算法求解具体问题。

理解递归机制是掌握递归程序技能的必要前提。消除递归要基于对问题的分析。常用的消除递归方法有两类：一类是简单递归问题的转换，可用循环结构的算法替代；另一类是基于栈的方式，即将递归中隐含的栈机制转化为由用户直接控制的明显的栈，利用堆栈保存参数。由于堆栈的后进先出特性吻合递归算法的执行过程，因而可以用非递归算法替代递归算法。

（1）简单递归问题的转换。

分析 n 的阶乘：

$$n! = n \times (n-1)! = n \times (n-1) \times (n-2)! = n * (n-1) \times (n-2) \times \cdots \times 2 \times 1$$

因此可以直接利用循环解决问题。读者在 C 语言中已经学过算法程序，这里不再书写。

（2）基于栈的方式转换。

根据求 n 的阶乘的递归函数可知，参数只有一个，递归调用只出现在 return 语句中，无论哪次调用返回地址总是程序中与 n 相乘的位置，不必每次调用时都保存，因此栈中只要保存参数 n 即可。

算法 4-24 利用栈求 n 的阶乘的非递归算法

```
int Recursionfact(int n)
{
    int result,temp;
    SeqStack  S;
    while(n>0)
    {
        S.Push_Stack(n);
        n--;
    }
    result=1;
    while(!(S.Empty_Stack()))
    {
        S.Pop_Stack(temp);
        result*=temp;
    }
    return(result);
}
```

本章小结

本章主要讨论了两种特殊的线性表：栈和队列，介绍了它们的基本概念、存储结构、基本运算及其实现，最后举例说明它们的应用。

栈是限制在线性表的一端进行插入和删除操作的线性表。用顺序存储结构实现时，注意栈空和栈满的条件；用链式结构实现时，注意确定链的方向，以方便操作的实现。

队列是限制在线性表的一端进行插入，另一端进行删除的线性表。用顺序结构实现时，一般采用循环队列，注意在循环队列中队空和队满的条件；链式结构实现要注意链的方向，还有队头、队尾指针在特殊情况下的修改。

栈的最主要应用：递归算法的非递归实现。请读者务必清楚地掌握递归、递归的实现原理、递归算法的实际执行情况。对于栈和队列的联系和区别，请读者理解和掌握本章的迷宫问题的递归求解和利用队列求解。

习　　题

一、选择题

1. 对于栈操作数据的原则是（　　　）。

    A. 先进先出　　　　　B. 后进先出　　　　　C. 后进后出　　　　　D. 不分顺序

2. 一个栈的输入序列为 1，2，3，$\cdots$，n，若输出序列的第一个元素是 n，则第 i（$1 \leqslant i \leqslant n$）个输出元素是（　　　）。

    A. 不确定　　　　　B. $n-i+1$　　　　　C. i　　　　　D. $n-i$

3. 若一个栈的输入序列为 1，2，3，$\cdots$，n，输出序列的第一个元素是 i，则第 j 个输出元素是（　　　）。

    A. $i-j-1$　　　　　B. $i-j$　　　　　C. $j-i+1$　　　　　D. 不确定的

4. 有 6 个元素 6，5，4，3，2，1 的顺序进栈，下列哪一个不是合法的出栈序列？（　　　）

    A. 5 4 3 6 1 2　　　　　B. 4 5 3 1 2 6　　　　　C. 3 4 6 5 2 1　　　　　D. 2 3 4 1 5 6

5. 若一个栈以向量 V[1...n]存储，top 指向当前实际的栈顶元素位置，则下面 x 进栈的正确操作是（　　　）。

    A. top=top+1;　V [top]=x　　　　　　　B. V [top]=x; top=top+1

    C. top=top-1;　V [top]=x　　　　　　　D. V [top]=x; top=top-1

6. 若栈采用顺序存储方式存储，现两栈共享空间 V[1...m]，top[i]代表第 i 个栈（i=1，2）栈顶，栈 1 的底在 V[1]，栈 2 的底在 V[m]，栈顶指向栈顶元素的下一个位置，则栈满的条件是（　　　）。

    A. top[1]-top[2]=1　　　　　　　　　　B. top[1]+1=top[2]

    C. top[1]+top[2]=m　　　　　　　　　　D. top[1]=top[2]

7. 栈在（　　　）中应用。

    A. 递归调用　　　　　B. 子程序调用　　　　　C. 表达式求值　　　　　D. 以上选项均正确

8. 一个递归算法必须包括（　　　）。

　　　A. 递归部分　　　　　　　　　　　B. 终止条件和递归部分

　　　C. 迭代部分　　　　　　　　　　　D. 终止条件和迭代部分

　　9. 假设以数组 A[m]存放循环队列的元素，其头尾指针分别为 front 和 rear，则当前队列中的元素个数为（　　　）。

　　　A. (rear−front+m)%m　　　　　　　B. rear−front+1

　　　C. (front−rear+m)%m　　　　　　　D. (rear−front)%m

　　10. 循环队列存储在数组 A[0...m]中，则入队时的操作为（　　　）。

　　　A. rear=rear+1　　　　　　　　　　B. rear=(rear+1)mod(m−1)

　　　C. rear=(rear+1)mod m　　　　　　D. rear=(rear+1)mod(m+1)

二、填空题

　　1. 线性表、栈和队列都是＿＿＿＿＿＿结构。可以在线性表的＿＿＿＿＿＿位置插入和删除元素，对于栈只能在＿＿＿＿＿＿位置插入和删除元素，对于队只能在＿＿＿＿＿＿位置插入和＿＿＿＿＿＿位置删除元素。

　　2. ＿＿＿＿＿＿是限定仅在表尾进行插入或删除操作的线性表。

　　3. 一个栈的输入序列是 1，2，3，则不可能的栈输出序列是＿＿＿＿＿＿。

　　4. 当两个栈共享一存储区时，栈利用一维数组 stack[1...n]表示，两栈顶指针为 top[1]与 top[2]且指向当前栈顶元素位置，则当栈 1 空时，top[1]为＿＿＿＿＿＿，栈 2 空时，top[2]为＿＿＿＿＿＿，栈满时为＿＿＿＿＿＿。

　　5. 队列的特点是＿＿＿＿＿＿。

　　6. 已知链队列的头尾指针分别是 f 和 r，则将值 x 进队的操作序列是＿＿＿＿＿＿。

　　7. 区分循环队列的满与空，有两种方法：＿＿＿＿＿＿和＿＿＿＿＿＿。

三、判断题

　　1. 消除递归不一定需要使用栈。　　　　　　　　　　　　　　　　　　　　　　（　　　）

　　2. 栈是实现过程和函数等子程序所必需的结构。　　　　　　　　　　　　　　　（　　　）

　　3. 两个栈共享一片连续内存空间时，为提高内存利用率、减少溢出机会，应把两个栈的栈底分别设在这片内存空间的两端。　　　　　　　　　　　　　　　　　　　　　　　　　　（　　　）

　　4. 用递归方法设计的算法效率高。　　　　　　　　　　　　　　　　　　　　　（　　　）

　　5. 栈与队列是一种特殊操作的线性表。　　　　　　　　　　　　　　　　　　　（　　　）

　　6. 队列逻辑上是一个下端和上端既能增加又能减少的线性表。　　　　　　　　　（　　　）

　　7. 循环队列通常用指针实现队列的头尾相接。　　　　　　　　　　　　　　　　（　　　）

　　8. 循环队列也存在空间溢出问题。　　　　　　　　　　　　　　　　　　　　　（　　　）

四、应用题

　　1. 在什么情况下可以利用递归解决问题？在写递归程序时应注意什么？

　　2. 栈和队列的数据结构有哪些特点？

　　3. 设有编号为 1，2，3，4 的四辆车，顺次进入一个栈式结构的站台。这四辆车开出车站的所有可能的顺序有几种？五辆车时有几种？n 辆车时又有几种？

　　4. 试证明：若借助栈由输入序列 1，2，…，n 得到输出序列 p_1，p_2，…，p_n（它是输入序列的一个排列），则在输出序列中不可能出现这样的情形：存在 $i<j<k$，使得 $p_j<p_k<p_i$。

　　5. 简要叙述循环队列的数据结构，并写出其初始状态、队列空、队列满时的队首指针与队尾指针的值。

五、算法设计题

1. 假设称正读和反读都相同的字符序列为"回文"，例如，"abcddcba"、"qwerewq"是"回文"，"ashgash"不是"回文"。试写一个算法，判断读入的一个以"@"为结束符的字符序列是否为"回文"。

2. 设以数组 se[m]存放循环队列的元素，同时设变量 rear 和 front 分别作为队头、队尾指针，且队头指针指向队头前一个位置，写出这样设计的循环队列入队、出队的算法。

3. 假设以数组 se[m]存放循环队列的元素，同时设变量 rear 和 num 分别作为队尾指针和队中元素个数记录。试给出判别此循环队列的队满条件，并写出相应入队和出队的算法。

4. 假设以带头结点的循环链表表示一个队列，并且只设一个队尾指针指向队尾元素结点（注意，不设头指针）。试写出相应的置空队、入队、出队的算法。

5. 设计一个算法，判别一个算术表达式的圆括号是否正确配对。

6. 两个栈共享向量空间 v[m]，它们的栈底分别设在向量的两端，每个元素占一个分量。试写出两个栈公用的栈操作算法：push(i, x)、pop(i)，i=0 和 1，用以指示栈号。

第5章

串

　　教学提示： 串（字符串）是一种简单的数据结构。它的数据对象是字符集合，是一种特殊的线性表。它的数据元素仅由一个字符组成。串的应用极其广泛。本章先介绍 C++语言中的字符和字符串、串的基本概念及几种存储结构，然后介绍串的基本运算及实现方法，接着讨论串的模式匹配算法，最后给出串操作应用示例。

　　教学目标： 熟悉串的基本概念和基本运算，掌握串的顺序存储结构以及定长串的基本运算，理解串的模式匹配，了解 KMP 模式匹配算法，熟悉串的堆存储结构、基于堆结构的基本运算以及串的链式存储结构表示，熟悉串在文本编辑中的处理方法。

5.1　C++语言的字符和字符串

　　计算机非数值处理的对象经常是字符串数据。如在汇编和高级语言的编译程序中，源程序和目标程序都是字符串数据；在事物处理程序中，顾客的姓名、地址、货物的产地、名称等，一般也是作为字符串处理的。在较早的程序设计语言中，串都是作为输入和输出的常量出现的。随着语言加工程序的发展，产生了串处理，这时串也就作为一种变量类型出现在许多程序设计语言（C、PASCAL、SNOBOL、PL/I 等）中，与此同时引进了串的各种运算。另外，串还具有自身的特性，常常把一个串作为一个整体来处理。因此，本章把串作为独立结构的概念加以研究，先了解 C++语言中有关字符和字符串的基本知识。

5.1.1　C++语言的字符和字符串

　　C++语言中，字符被看作整数类型，被转换为整数进行处理。因此，字符可以进行像加、减、乘、除等所有整数运算。而字符串在 C++中被处理为存储在字符数组中的字符序列。编译程序将程序中表示出的字符串子变量处理为字符串指针指向的字符数组，并在表示此字符串的字符序末尾加上 "\0" 以示字符串的结束，而数组的起始地址作为字符串指针值。例如：

```
Char *p,*q;
p="Good morning";
```

　　最后，这个赋值语句执行时不做任何字符赋值操作，它仅仅是使指针 p 指向保存有相应字符串信息的数组。对以字面形式写出的字符串求值的结果就是这种指针值。

　　字符串指针之间的相互赋值会使多个指针指向同一个字符数组。例如：

```
q=p;
```

经过这样赋值以后，p，q 指针就会指向同一个字符串。

既然字符串被存储在数组中，那么，对数组的任何合法操作都可用于这种字符串。C++语言允许（这和 C 语言一样）对字符串指针操作也可以使用下标法访问。如上面的字符串 p 中的字符 d 可以用 p[3]表示。

5.1.2　一个简单的 C++函数

下面这个函数采用数组方式计算字符串中字符的个数（字符串结束标记符不计在内）。

```
      int stringlen(char str[])
{//计算字符串长度
      int i=0;
      while(str[i]!='\0')
        i++;
      return(i);
}
```

这个函数也可以这样写：

```
      int stringlen(char*str)
{  //计算字符串长度
      int i=0;
      while(str[i]!='\0')
        i++;
      return(i);
}
```

其实，在 C++中很多关于字符串的操作都是通过字符串基本函数来实现的。这些基本函数在C++头文件 String.h 中。

5.2　串及其基本运算

5.2.1　串的基本概念

1.　串的定义

串是由 0 个或多个任意字符组成的字符序列，一般记作

s="s_1 s_2...s_n"

其中，s 是串名；在本书中，用双引号作为串的定界符，引号引起来的字符序列为串值，引号本身不属于串的内容；s_i（$1 \leq i \leq n$）是一个任意字符，称为串的元素，是构成串的基本单位，i 是它在整个串中的序号；n 为串的长度，表示串中所包含的字符个数。当 $n=0$ 时，称为空串，通常记为 Φ。例如，在程序设计语言中，

s1="book"

表明 s1 是一个串变量名，而字符序列 book 是它的值，该串的长度为 4。

s2=" "

表明 s2 是一个空串，不含任何字符。

例如，有下列 4 个串 a，b，c，d：

```
a= "Welcome to Beijing"
b= "Welcome"
c= "Bei"
d= "   "
```

2．几个术语

子串与主串：串中任意连续的字符组成的子序列称为该串的子串。包含子串的串相应地称为主串。上例中，b 是 a 的子串，a 是主串。

子串的位置：子串的第一个字符在主串中的序号称为子串的位置。

串相等：称两个串是相等的，是指两个串的长度相等且对应字符都相等。

空格串：串中的字符全是空格。上例中，d 是空格串。

5.2.2　串的基本运算

串的运算有很多，下面介绍部分基本运算。

（1）求串长 StrLength(s)

操作条件：串 s 存在。

操作结果：求出串 s 中的字符的个数。

设串 s1="abc123"，s2="bhjkl433"，则

　　　StrLength(s1)=6,StrLength(s2)=8

（2）串赋值 StrAssign(s1, s2)

操作条件：s1 是一个串变量；s2 或者是一个串常量，或者是一个串变量（通常，s2 是一个串常量时称为串赋值，是一个串变量时称为串复制）。

操作结果：将 s2 的串值赋值给 s1，s1 原来的值被覆盖。

设串 s1="abc123"，s2="bhjkl433"，则

　　　StrAssign(s1,s2),s1,s2 的值都是 bhjkl433

（3）连接操作 StrConcat(s1, s2, s)或 StrConcat(s1, s2)

操作条件：串 s1，s2 存在。

操作结果：两个串的连接就是将一个串的串值紧接着放在另一个串的后面，连接成一个串。前者是产生新串 s，s1 和 s2 不改变；后者是在 s1 的后面连接 s2 的串值，s1 改变，s2 不改变。

例如，s1="abc"，s2="123"，前者操作结果是 s="abc 123"，后者操作结果是 s1="abc 123"。

（4）求子串 SubStr(s, i, len)

操作条件：串 s 存在，$1 \leq i \leq StrLength(s)$，$0 \leq len \leq StrLength(s)-i+1$。

操作结果：返回从串 s 的第 i 个字符开始的长度为 len 的子串。len=0 时得到的是空串。

例如，

　　　SubStr("abcdefghi",3,4)="cdef"

（5）串比较 StrCmp(s1, s2)

操作条件：串 s1，s2 存在。

操作结果：若 s1=s2，则操作返回值为 0；若 s1<s2，则返回值<0；若 s1>s2，则返回值>0。

（6）子串定位 StrIndex(s, t)

操作条件：串 s，t 存在。

操作结果：若 t∈s，则返回 t 在 s 中首次出现的位置，否则返回值为-1。例如

```
StrIndex("abcdebda","bc")=2
        StrIndex("abcdebda","ba")=-1
```

（7）串插入 StrInsert(s, i, t)

操作条件：串 s，t 存在，$1 \leqslant i \leqslant$ StrLength(s)+1。

操作结果：将串 t 插入串 s 的第 i 个字符位置上，s 的串值发生改变。

（8）串删除 StrDelete(s, i, len)

操作条件：串 s 存在，$1 \leqslant i \leqslant$ StrLength(s)，$0 \leqslant$ len $\leqslant$ StrLength(s)$-i$+1。

操作结果：删除串 s 中从第 i 个字符开始的长度为 len 的子串，s 的串值改变。

（9）串替换 StrRep（s, t, r）

操作条件：串 s，t，r 存在，t 不为空。

操作结果：用串 r 替换串 s 中出现的所有与串 t 相等的不重叠的子串，s 的串值改变。

以上是串的几个基本操作。其中前 5 个操作是最为基本的，不能用其他的操作来合成。因此通常将这 5 个基本操作称为最小操作集。

【例 5.1】 将串 s2 插入串 s1 的第 i 个字符后面。

```
SubStr(s3,s1,1,i);
SubStr(s4,s1,i+1,Length(s1)-i);
Strconcat(s3,s2);
Strconcat(s3,s4);
StrAssign(s1,s3);
```

【例 5.2】 删除串 s 中从第 i 个字符开始的连续 j 个字符。

```
SubStr(s1,s,1,i-1);
SubStr(s2,s,i+j,Length(s)-i-j+1);
Strconcat(s1,s2);
StrAssign(s,s1);
```

5.3 串的顺序存储及基本运算

因为串是数据元素类型为字符型的线性表，所以线性表的存储方式仍适用于串。也因为字符的特殊性和字符串经常作为一个整体来处理的特点，串在存储时还有一些与一般线性表的不同之处。

5.3.1 串的定长顺序存储

类似于顺序表，用一组地址连续的存储单元存储串值中的字符序列。所谓定长，是指按预定义的大小，为每一个串变量分配一个固定长度的存储区。例如

```
#define MAXSIZE  256
char  s[MAXSIZE];
```

则串的最大长度不能超过 256。

如何标识实际长度？

（1）类似顺序表，用 C++串描述如下。

```
typedef struct
```

```
{ char    data[MAXSIZE];
  int    Length;                        //串的长度
} SeqString;
```

定义一个串变量：SeqString   s;这种存储方式可以直接得到串的长度：s.Length，如图 5.1 所示。

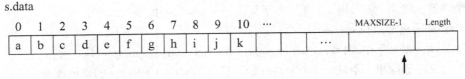

图 5.1   串的顺序存储方式 1

（2）在串尾存储一个不会在串中出现的特殊字符作为串的终结符，以此表示串的结尾。比如 C 语言中处理定长串的方法就是这样的，它用 "\0" 表示串的结束。这种存储方法不能直接得到串的长度，而是通过判断当前字符是否是 "\0" 来确定串是否结束，从而求得串的长度。

```
char    s[MAXSIZE];
```

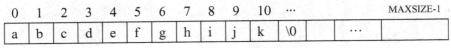

图 5.2   串的顺序存储方式 2

（3）设定长串存储空间：char   s[MAXSIZE+1]; 用 s[0]存放串的实际长度，串值存放在 s[1]~ s[MAXSIZE]中，字符的序号和存储位置一致，应用更为方便。

5.3.2   顺序串的数据类型定义

1. 串的定义

```
class String
{ private:
  char * str;                        //存储字符串
  int size;                          //字符串长度
  public:
    String( );                       //初始化为空串
    String(char *s);                 // 构造函数用于C++串来初始化
    String(const String &obj);       // 构造函数用于C++对象来初始化
    ~String()
    {
      delete str;
    }                                //析构函数
    String substr(int pos,int length);  //从 pos 位置取子串
    void insert(const String &obj,int pos); //在串对象 pos 的位置插入子串 obj
    void delete(int pos,int length);    //在串对象 pos 起位置删除长度为 length
                                        //的子串

    int strsize()
    {
      return(strlen(str));
```

```
    }                                               //返回串对象
    String operator =(String &obj);                 //串对象赋值
    String operator =(char *s);                     //c++串赋值
    String operator +(String &obj);                 //串对象连接
    String operator +(char *s);                     //串对象与c++串连接
    friend String operator +(char *s,String &obj);  //c++串与连接串对象
    int  StrIndex_BF (int k,String &p);             //简单模式匹配
    int StrIndex_KMP(int k,String &p);              //KMP算法
    GetNext(char *t,int next[ ]);
    ……//根据需要,在串类中还可以加入其他函数
};
```

2. 部分成员函数的实现

（1）
```
String ::String()
    {                                               //构造一个空串
        size=1;                                     //用来存放字符串结束标志
        str=new char[size];
        if(str==NULL){
            cout<<"申请空间失败"<<endl;
            exit(1);
        }
        str[0]='\0';
    }
```

（2）
```
String ::String(char *s)
    { //用 C++串初始化
        size=strlen(s)+1;
        str=new char[size];
        if(str==NULL){
            cout<<"申请空间失败"<<endl;
            exit(1);
        }
        strcpy(str,s);
    }
```

（3）
```
String ::String(const String &obj)
    { //用串对象 obj 初始化串对象
        size=obj.size;
        str=new char[size+1];
        if(str==NULL){
            cout<<"申请空间失败"<<endl;
            exit(1);
        }
        strcpy(str,obj.str);
    }
```

（4）
```
String String ::operator +(String &obj)
    { //两个串对象的连接
        int len;
        String temp;                                //存储连接后串对象
        delete[] temp.str                           //释放内存空间
```

```
        len=strlen(obj.str)+strlen(str)+1;
        temp.str= new char[len]; //申请内存空间
        temp.size=len;
        if(temp.str==NULL){
           cout<<"申请空间失败"<<endl;
           exit(1);
        }
        strcpy(temp.str,str);
        strcat(temp.str,obj.str);
        return temp;
    }
```

（5）
```
String  String:: operator +(char *s)
    { //一个串对象和一个字符串的连接
      int len;
      String temp;
      delete []temp.str;
      len=strlen(s)+strlen(str)+1;
      temp.str= new char[len];
      temp.size=len;
      if(temp.str==NULL){
         cout<<"申请空间失败"<<endl;
         exit(1);
      }
      strcpy(temp.str,str);
      strcat(temp.str,s);
      return temp;
    }
```

（6）
```
String  String:: operator +(char *s, String &obj)
    { //一个字符串和一个串对象的连接
      int len;
      String temp;
      delete []temp.str;
      len=strlen(s)+strlen(obj.str)+1;
      temp.str= new char[len];
      temp.size=len;
      if(temp.str==NULL){
         cout<<"申请空间失败"<<endl;
         exit(1);
      }
      strcpy(temp.str,s);
      strcat(temp.str,obj.str);
      return temp;
    }
```

（7）
```
String  String:: substr(int pos, int length)
    {int i;
    String temp;
    temp.str=new char[length+1];
    for(i=0;i<length;i++)
       temp.str[i]=str[i+pos];
    temp.str[i]='\0';
    return(temp);
    }
```

5.3.3　定长顺序串的基本运算

本小节主要讨论定长串连接、求子串、串比较算法。顺序串的插入和删除等运算基本与顺序表相同，在此不再赘述。串定位在下一小节讨论。前面已介绍定义顺序串有 3 种标识实际尺度的方式，这里仅讨论第二种，即串结束用 "\0" 来标识。

1. 求串长

算法 5-1　求串长

```
int strLength(char s[])
{ int i=0;
  while(s[i]!='\0')i++;
  return(i);
}
```

2. 串连接

把两个串 s1 和 s2 首尾连接成一个新串 s，即 s <= s1+s2。

算法 5-2　串连接

```
int StrConcat1(char s1[],char s2[],char s[])
{ int i=0,j,len1,len2;
    len1= StrLength(s1); len2= StrLength(s2);
    if  (len1+ len2>MAXSIZE-1)return  0 ;              //s 长度不够
        j=0;
        while(s1[j]!='\0') { s[i]=s1[j];i++; j++; }
        j=0;
        while(s2[j]!='\0') { s[i]=s2[j];i++; j++; }
        s[i]='\0';   return 1;
    }
```

3. 求子串

算法 5-3　求子串

```
int StrSub(char *t,char *s,int i,int len)
//用 t 返回串 s 中从第 i 个字符开始的长度为 len 的子串, 1≤i≤串长
{ int slen;
  slen=StrLength(s);
  if(i<1||i>slen||len<0||len>slen-i+1)
  { cout<<"参数不对"<<endl;
    return 0;
  }
  for(j=0; j<len; j++)
      t[j]=s[i+j-1];
  t[j]='\0';
  return 1;
}
```

4. 串比较

算法 5-4　串比较

```
int StrComp(char *s1,char *s2)
{ int i=0;
  while(s1[i]==s2[i] && s1[i]!='\0')i++;
  return(s1[i]==s2[i]);
}
```

5.3.4　模式匹配

串的模式匹配即子串定位，是一种重要的串运算。设 s 和 t 是给定的两个串，在主串 s 中找到等于子串 t 的过程称为模式匹配；如果在 s 中找到等于 t 的子串，则称匹配成功，函数返回 t 在 s 中首次出现的存储位置（或序号），否则匹配失败，返回-1。t 也称为模式。

1. 简单的模式匹配算法

算法思想：首先将 s_1 与 t_1 进行比较，若不同，就将 s_2 与 t_1 进行比较，直到 s 的某一个字符 s_i 和 t_1 相同，再将它们之后的字符进行比较，若也相同，则如此继续往下比较。当 s 的某一个字符 s_i 与 t 的字符 t_j 不同时，s 返回本趟开始字符的下一个字符，即 s_{i-j+2}，t 返回 t_1，继续开始下一趟的比较，重复上述过程。若 t 中的字符全部比完，则说明本趟匹配成功，本趟的起始位置是 $i-j+1$ 或 $i-t[0]+1$，否则，匹配失败。

设主串 s="ababcabcacbab"，模式 t="abcac"，匹配过程如图 5.3 所示。

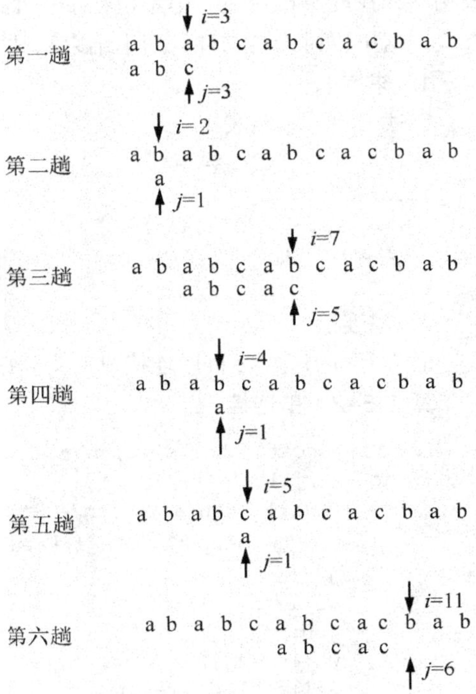

依据这个思想，算法描述如下。

算法 5-5　简单的模式匹配算法

```
int String:: StrIndex_BF (int k,String &p)
//从主串 s 中第 k 个字符开始匹配
{ char *t=p.str,*s=str+k-1;    //从第 k 个字符开始匹配
int pos=k;
if(k<1||k>size)
 cout<<"out of bound"<<endl;
   while(*t !='\0' && *s != '\0' )        //都没遇到结束符
       if(*s != *t)
         { t=p.str;s=str+(++pos)-1; }     //回溯
           else
           {
           ++t;
           ++s;
           }
   if(*t=='\0')return(pos);               //匹配成功,返回存储位置
   else  return-1;
}
```

图 5.3　简单模式匹配的匹配过程

该算法简称 BF 算法。下面分析它的时间复杂度，设串 s 长度为 n，串 t 长度为 m。匹配成功的情况下，考虑两种极端情况。

（1）在最好情况下，每趟不成功的匹配都发生在第一对字符比较时。

例如：

s="aaaaaaaaaabc"
t="bc"

设匹配成功发生在 s_i 处，则字符比较次数在前面 $i-1$ 趟匹配中共比较了 $i-1$ 次，第 i 趟成功的匹配共比较了 m 次，即总共比较了 $i-1+m$ 次，所有匹配成功的可能共有 $n-m+1$ 种。设从 s_i 开始与 t 串匹配成功的概率为 p_i，在等概率情况下，$p_i=1/(n-m+1)$，因此最好情况下平均比较的次数是

$$\sum_{i=1}^{n-m+1} p_i \times (i-1+m) = \sum_{i=1}^{n-m+1} \frac{1}{n-m+1} \times (i-1+m) = \frac{(n+m)}{2}$$

即最好情况下的时间复杂度是 O($n+m$)。

（2）在最坏情况下，每趟不成功的匹配都发生在 t 的最后一个字符。

例如：

```
s="aaaaaaaaaaaab"
t="aaab"
```

设匹配成功发生在 s_i 处，则在前面 $i-1$ 趟匹配中共比较了 $(i-1) \times m$ 次，第 i 趟成功的匹配共比较了 m 次，所以总共比较了 $i \times m$ 次，因此最坏情况下平均比较的次数是

$$\sum_{i=1}^{n-m+1} p_i \times (i \times m) = \sum_{i=1}^{n-m+1} \frac{1}{n-m+1} \times (i \times m) = \frac{m \times (n-m+2)}{2}$$

即最坏情况下的时间复杂度是 O($n \times m$)。

注意，算法 5-5 中匹配是从主 s 串的第 k 个字符开始的。

2．改进后的模式匹配算法

BF 算法简单但效率较低。一种对 BF 算法做了很大改进的模式匹配算法是克努特（Knuth）、莫里斯（Morris）和普拉特（Pratt）同时设计的，简称 KMP 算法。

（1）KMP 算法的思想

分析算法 5-5 的执行过程，造成 BF 算法速度慢的原因是回溯，即在某趟匹配过程失败后，s 串要回到本趟开始字符的下一个字符，t 串要回到第一个字符。而这些回溯并不是必要的。如图 5.3 所示的匹配过程，在第三趟匹配过程中，$s_3 \sim s_6$ 和 $t_1 \sim t_4$ 是匹配成功的，$s_7 \neq t_5$ 匹配失败，因此有了第四趟，其实这一趟是不必要的。由图可看出，因为在第三趟中 $s_4=t_2$，而 $t_1 \neq t_2$，肯定有 $t_1 \neq s_4$。同理，第五趟也是没有必要的，所以从第三趟之后可以直接到第六趟。进一步分析第六趟中的第一对字符 s_6 和 t_1 的比较也是多余的，因为第三趟中已经比过 s_6 和 t_4，并且 $s_6=t_4$，而 $t_1=t_4$，必有 $s_6=t_1$，因此第六趟的比较可以从第二趟对字符 s_7 和 t_2 开始进行。这就是说，第三趟匹配失败后，指针 i 不动，而是将模式串 t 向右"滑动"，用 t_2 "对准" s_7 继续进行，依此类推。这样的处理方法指针 i 是无回溯的。

综上所述，希望某趟在 s_i 和 t_j 匹配失败后，指针 i 不回溯，模式 t 向右"滑动"至某个位置上，使得 t_k 对准 s_i 继续向右进行。显然，现在问题的关键是串 t "滑动"到哪个位置上。不妨设位置为 k，即 s_i 和 t_j 匹配失败后，指针 i 不动，模式 t 向右"滑动"，使 t_k 和 s_i 对准继续向右进行比较。要满足这一假设，就要有如下关系成立。

$$\text{"}t_1 t_2 \cdots \quad t_{k-1}\text{"} = \text{"}s_{i-k+1} s_{i-k+2} \quad \cdots \quad s_{i-1}\text{"} \tag{5-1}$$

式（5-1）左边是 t_k 前面的 $k-1$ 个字符，右边是 s_i 前面的 $k-1$ 个字符。而本趟匹配失败是在 s_i 和 t_j 之处，已经得到的部分匹配结果是

$$\text{"}t_1 t_2 \quad \cdots \quad t_{j-1} \quad \text{"} = \text{"}s_{i-j+1} s_{i-j+2} \quad \cdots \quad s_{i-1}\text{"} \tag{5-2}$$

因为 $k<j$，所以

$$\text{"}t_{j-k+1} t_{j-k+2} \quad \cdots \quad t_{j-1} \quad \text{"} = \text{"}s_{i-k+1} s_{i-k+2} \quad \cdots \quad s_{i-1}\text{"} \tag{5-3}$$

式（5-3）左边是 t_j 前面的 $k-1$ 个字符，右边是 s_i 前面的 $k-1$ 个字符。

通过式（5-1）和式（5-3）得到

$$"t_1 t_2 \cdots t_{k-1}" = "t_{j-k+1} t_{j-k+2} \cdots t_{j-1}" \tag{5-4}$$

结论：某趟在 s_i 和 t_j 匹配失败后，如果模式串中有满足式（5-4）的子串存在，即模式中的前 $k-1$ 个字符与模式中 t_j 字符前面的 $k-1$ 个字符相等时，模式 t 就可以向右"滑动"使 t_k 和 s_i 对准，继续向右进行比较即可。

（2）next 函数

模式中的每一个 t_j 都对应一个 k 值，由式（5-4）可知，这个 k 值仅依赖于模式 t 本身字符序列的构成，而与主串 s 无关。用 next[j] 表示 t_j 对应的 k 值，根据以上分析，next 函数有如下性质。

① next[j] 是一个整数，且 $0 \leqslant$ next[j] $< j$。

② 为了使 t 的右移不丢失任何匹配成功的可能，当存在多个满足式（5-4）的 k 值时，应取最大的。这样向右"滑动"的距离最短，"滑动"的字符为 j-next[j] 个。

③ 如果 t_j 前不存在满足式（5-4）的子串，此时若 $t_1 \neq t_j$，则 $k=1$；若 $t_1=t_j$，则 $k=0$。这时"滑动"的距离最远，为 $j-1$ 个字符，即用 t_1 和 s_{j+1} 继续比较。

因此，next 函数定义如下：

$$\text{next}[j]= \begin{cases} 0 & \text{当 } j=1 \\ \max \{k \mid 1<k<j \text{ 且 } "t_1 t_2 \cdots t_{k-1}" = "t_{j-k+1} t_{j-k+2} \cdots t_{j-1}"\} \\ 1 & \text{当不存在上面的 } k \end{cases}$$

设有模式串 t="abcaababc"，则它的 next 函数值为：

j	1	2	3	4	5	6	7	8	9
模式串	a	b	c	a	a	b	a	b	c
next[j]	0	1	1	1	2	2	3	2	3

（3）KMP 算法

在求得模式的 next 函数之后，匹配可如下进行：假设以指针 i 和 j 分别指示主串和模式中的比较字符，令 i 的初值为 pos，j 的初值为 1。若在匹配过程中 $s_i==t_j$，则 i 和 j 分别增 1；若 $s_i \neq t_j$ 匹配失败后，则 i 不变，j 退到 next[j] 位置再比较，若相等，则指针各自增 1，否则 j 再退到下一个 next 值的位置，依此类推。直至下列两种情况：一种是 j 退到某个 next 值时字符比较相等，则 i 和 j 分别增 1 继续进行匹配；另一种是 j 退到值为零（模式的第一个字符失配），则此时 i 和 j 也要分别增 1，表明从主串的下一个字符起和模式重新开始匹配。

设主串 s=" acabaabaabcacaabc "，子串 t=" abaabcac "，图 5.4 是一个利用 next 函数进行匹配的过程示意图。

在假设已有 next 函数的情况下，KMP 算法如下。

算法 5-6 KMP 算法

```
int StrIndex_KMP(int k,String &p)
{ int i=k-1,j=0,n=size,m=p.size;
  if(k<1||k>size)
  cout<<"out of bound"<<endl;
```

```
while(i<n && j<m)
   if(j==0||str[i]==p.str[j])
      { i++; j++; }
      else j=p.next[j]; //回溯
   return((j==m)? i-m:-1);
}
```

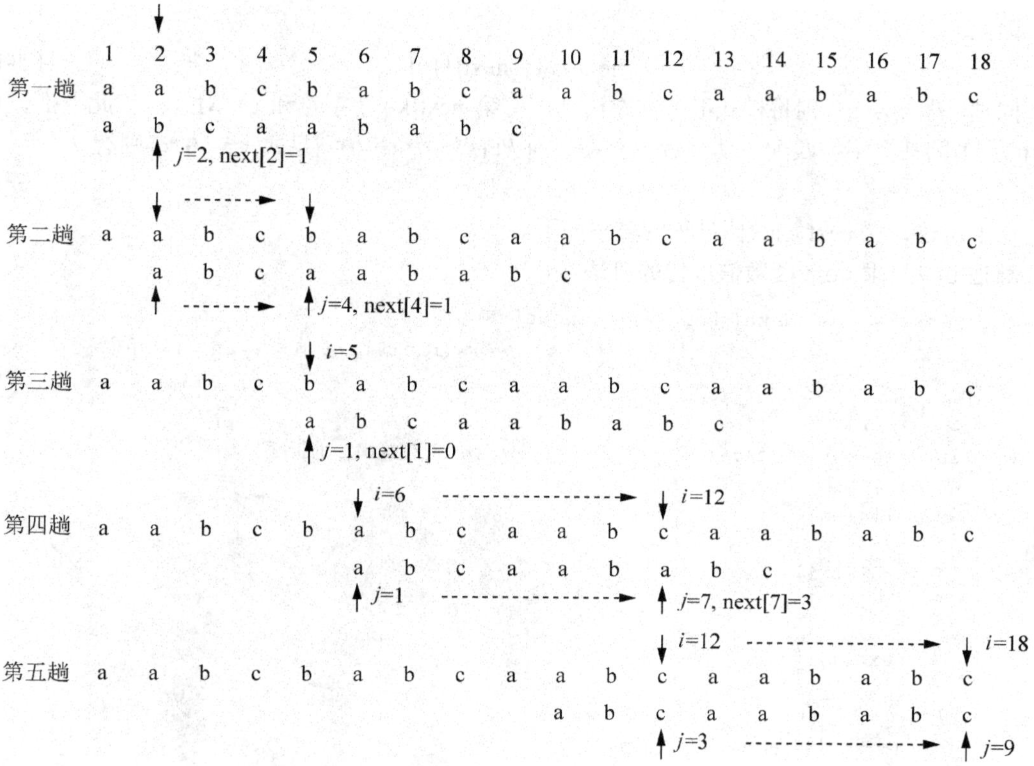

图 5.4 利用模式 next 函数进行匹配的过程示例

（4）如何求 next 函数

由以上讨论知，next 函数值仅取决于模式本身，而和主串无关。可以从分析 next 函数的定义出发，用递推的方法求得 next 函数值。

由定义知

$$next[1]=0 \tag{5-5}$$

设 $next[j]=k$，即有

$$"t_1 t_2 \quad \cdots \quad t_{k-1} \quad " = "t_{j-k+1} t_{j-k+2} \quad \cdots \quad t_{j-1}" \tag{5-6}$$

$next[j+1]$ 的值有两种情况：

第一种情况：若 $t_k = t_j$，则表明在模式串中

$$"t_1 t_2 \quad \cdots \quad t_k \quad " = "t_{j-k+1} t_{j-k+2} \quad \cdots \quad t_j \quad " \tag{5-7}$$

这就是说，$next[j+1]=k+1$，即

$$next[j+1]=next[j]+1 \tag{5-8}$$

第二种情况：若 $t_k \neq t_j$，则表明在模式串中

$$"t_1 t_2 \quad \cdots \quad t_k \quad " \neq "t_{j-k+1} t_{j-k+2} \quad \cdots \quad t_j \quad " \tag{5-9}$$

此时可把求 next 函数值的问题看成一个模式匹配问题，整个模式串既是主串又是模式，而当前在匹配的过程中，已有式（5-6）成立，则当 $t_k \neq t_j$ 时，应将模式向右滑动，使得第 next[k] 个字符和 "主串" 中的第 j 个字符相比较。若 next[k]=k'，且 $t_{k'} = t_j$，则说明在主串中第 $j+1$ 个字符之前存在一个最大长度为 k' 的子串，使得

$$"t_1 t_2 \cdots t_{k'}" = "t_{j-k'+1} t_{j-k'+2} \cdots t_j" \tag{5-10}$$

因此

$$next[j+1]=next[k]+1 \tag{5-11}$$

同理，若 $t_k \neq t_j$，则将模式继续向右滑动至使第 next[k'] 个字符和 t_j，对齐。依此类推，直至 t_j 和模式中的某个字符匹配成功或者不存在任何 $k'(1<k'<k<\cdots<j)$ 满足式（5-10），则有

$$next[j+1]=1 \tag{5-12}$$

综上所述，求 next 函数值过程的算法如下。

算法 5-7　求 next 函数值过程的算法

```
void String:: GetNext(char *t,int next[ ])
                                        //求模式 t 的 next 值并存入 next 数组中
{
    int i=1,j=0;
    int len=strlen(t);                  //len 是模式串 t 的长度
    next[1]=0;
    while(i<len)
    {
    if(j==0||t[i]==t[j])
        {++i;
        ++j;
        next[i]=j;
        }
    else
        j=next[j];
    }//end while
}//end GetNext
```

算法 5-7 的时间复杂度是 $O(m)$，所以算法 5-6 的时间复杂度是 $O(n*m)$。但在一般情况下，实际的执行时间是 $O(n+m)$。当然，和简单的模式匹配算法相比，KMP 算法增加了很大难度，这里主要学习该算法的设计技巧。

5.4　串的链式存储结构

和线性表的链式存储结构类似，也可以用链表方式存储串值。由于串结构的特殊性，即结构中的每个数据元素是一个字符，则用链表存储串值时，存在一个 "结点大小" 的问题，也就是每个结点可以存放一个字符，也可以存放多个字符。例如，图 5.5（a）是结点大小为 4（每个结点存放 4 个字符）的链表，图 5.5（b）是结点大小为 1 的链表。当结点大小大于 1 时，由于串长不一定是结点大小的整数倍，则链表中的最后一个结点不一定全被串值占满，此时补上 "#" 或其他非串值字符（通常 "#" 不属于串的字符集，是一个特殊的符号）。

(a) 结点大小为4的链表

(b) 结点大小为1的链表

图 5.5 串值的链表存储示意图

为了方便实现串的基本操作，当以链表存储串值时，除头指针外还可以增设一个尾指针指示链表中的最后一个结点，并给出当前串的长度。称这样定义的串存储结构为字符串的链式存储结构，它的 C++语言描述如下。

```
// * * * * * * * * *串的链式存储表示* * * * * * * * *  /
#define   STRINGSIZE 80              //可由用户自定义串的结点大小
Class LinkString;
Class   chuan
{
friend Class LinkString;
private:
  char ch[STRINGSIZE];
  chuan *next;                       //用指针存储后继结点
public:
......                               //类中成员函数
} ;
Class LinkString
{ private:
    chuan  *head,*tail;              //串的头和尾指针
  int  curlen;                       //串的当前长度
  public:
......                               //类中成员函数
};
```

上面的链式结构描述中，结点的数据域是一个字符数组，用于存放相应的字符序列。链表类除了头指针外，还定义了一个尾指针，用它记录链表中最后结点的地址。设置尾指针的目的是为了方便进行串的连接等运算。

由于在一般情况下，对串进行操作时，只需要从头向尾顺序扫描即可，一般对串值不必建立双向链表。增设尾指针的目的是为了进行连接操作，但应注意连接时需处理第一个串尾的无效字符。

在链式存储方式中，结点大小的选择和顺序存储方式的格式选择一样重要，它直接影响串处理的效率。在各种串的处理系统中，所处理的串往往很长或很多。例如，一本书的几百万个字符，情报资料的成千上万个条目。这要求我们考虑串值的存储密度。串值的存储密度可定义为：

存储密度=串值所占的存储位/实际分配的存储位

显然，存储密度小（如结点大小为1）时，运算处理方便，各种操作如同单链表操作。然而，存储空间占用量大。如果在串处理过程中需要进行内、外存交换的话，则会因为内、外存储交换操作过多而影响处理的总效率。应该看到，串的字符集的大小也是一个重要因素。一般地，字符集小，则字符的机内编码就短，这也影响串值的存储方式的选取。

串值的链式存储结构对某些串操作，如串的连接操作等有一定方便之处，但总体说来，不如前面几种存储结构灵活。它占用存储量大，且操作复杂，尤其是结点大小大于1时。此外，串值在链式存储结构时串操作的实现和线性表在链式存储结构中的操作类似，在此不作详细的分析。

5.5　串操作应用

串的应用十分广泛，如文本编辑程序、关键字检索程序等。

作为串操作应用的实例，下面对文本编辑（Text Editing）作简单的介绍。

文本编辑程序是存储在计算机内的一个面向用户的系统服务程序。它广泛应用于源程序的输入和修改，甚至用于报刊和书籍的编辑排版以及办公室的公文书信的起草和润色。这里，一个源程序或一篇文稿都可看成有限字符序列，称为文本。文本编辑的实质就是利用串的基本操作，完成对文本的添加、删除和修改等操作，其实也就是修改字符数据的形式和格式。虽然各种文本编辑程序的功能强弱不同，但是其基本操作是一致的，一般都包括串的查找、插入和删除等基本运算。因此，对用户来说，若能利用计算机系统提供的文本编辑程序，则可以方便地完成各种修改工作。

为了编辑的方便，用户可以利用换页符和换行符把文本划分为若干页，每页有若干行（当然，也可不分页，而把文本直接划分成若干行）。

例如，有下面一段源程序。

```
main()
{   int a,b,c;
    cin>>a>>b;
    c=(a+b)/2;
    cout<<c;
}
```

可以把这个程序看成一个文本串，每行看成是一个子串，按顺序的方式存入计算机内，如图5.6所示。图中，"↙"为换行符。

201　　　　　　　　　　//201为起始地址

m	a	i	n	(	)	↙	{			i	n	t		a	,	b	,	c	;
↙	c	i	n	>	>	a	>	>	b	;	↙	c	=	(	a	+	b	)	/
2	;	↙	c	o	u	t	<	<	c	;	↙	}	↙						

图5.6　文本格式示例

在输入程序的同时，由文本编辑程序自动建立一个页表和行表，即建立各子串的存储映像。页表的每一项给出了页号和该页的起始行号。而行表的每一项则指示每一行的行号、起始地址和该行子串的长度。每输入一行，看作加入一个新的字符串到文本中，串值存放于文本工作区。

而行号、串值的存储起始地址和该串的长度登记到行表中。由于使用了行表，新的一行可存放到文本工作区的任何一个自由区中。行表中的每一行信息必须按行号递增的顺序排列，如图 5.7 所示。

行号	起始地址	长度
100	2017	7
101	208	14
102	222	11
103	233	11
104	244	9
105	253	2

图 5.7　图 5.6 所示文本串的行表及其信息排列

下面简单讨论文本的编辑。

1. 插入

插入一行时，一方面，需要在文本的末尾的空闲工作区写入该行的串值，另一方面，要在行表中建立该行的信息。为了维持行表由小到大的顺序，保证能迅速地查找行号，一般要移动原有的有关信息，以便插入新的行号。例如，若插入行为 99，则行表从 100 开始的各行信息都必须往下平移一行。

2. 删除

删除一行，只要在行表中删除该行的行号就等于从文本中抹去了这一行，因为对文本的访问是通过行表实现的。比如，要删除上表中的第 103 行，则行表中从第 103 行起后面的各行都应往上平移一行，以覆盖行号 103 及其相应的信息。

3. 修改

修改文本时，应指明修改哪一行和哪些字符。编辑程序通过行表查到要修改行的起始地址，从而在文本存储区检索到待修改的字符的位置，然后进行修改。通常有 3 种可能的情况：一是新的字符与原有的字符个数相等，这时不必移动字符串，只要更改文本中的字符即可；二是新的字符个数比原有的少，这时也不必移动字符串，只要修改行表中的长度值和文本中的字符即可；三是新串的字符个数比原有的多，这时应先检查本行与下一行之间是否有足够大的空间（可能中间有一行或若干行已经删除了，但删除时并没有回收这些空间），若有，则扩充此行，修改行表中的长度值和文本中的字符，若无，则需要重新分配空间，并修改行表中的起始地址和长度值。

以上简单概述了文本编辑程序中的基本操作，可以看到，算法实现过程中将广泛地应用串的运算。其具体的算法，读者可在学习本章之后自行编写。

本章小结

字符串是一种特殊的线性表，作为一种基本的数据处理对象，在非数值计算领域有着广泛的应用。凡是涉及字符处理的领域都要使用串。很多高级语言都具有较强的串处理功能，C++更是如此。

本章主要涉及以下内容：串的有关概念、存储结构以及串的基本运算和实现。

串的模式匹配即子串定位是一种重要的串运算。它主要包括简单的模式匹配和 KMP 算法，以及改进的模式匹配算法。

串的应用十分广泛。本章主要介绍文本编辑程序、中心对称串问题，其实也就是串的基本操作的简单应用。

习　题

一、选择题

1. 下面关于串的叙述中，哪一个是不正确的？（　　）
   A. 串是字符的有限序列
   B. 空串是由空格构成的串
   C. 模式匹配是串的一种重要运算
   D. 串既可以采用顺序存储，也可以采用链式存储

2. 设有两个串 p 和 q，其中 q 是 p 的子串，求 q 在 p 中首次出现的位置的算法称为（　　）。
   A. 求子串　　　　　B. 连接　　　　　C. 匹配　　　　　D. 求串长

3. 已知串 S="aaab"，其 next 数组值为（　　）。
   A. 0123　　　　　B. 1123　　　　　C. 1231　　　　　D. 1211

4. 若串 S="software"，其子串的数目是（　　）。
   A. 8　　　　　B. 37　　　　　C. 36　　　　　D. 9

5. 设 S 为一个长度为 n 的字符串，其中的字符各不相同，则 S 中互异的非平凡子串（非空且不同于 S 本身）的个数为（　　）。
   A. $2n-1$　　　　　B. n^2　　　　　C. $(n^2/2)+(n/2)$
   D. $(n^2/2)+(n/2)-1$　　　　　E. $(n^2/2)-(n/2)-1$

6. 串的长度是指（　　）。
   A. 串中所含不同字母的个数　　　　　B. 串中所含字符的个数
   C. 串中所含不同字符的个数　　　　　D. 串中所含非空格字符的个数

二、填空题

1. 空格串是指_____，其长度等于_____。

2. 组成串的数据元素只能是_____。

3. 一个字符串中_____称为该串的子串。

4. STRINDEX（'DATASTRUCTURE', 'STR'）=_____。

5. 设正文串长度为 n，模式串长度为 m，则串匹配的 KMP 算法的时间复杂度为_____。

6. 模式串 P='abaabcac'的 next 函数值序列为_____。

7. 设 T 和 P 是两个给定的串，在 T 中寻找等于 P 的子串的过程称为_____，又称 P 为_____。

8. 串是一种特殊的线性表，其特殊性表现在_____。串的两种最基本的存储方式是_____、_____。

9. 两个字符串相等的充分必要条件是_____。

三、判断题

1. KMP 算法的特点是在模式匹配时指示主串的指针不会变小。（　　）

2. 设模式串的长度为 m，目标串的长度为 n，当 $n \approx m$ 且处理只匹配一次的模式时，朴素的匹配（子串定位函数）算法所花的时间代价可能会更为节省。（　　）

3. 串是一种数据对象和操作都特殊的线性表。 （　　）

4. 串是由 0 个或多个任意字符组成的字符序列。 （　　）

5. 空格串就是由 0 个字符组成的字符序列。 （　　）

四、应用题

1. 空串与空格串有何区别？字符串中的空格符有何意义？

2. 设 a="I am a student"，

　　　b="good"，

　　　c="student"，

求 StrLength(a)、StrLength(c)、SubStr(a, 8, 14)、StrIndex(a, c)、StrConcat(SubStr(a, 6, 7), b, SubStr(a, 7, 14))。

3. 两个字符串 S1 和 S2 的长度分别为 m 和 n，这两个字符串最大共同子串算法的时间复杂度为 T（m, n）。估算最优的 T（m, n），并简要说明理由。

4. 设主串 S='xxyxxyxxxxyxyx'，模式串 T='xxyxy'。请问：如何用最少的比较次数找到 T 在 S 中出现的位置？相应的比较次数是多少？

5. KMP 算法（字符串匹配算法）较 Brute（朴素的字符串匹配）算法有哪些改进？

6. 试利用 KMP 算法和改进算法求字符串 p1='abaabaa'的 next 值。

7. 已知两个串为

s1="dabc cadf cabca df"

s2="bc"

试求两个串的长度，并判断 s2 是否是 s1 的子串。如果 s2 是 s1 的子串，指出 s2 在 s1 中的位置。

8. 令主串 s="aaabbbababaabb"，子串 t="abaa"，试分别用简单的模式匹配算法和 KMP 算法讨论模式匹配的匹配效率。

五、算法设计

1. 利用 C++的库函数 strlen、strcpy，写一算法 void StrDelete(char *S, int i, int m)，删除串 S 中从位置 i 开始的连续 m 个字符。若 i≥strlen(S)，则没有字符被删除；若 i+m≥strlen(S)，则将 S 中从位置 i 开始直至末尾的字符都删去。

2. 利用 C++的库函数 strlen、strcpy 和 strcat，写一算法 void StrInsert(char *S, char *T, int i)，将串 T 插入串 S 的第 i 个位置上。若 i 大于 S 的长度，则插入不执行。

3. 一个文本串可用事先给定的字母映射表进行加密。例如，设字母映射表为：

a b c d e f g h I j k l m n o p q r s t u c w x y z
n g z q t c o b m u h e l k p d a w x f y I v r s j

则字符串"encrypt"被加密为"tkzwsdf"。试写一算法，将输入的文本串进行加密后输出；另写一算法，将输入的已加密的文本串进行解密后输出。

4. 写一算法 void StrReplace(char *T, char *P, char*S)，将 T 中首次出现的子串 P 替换为串 S。注意：S 和 P 的长度不一定相等。可以使用已有的串操作。

5. 设字符串是由 26 个英文字母构成的，试编写一个算法 frequency，统计每个字母出现的次数。

6. 设 x 和 y 是表示成单链表的两个字符串，试写一个算法，找出 x 中第一个不在 y 中出现的字符（假定每个结点只存放一个字符）。

第6章
数组和广义表

教学提示：数组是人们非常熟悉的一种数据结构，几乎所有的计算机高级程序设计语言都支持数组这种数据类型。它的特点是数组中的数据元素都具有相同的数据类型，不同的元素通过下标来区别。本章主要讨论数组的逻辑结构和几种特殊矩阵的压缩存储。

教学目标：熟悉数组的基本概念、数组的存储结构特点，以及数组元素存储地址的计算；掌握特殊矩阵的压缩存储技术，掌握稀疏矩阵的压缩存储方法，如三元组表和十字链表，以及压缩存储中的矩阵运算的实现；熟悉广义表的基本定义和概念，理解广义表的递归性；掌握广义表的存储特点和基本操作算法。

6.1 数　　组

6.1.1 数组的定义

简单地讲，数组是由 n（$n > 1$）个相同类型的数据元素 a_0，a_1，$\cdots$，a_{n-1} 组成的有限序列，且该有限序列存储在一块地址连续的内存单元中，因而数组一般采用顺序存储结构。

对于一维数组，一旦 a_0 的存储地址 $\text{Loc}(a_0)$ 确定，每个数据元素的存储单元大小为 k，则任一数据元素 a_i 的存储地址 $\text{Loc}(a_i)$ 可由以下公式求出：

$$\text{Loc}(a_i) = \text{Loc}(a_0) + i \times k \qquad (0 \leq i < n) \tag{6-1}$$

对于二维数组，可将其转化为一维数组来考虑。例如，图 6.1 为一个 m 行 n 列的二维数组，可以看作线性表

$$A = (a_0, a_1, \cdots, a_{n-1})$$

其中，每个数据元素 $a_i = (a_{i0}, a_{i1}, \cdots, a_{i, n-1})$ 　　（$0 \leq i < m$）

显然，二维数组同样满足数组的定义。一个二维数组可以看作每个数据元素都是相同类型的一维数组的一维数组。以此类推，一个三维数组可以看作一个每个数据元素都是相同类型的二维数组的一维数组，等等。

$$A_{m \times n} = \begin{bmatrix} a_{00} & a_{01} & a_{02} & \cdots & a_{0,n-1} \\ a_{10} & a_{11} & a_{12} & \cdots & a_{1,n-1} \\ \vdots & \vdots & \vdots & & \vdots \\ a_{m-1,0} & a_{m-1,1} & a_{m-1,2} & \cdots & a_{m-1,n-1} \end{bmatrix}$$

图 6.1　二维数组示例

因此，数组具有以下特点。

（1）数组中的数据元素具有相同的数据类型。

（2）数组是一种随机存储结构，可以根据给定的一组下标直接访问对应的数组元素。

（3）一旦建立了数组，则数组中的数据元素个数和元素之间的关系就不再发生变化。

6.1.2　数组的内存映像

一维数组是用内存中一段连续的存储空间进行存储，它的存储结构关系为式（6-1）。由于计算机的内存结构是一维的，因此用一维内存来表示多维数组，就必须按某种次序将数组元素排成一个序列，然后将这个线性序列存放在存储器中。对于二维数组，其存储可按行或列的次序用一组连续存储单元存放数组中的数组元素。如在 C、PASCAL、BASIC 等多数程序语言中，采用的是按行序为主序的存储结构。图 6.1 所示的二维数组可表示为图 6.2(a)，即先存储第 0 行，紧接着存储第 1 行，最后存储第 $m-1$ 行。而在 FORTRAN 等少数程序语言中，采用的是以列序为主序的存储方式。图 6.1 所示的二维数组可表示为图 6.2（b），即先存储第 0 列，紧接着存储第 1 列，最后存储第 $n-1$ 列。

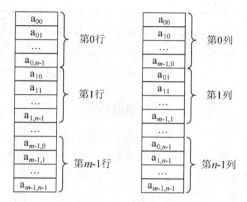

（a）以行序为主序　（b）以列序为主序

图 6.2　二维数组的两种存储形式

在一个以行序为主序的计算机系统中，若二维数组第一个数据元素 a_{00} 的存储地址为 Loc（a_{00}），假定每个数据元素占 k 个存储单元，则该二维数组中任一数据元素的存储地址可由下式确定：

$$\text{Loc}(a_{ij}) = \text{Loc}(a_{00}) + (i \times n + j) \times k \qquad (6\text{-}2)$$

同理，可写出更高维数组的数据元素存储位置的计算公式。

6.2　特殊矩阵的压缩存储

矩阵运算是许多科学和工程计算问题中常常遇到的问题。在用高级程序设计语言编制程序求解矩阵问题时，一般都是用二维数组来存储矩阵元素。在实际应用中，常常出现有许多值相同的元素或有许多零元素，且分布有一定的规律的矩阵，一般称之为特殊矩阵。为了节省存储空间，可以对这类特殊矩阵进行压缩存储，即多个相同的非零元素只分配一个存储空间；对零元素不分配空间。本节将讨论这些特殊矩阵的压缩存储。

6.2.1　对称矩阵

在一个 n 阶方阵 A 中，若所有元素满足下述性质：

$$a_{ij} = a_{ji} \qquad 0 \leq i,\ j \leq n\text{-}1$$

则称 A 为对称矩阵。

由于对称矩阵中的元素关于主对角线对称，因而只要存储矩阵中上三角或下三角中的元素，让每两个对称的元素共享一个存储空间，就可将 n^2 个元素压缩存储到 $n(n+1)/2$ 个元素的空间中，能节约近一半的存储空间。假定按"行优先顺序"存储主对角线（包括对角线）以下的元素。

假设以一维数组 sa[$n(n+1)/2$]作为 n 阶对称矩阵 A 的存储结构，则 A 中任一元素 a_{ij} 和 sa[k]之间存在如下对应关系：

$$k = \begin{cases} \dfrac{i(i+1)}{2} + j & \text{当 } i \geq j \text{时} \\[2mm] \dfrac{j(j+1)}{2} + i & \text{当 } i < j \text{时} \end{cases} \qquad (6\text{-}3)$$

由此，称一维数组 sa[$n(n+1)/2$]为 n 阶对称矩阵 A 的存储结构。其存储对应关系如图 6.3 所示。

k	0	1	2	3	…	$n(n-1)/2$	…	$n(n+1)/2-1$
sa[k]	a_{00}	a_{10}	a_{11}	a_{20}	…	$a_{n-1,\,0}$	…	$a_{n-1,\,n-1}$

图 6.3　对称矩阵的压缩存储

6.2.2　三角矩阵

以主对角线划分，三角矩阵有上三角和下三角两种。所谓 n 阶下（上）三角矩阵，是指上（下）三角（不包括主对角线）中的元素均为常数或零的 n 阶方阵。可以采用和对称矩阵类似的压缩存储方法来存储。三角矩阵中的重复元素 c 可共享一个存储空间，其余的元素正好有 $n(n+1)/2$ 个，可以用一维数组 sa[$n(n+1)/2+1$]作为 n 阶下（上）三角矩阵 A 的存储结构。

其中，常量 c 存放在数组的最后一个单元中，则当 A 为下三角矩阵时，任一元素 a_{ij} 和 sa[k]之间存在如下对应关系：

$$k = \begin{cases} \dfrac{i(i+1)}{2} + j & \text{当 } i \geq j \text{时} \\[2mm] \dfrac{n(n+1)}{2} & \text{当 } i < j \text{时} \end{cases} \qquad (6\text{-}4)$$

6.2.3　稀疏矩阵

什么是稀疏矩阵？简单地说，设矩阵 A_{mn} 中有 s 个非零元素，若 s 远远小于矩阵元素的总数（$s \ll m \times n$），则称 A 为稀疏矩阵。令 $e = s/(m \times n)$，称 e 为矩阵的稀疏因子。当用数组存储稀疏矩阵中元素时，仅有少部分空间被利用，造成空间的浪费。为节省存储空间，可以采用一种压缩的存储方法来表示稀疏矩阵的内容。由于非零元素的分布一般是没有规律的，因此在存储非零元素的同时，还必须记下元素所在的行和列的位置（i，j）。因此，稀疏矩阵 A 中的一个非零元素可由一个三元组（i，j，a_{ij}）唯一确定。

1．三元组表

假设非零元素的三元组以按行优先的原则顺序排列，一个稀疏矩阵就可转换成用一个对应的线性顺序表来表示，其中每个元素由一个上述的三元组构成，该线性表称为三元组表，记为（i，j，v）。其类型说明如下。

```
typedef  int  DataType;
#define maxsize  1000
Struct Triple {
int     i,j;                //非零元素的行、列号
    DataType  v;            //非零元素的值
};
class SparseMatrix{
        public:
```

```
int rows,cols,terms;              //稀疏矩阵的行数、列数和非零元素的个数
Triple data[maxsize];             //非零元素的三元组表
        public:
               SparseMatrix(int MaxRow,int Maxcol);   //构造函数
               SparseMatrix  Transmatrix( );          //转置
};
```

下面以矩阵的转置为例，说明在这种压缩存储结构上如何实现矩阵的运算。

一个 $m \times n$ 的矩阵 A，它的转置 B 是一个 $n \times m$ 的矩阵，且 $a[i][j]=b[j][i]$，$1 \leq i \leq m$，$1 \leq j \leq n$，即 A 的行是 B 的列，A 的列是 B 的行。例如，图 6.4（a）中稀疏矩阵 A 及其转置矩阵 B 可用图 6.4（b）所示的三元组表表示。

$$A_{4 \times 5} = \begin{bmatrix} 0 & 7 & 0 & 4 & 0 \\ 3 & 0 & 0 & 0 & 0 \\ 0 & 0 & 0 & 0 & 1 \\ 0 & 6 & 0 & 0 & 0 \end{bmatrix} \qquad B_{5 \times 4} = \begin{bmatrix} 0 & 3 & 0 & 0 \\ 7 & 0 & 0 & 6 \\ 0 & 0 & 0 & 0 \\ 4 & 0 & 0 & 0 \\ 0 & 0 & 1 & 0 \end{bmatrix}$$

（a）稀疏矩阵 A 及其转置矩阵 B

i	j	v
1	2	7
1	4	4
2	1	3
3	5	1
4	2	6

a.data

i	j	v
1	2	3
2	1	7
2	4	6
4	1	4
5	3	1

b.data

（b）稀疏矩阵 A 和 B 的三元组表示

图 6.4　稀疏矩阵的三元组表示

将 A 转置为 B，就是将 A 的三元组表 a.data 置换为表 B 的三元组表 b.data。如果只是简单地交换 a.data 中 i 和 j 的内容，那么得到的 b.data 将是一个按列优先顺序存储的稀疏矩阵 B。要得到按行优先顺序存储的 b.data，就必须重新排列三元组的顺序。有两种方法进行处理。

（1）第一种方法：跳着找，顺着存

由于 A 的列是 B 的行，因此按 a.data 的列序转置所得到的转置矩阵 B 的三元组表 b.data 必定是按行优先存放的。按这种方法设计的算法，其基本思想是：对 A 中的每一列 col（$1 \leq \text{col} \leq n$），通过从头至尾扫描三元组表 a.data，找出所有列号等于 col 的那些三元组，将它们的行号和列号互换后依次放入 b.data 中，即可得到 B 的按行优先的压缩存储表示。

具体算法如下。

```
SparseMatrix SparseMatrix::Transmatrix( )
{ //将稀疏矩阵 a(*this 指示)转置,结果在稀疏矩阵 b 中
    SparseMatrix b;                    //创建一个稀疏矩阵类对象 b
    b.rows= cols;                      //矩阵 b 的行数 = 矩阵 a 的列数
    b.cols= rows;                      //矩阵 b 的列数 = 矩阵 a 的行数
```

```
b.terms= terms;                        //矩阵 b 的非零元素数 = 矩阵 a 的非零元素数
if(b.terms>0)                          //非零元素个数不为零
{   int position=0;                    //存放位置指针
    for(col=1;col<=cols;col++)         //按列号作扫描，做 cols 趟
    for(p=0;p<terms;p++)               //在数据中找列号为 col 的三元组
      if(a.data[p].j==col)             //第 p 个三元组中元素的列号为 col
        {   b.data[posiotn].i=col;     //新三元组的行号
            b.data[position].j=data[p].i;   //新三元组的列号
            b.data[position].v=data[p].v;   //新三元组的值
            position++;                //位置指针增 1
        }
}
return b;
}
```

上述算法的主要工作是在 p 和 col 的两重循环中完成的，故算法的时间复杂度为 O(cols*terms)，即与矩阵的列数和非零元素的个数的乘积成正比。而一般传统矩阵的转置算法为：

```
for(col=1;col<=n;++col)
for(row=1;row<=m;++row)
        b[col][row]=a[row][col];
```

其时间复杂度为 O($n*m$)。当非零元素的个数 terms 和 $m*n$ 同数量级时，算法 transmatrix 的时间复杂度为 O($m*n^2$)。因此上述稀疏矩阵转置算法的时间大于非压缩存储的矩阵转置的时间。三元组顺序表虽然节省了存储空间，但时间复杂度比一般矩阵转置的算法还要复杂，同时还有可能增加此算法的难度。因此，此算法仅适用于 $t<<m*n$ 的情况。

（2）第二种方法：顺着找，跳着存

第一种方法中重复比较的次数比较多，为了节省时间，需要确定矩阵 A 中每一列第一个非零元素在 B 中应存储的位置。为了确定这个位置，在转置前应求得矩阵 A 中每列非零元素的个数。其算法思想为：对 A 扫描一次，按 A 第二列提供的列号一次确定位置装入 B 的三元组中。具体实施如下：一次扫描先确定三元组的位置关系，二次扫描由位置关系装入三元组。可见，位置关系是此种算法的关键。

为此需要附设两个一维数组 num 和 pot，num[j]表示矩阵 A 中的第 j 列非零元素个数，pot[j]表示 A 矩阵中第 j 列下一个非零元素在 B 中应存放的位置（初值为该列第一个非零元素在 B 中应存放的位置）。显然有

```
pot[1]=0
pot[j]=pot[j-1]+num[j-1]     2≤j≤cols
```

矩阵 A 的 num 和 pot 的数组元素值如表 6-1 所示。

表 6-1 　　　　　　　　　　　　矩阵 A 的向量 num 和 pot 的值

j	1	2	3	4	5
num[j]	1	2	0	1	1
pot[j]	0	1	3	3	4

有了这样一个数据表，就可以顺着 A 的三元组将非零元素跳着存入 B 的三元组中，所以第二种方法也称为顺着找，跳着存。快速转置算法如下。

```
SparseMatrix SparseMatrix::FastTranstri( )
{//将稀疏矩阵 a(*this 指示)做快速转置, 结果在稀疏矩阵 b 中
    int p,q,col,k;
    int num[cols+1],pot[cols+1];    //建立辅助数组
    SparseMatrix b;                 //创建一个稀疏矩阵类对象 b
    b.rows=cols; b.cols=rows; b.terms=terms;
    if(b.terms>0)
    {   for(col=1;col<=cols;++col) //对数组 num 初始化
            num[col]=0;
        for(k=0;k<terms;++k)        //计算 a 中每一列含非零元素的个数
            ++num[a.data[k].j];
        pot[1]=0;                   //计算矩阵 a 中第 col 列中第一个非零元素在 b 中的序号
        for(col=2;col<=cols;++col)
            pot[col]=pot[col-1]+num[col-1];
        for(p=0;p<=terms;++p)       //把 a 中每一个非零元素插入 b 中
        {    col=a.data[p].j;
             q=pot[col];
             b.data[q].i=a.data[p].j;
             b.data[q].j=a.data[p].i;
             b.data[q].v=a.data[p].v;
             ++pot[col];
        }
    }
    return  b;
}
```

该算法虽然多用了两个辅助向量空间, 但它的时间复杂度为 O(cols+terms), 比第一种方法要好。

2. 十字链表存储

三元组表是用顺序方法存储稀疏矩阵中的非零元素的。当非零元素的位置或个数经常变化时, 三元组表就不适合做稀疏矩阵的存储结构。例如, 两矩阵做加操作时, 会改变非零元素的个数; 用三元组表表示矩阵时, 元素的插入和删除会导致大量的结点移动。此时, 采用链式存储结构更为合适。

一般采用十字链表的链接存储方法。在该方法中, 稀疏矩阵的每个非零元素可用一个含 5 个域的结点表示, 结点结构信息如图 6.5 (a) 所示。除了表示非零元素所在的行、列和值的三元组 (i, j, v) 外, 还增加了两个链域: 指向本行中下一个非零元素的行指针域 right 和指向本列下一个非零元素的列指针域 down。同一行的非零元素通过 right 域链接成一个线性表, 同一列的非零元素通过 down 域链接成一个线性表。每个非零元素既是某个行链表中的一个结点, 又是某个列链表中的一个结点。整个矩阵构成了一个十字交叉的链表, 故称这样的链表为十字链表。

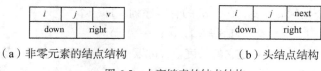

（a）非零元素的结点结构　　　　　（b）头结点结构

图 6.5　十字链表的结点结构

为便于操作, 在十字链表的行链表和列链表上设置行头结点、列头结点和十字链表头结点。它们采用和非零元素结点类似的结点结构, 具体如图 6.5 (b) 所示。其中行头结点和列头结点的 i 和 j 域值均为零; 行头结点的 right 指针指向该行链表的第一个结点, 它的 down 指针为空; 列头

结点的 down 指针指向该列链表的第一个结点，它的 right 指针为空。所有的行、列链表和它们对应的头结点链接成一个循环链表。十字链表头结点的 i 和 j 域分别存放稀疏矩阵的行数和列数，链表头结点的 next 指针指向行头结点链表中的第一行头结点，down 和 right 指针为 NULL。图 6.4 中稀疏矩阵 A 的十字链表如图 6.6 所示。

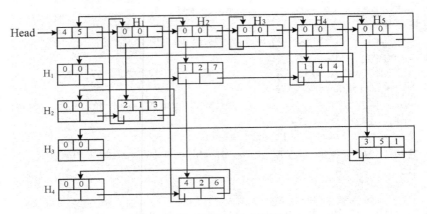

图 6.6　稀疏矩阵 A 的十字链表

由图 6.6 可知，每一个列链表的表头结点只需用到 down 指针，right 指针未用到，而每一个行链表的表头结点只需用到 right 指针，down 指针也未用到，因而在具体操作时可把这两组表头结点合并，即第 i 行链表和第 i 列链表共享一个表头结点 H_i。同时通过头结点的 next 指针可以把所有行链表（或列链表）的头结点链接成一个循环链表。有关十字链表的 C++定义及算法不再赘述，有兴趣的读者可参考有关资料。

6.3　广　义　表

广义表是线性表的一种推广。它是一种应用十分广泛的数据结构，常被广泛应用于人工智能等领域。

6.3.1　广义表的定义

在前面所述中，线性表中数据元素的类型必须是相同的，而且只能是原子项。如果允许表中的数据元素具有自身结构，即数据元素也可以是一个线性表，这就是广义表，有时也称之为列表（Lists）。

广义表是 $n(n \geqslant 0)$ 个元素 a_1，a_2，$\cdots$，a_n 的有限序列，即

$$\text{LS} = (a_1, a_2, \cdots, a_n)$$

其中，LS 是广义表的名称，n 是它的长度。a_i 可以是单个元素，也可以是广义表。若 a_i 是单个元素，则称它是广义表 LS 的原子；若 a_i 是广义表，则称它为 LS 的子表。当 LS 非空时，称第一个元素 a_1 为 LS 的表头（Head），其余元素组成的表（a_2，a_3，$\cdots$，a_n）为表尾（Tail）。请读者注意表头、表尾的定义。

由于在广义表的定义中又用到了广义表的概念，因而广义表是一个递归定义。一般约定大写字母表示广义表（或子表），小写字母表示单个元素（或原子）。下面列举一些广义表的例子。

$A = (\ )$：A 是一个空表，其长度为 0。

$B = (b, c)$：B 是一个长度为 2 的列表。

$C = (a, (d, e, f))$：C 是一个长度为 2 的列表，其中第一个元素是原子 a，第二个元素是子表(d, e, f)。

$D = (A, B, C)$：D 是一个长度为 3 的列表，其中 3 个元素都是子表。

$E = (a, E)$：E 是一个长度为 2 的列表，它是一个递归表。

广义表可以用图形象地表示，如上述例子可以用图 6.7 表示。图中用圆圈表示广义表，用方块表示原子。

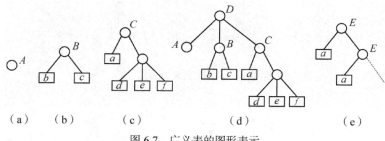

（a）　　　（b）　　　（c）　　　　　（d）　　　　　（e）

图 6.7　广义表的图形表示

由广义表的定义可以推导出以下 4 个结论。

① 由于广义表中的元素可以是原子也可以是子表，因此广义表是一个多层次结构。

② 广义表是可以共享的。例如在上述例子中，广义表 B 是 D 的子表。

③ 广义表可以是其本身的一个子表，因此广义表允许递归。例如在上述例子中，广义表 E 是一个递归表。

④ 广义表的元素之间除了存在次序关系之外，还存在层次关系。把广义表展开后所包含的括号层数称为广义表的深度。例如，广义表 C 的深度为 2，E 的深度为 ∞。

6.3.2　广义表的存储

由于广义表（a_1，a_2，$\cdots$，a_n）中的元素不是同一类型，可以是原子元素，也可以是子表，因此很难用顺序结构存储。通常采用模拟线性链式存储方法来存储广义表。广义表中的每个元素由一个结点表示。该结点既可表示原子元素，又可表示子表。为区分两者，可用一个标志位 tag 来区分。结点的结构可设计为如下形式。

当 tag=0 时，原子结点由标志域、值域构成；当 tag=1 时，表结点由标志域、指向表头的指针域和指向表尾的指针域三部分构成。其形式定义如下。

```
typedef Struct GenNode{
  int tag;
  Union{
    DataType data;
    Struct{
      Struct GenNode *hp,*tp;}ptr;
```

```
    }
};
class Glist {
  Public:
    GenNode *first;
    int depth(GenNode *ls);              //求广义表的深度
    int equal(GenNode *s,GenNode *t);
    Glist(){first=Null};                 //构造函数
    ~Glist();                            //析构函数
    GenNode *GetHead();                  //取广义表表头
    GenNode *GetTail();                  //取广义表表尾
    GenNode *GetFirst();                 //取广义表的第一个元素
    GenNode *GetNext(GenNode *elem);     //取广义表的元素 elem 后继
};
```

上述所列举的几个广义表，其存储结构如图 6.8 所示。

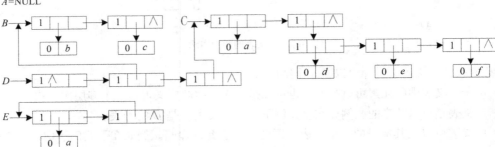

图 6.8　广义表的存储结构示例

6.3.3　广义表基本操作的实现

由于广义表是对线性表的推广，因此广义表上的操作也有查找、取元素、插入和删除等基本操作。在此介绍广义表的几个特殊的基本操作，主要有取表头、取表尾和求广义表的深度等操作。

1. 取广义表表头 GetHead()和取广义表表尾 GetTail()

任何一个非空广义表的表头是表中第一个元素，它可能是原子，也可能是广义表，而其表尾必定是广义表。例如图 6.7 中广义表 B、C、D 的表头和表尾分别为：

B. GetHead()=b   B. GetTail()=(c)

C. GetHead()=a   C. GetTail()=((d,e,f))

D. GetHead()=A   D. GetTail()=(B,C)

取广义表的表头算法如下。

```
GenNode *Glist::GetHead()
{ //若广义表非空,则返回指向第一个元素的指针,否则返回空
   if(first==NULL||first->tag==0)
   { cout << "空表或是单个原子"<<endl;
      return null;
   }
   return first->ptr.hp;
}
```

取广义表的表尾算法如下。

```
GenNode  *Glist::GetTail()
{  //空表或是单个原子,函数无意义,否则返回表尾指针
    if(first==NULL||first->tag==0)
    {   cout << "空表或是单个原子"<<endl;
        return null;
    }
    return first->ptr.tp;
}
```

值得注意的是，广义表()和（()）是不同的。前者长度 n 为 0，表示一个空表；后者长度 n 为 1，表示一个有一个空表的广义表，它可以分解得到表头和表尾，均是空表()。

2. 求广义表的深度

广义表的深度是指广义表中所含括号的重数。

设非空广义表为

$$LS = (a_1, \ a_2, \ \cdots, \ a_n)$$

其中，a_i（$i=1, 2, \cdots, n$）或为原子，或为 LS 的子表。求广义表 LS 的深度可用递归算法来处理，具体过程为：把原问题转换为求 n 个子问题 a_i 的深度，LS 的深度为各 a_i（$i=1, 2, \cdots, n$）的深度中最大值加 1。对于每个子问题 a_i（$i=1, 2, \cdots, n$），若 a_i 是原子，则由定义知其深度为 0；若 a_i 是空表，其深度为 1；若 a_i 是非空广义表，则采用和上述同样的方法处理。

由此可见，求广义表深度的算法如下。

```
int Glist::depth(GenNode *ls)           //递归计算广义表的深度
{       if(ls ==NULL)return 1;          //ls 是空表
        GenNode *tmp=ls;
        if(tmp->tag==0)return 0
        int  max=0;
        while(tmp!=NULL)                //ls 是非空的广义表
        {   dep=depth(tmp->ptr.hp);     //a_i 的深度
            if(dep>max)max=dep;
            tmp=tmp->ptr.tp;
        }
        return(max+1);                  //返回表的深度
}
```

上述算法的执行过程实质上是遍历广义表的过程，在遍历中首先求得各子表的深度，然后综合得到广义表的深度。

本章小结

数组是由个数固定、类型相同的数据元素组成的。每个元素在数组中的位置由它的下标决定。在数组的顺序存储中，数组分为以行为主序和以列为主序的存储方式。因此对于数组而言，一旦给定了它的维数和各维的长度，便可为它分配存储空间，并且可求出任何数组元素的存储地址。

在特殊矩阵中，有些元素或者相同元素的分布有一定的规律。为节省空间，可对这些元素不

分配存储单元或只分配一个存储单元。对三角矩阵、对称矩阵来说，可以用一维数组实现它们的压缩存储，以达到节省存储空间的目的。因此，实现特殊矩阵压缩存储的关键是找出它们之间的变换对应关系。

稀疏矩阵是非零元素很少且分布没有一定规律的矩阵，其压缩存储可采用顺序结构存储非零元三元组和基于链式存储结构的十字链表方式。在压缩方式下，矩阵运算如何实现则是矩阵压缩存储重点讨论的问题。本章中着重介绍了在三元组表存储方式下的转置运算算法的实现方法。

广义表是线性表的一种扩充，是数据元素的有限序列。理解广义表是一种具有递归特性的数据结构，其物理结构主要采用链式结构存储。在广义表的链式存储结构中有两种结点：用以表示广义表的表结点和用以表示原子元素的原子结点。广义表上的常用操作有查找、取元素、插入、删除、取表头、取表尾和求广义表的深度等。

习　题

一、选择题

1. 设有一个 10 阶的对称矩阵 A，采用压缩存储方式，以行序为主存储，a_{11} 为第一个元素，其存储地址为 1，每个元素占一个地址空间，则 a_{85} 的地址为（　　）。

    A. 13　　　　　　B. 33　　　　　　C. 18　　　　　　D. 40

2. 设有数组 $A[i, j]$，数组的每个元素长度为 3 字节，i 的值为 1 到 8，j 的值为 1 到 10，数组从内存首地址 BA 开始顺次存放。当以列为主存放时，元素 $A[5, 8]$ 的存储首地址为（　　）。

    A. $BA+141$　　　B. $BA+180$　　　C. $BA+222$　　　D. $BA+225$

3. 将一个 $A[1\cdots100, 1\cdots100]$ 的三对角矩阵，按行优先存入一维数组 $B[1\cdots298]$ 中，A 中元素 A_{6665}（该元素下标 $i=66$，$j=65$），在 B 数组中的位置 K 为（　　）。

    A. 198　　　　　　B. 195　　　　　　C. 197

4. 若对 n 阶对称矩阵 A 以行序为主序方式将其下三角形的元素（包括主对角线上所有元素）依次存放于一维数组 $B[1\cdots(n(n+1))/2]$ 中，则在 B 中确定 $a_{ij}(i<j)$ 的位置 k 的关系为（　　）。

    A. $i*(i-1)/2+j$　　B. $j*(j-1)/2+i$　　C. $i*(i+1)/2+j$　　D. $j*(j+1)/2+i$

5. 设二维数组 $A[1\cdots m, 1\cdots n]$（m 行 n 列）按行存储在数组 $B[1\cdots m*n]$ 中，则二维数组元素 $A[i, j]$ 在一维数组 B 中的下标为（　　）。

    A. $(i-1)*n+j$　　B. $(i-1)*n+j-1$　　C. $i*(j-1)$　　D. $j*m+i-1$

6. 对稀疏矩阵进行压缩存储的目的是（　　）。

    A. 便于进行矩阵运算　　　　　　　　B. 便于输入和输出

    C. 节省存储空间　　　　　　　　　　D. 降低运算的时间复杂度

7. 已知广义表 L=$((x, y, z), a, (u, t, w))$，从 L 表中取出原子项 t 的运算是（　　）。

    A. head(tail(tail(L)))　　　　　　　　B. tail(head(head(tail(L))))

    C. head(tail(head(tail(L))))　　　　　D. head(tail(head(tail(tail(L)))))

8. 广义表 $((a, b, c, d))$ 的表头是（　　），表尾是（　　）。

    A. a　　　　　　B. ()　　　　　　C. (a, b, c, d)　　D. (b, c, d)

二、判断题

1. 数组不适合作为任何二叉树的存储结构。　　　　　　　　　　　　　　（　　）

2. 从逻辑结构上看，n 维数组的每个元素均属于 n 个向量。　　　　　（　　　）

3. 稀疏矩阵压缩存储后，必会失去随机存取功能。　　　　　　　　　（　　　）

4. 数组是同类型值的集合。　　　　　　　　　　　　　　　　　　　（　　　）

5. 数组可看成线性结构的一种推广，因此与线性表一样，可以对它进行插入、删除等操作。　　　　　　　　　　　　　　　　　　　　　　　　　　（　　　）

6. 一个稀疏矩阵 $A_{m \times n}$ 采用三元组形式表示，若把三元组中有关行下标与列下标的值互换，并把 m 和 n 的值互换，则完成了 $A_{m \times n}$ 的转置运算。　　　　（　　　）

7. 二维以上的数组其实是一种特殊的广义表。　　　　　　　　　　　（　　　）

8. 广义表取表尾运算，其结果通常是个表，但有时也可以是个单元素值。（　　　）

9. 若一个广义表的表头为空表，则此广义表亦为空表。　　　　　　　（　　　）

10. 广义表中的元素或者是一个不可分割的原子，或者是一个非空的广义表。（　　　）

三、填空题

1. 设有 50 行的二维数组 $A[50][60]$，其元素长度为 4 字节，按行优先顺序存储，基地址为 200，则元素 $A[18][25]$ 的存储地址为_____。

2. 一个稀疏矩阵为 $\begin{bmatrix} 0 & 0 & 2 & 0 \\ 3 & 0 & 0 & 0 \\ 0 & 0 & -1 & 5 \\ 0 & 0 & 0 & 0 \end{bmatrix}$，则对应的三元组线性表为 ((_____)，(_____)，(_____)，

(_____))。

3. 设广义表 L=(( )，( ))，则 head（L）是_____，tail（L）是_____，L 的长度是_____。

4. 广义表（a，b，（c，（d）））的表尾是_____。

5. 数组的存储结构采用_____存储方式。

6. 所谓稀疏矩阵，指的是_____。

7. 对矩阵压缩是为了_____。

四、应用题

1. 数组 $A[1\cdots8, -2\cdots6, 0\cdots6]$ 以行为主序存储，设第一个元素的首地址是 78，每个元素的长度为 4，试求元素 $A[4, 2, 3]$ 的存储首地址。

2. 利用三元组存储任意稀疏数组时，在什么条件下才能节省存储空间？

3. 特殊矩阵和稀疏矩阵哪一种压缩存储后失去随机存取的功能？为什么？

4. 上三角阵 $A(N \times N)$ 按行主序压缩存放在数组 B 中，其中 $A[i,j]=B[k]$。写出用 i, j 表示的 k。

5. 已知 A 为稀疏矩阵，试从时间和空间角度比较采用两种不同的存储结构（二维数组和三元组表）实现求 $\sum a(i,j)$ 运算的优缺点。

6. 什么是广义表？请简述广义表和线性表的主要区别。

7. 画出下列广义表的存储结构图，并利用取表头和取表尾的操作分离出原子 e。

$$(a, (( ), b), (((e))))$$

8. 画出下列广义表的存储结构图，求出表的深度，并用 GetHead 和 GetTail 操作分离出原子 e。

L=(((a)), (b)，c，(a)，(((d, e))))

L=((x, a)，(x, a，(b, e))，y)

L=(a, ((), b) , (((e))))

五、算法设计题

1. 设稀疏矩阵 $M_{m×n}$ 中有 t 个零元素，用三元组表的方式存储。设计一个算法，计算矩阵 M 的转置矩阵 N，且算法的时间复杂度为 $0(n+t)$。

2. 已知 $A[n]$ 为整数数组，试写出实现下列运算的递归算法。

（1）求数组 A 中的最大整数。

（2）求 n 个整数的和。

（3）求 n 个整数的平均值。

3. 试设计一个算法，将数组 $A[n]$ 划分为左、右两部分，使得左边所有元素均为奇数，右边所有元素均为偶数。

4. 已知两个稀疏矩阵 A 和 B，其行数和列数均对应相等。编写一个函数，计算 A 和 B 之和，假设稀疏矩阵采用三元组表示。

5. 已知两个稀疏矩阵 A 和 B，其行数和列数均对应相等。编写一个函数，计算 A 和 B 之和，假设稀疏矩阵采用十字链表表示。

6. 广义表具有可共享性，因此在遍历一个广义表时必须为每个结点增加一个标志域 mark，以记录该结点是否访问过。一旦某一个共享的子表结点被作了访问标志，以后就不再访问它。

（1）试定义该广义表的类结构。

（2）采用递归的算法对一个非递归的广义表进行遍历。

（3）试使用一个栈，实现一个非递归算法，对一个非递归广义表进行遍历。

7. 编写一个函数计算一个广义表的长度，例如，一个广义表为 $(a, (b, c), ((e)))$，其长度为 3。

第7章
树和二叉树

教学提示： 前面几章介绍的数据结构都属于线性结构。线性结构的特点是数据逻辑关系简单，主要应用于对客观世界具有单一前驱和单一后继的数据关系进行描述和处理。而现实世界中许多数据的关系并非如此简单。如人类社会的家谱、各种社会组织机构、博弈、交通等，这些事物或过程的数据关系比较复杂，用线性结构难以把其中的逻辑关系表达出来，必须借助于《离散数学》中介绍的树和图这样的非线性结构。树结构和图结构是现实世界许多问题模型的抽象表示。

树型结构（包括树和二叉树）是一种非常重要的非线性结构。所描述的数据具有明显的层次关系，其中的每个元素最多只有一个前驱（或父辈），但可能有多个后继（或后代）。由于树型结构中的各子结构与整个结构具有相似的特性，因而其算法大多采用递归形式，这就要求初学者首先掌握好递归设计方法。

教学目标： 理解并掌握树和二叉树的基本概念和基本性质，掌握树与二叉树的存储结构及其遍历算法，并学会应用遍历算法的基本思想解决具体问题，理解二叉树的线索化及其实质，掌握在各种线索树中查找给定结点的前驱和后继的方法，了解哈夫曼树的特性，掌握建立最优二叉树和哈夫曼编码的方法。

7.1 树的基本概念

树结构从自然界中的树抽象而来，有树根、类似树叉的分支关系以及作为终端结点的叶子等。下面先了解树的基本概念。

7.1.1 树的定义及其表示

1. 树的定义

树（Tree）是 $n(n \geqslant 0)$ 个有限数据元素的集合。当 $n=0$ 时，称这棵树为空树。在一棵非空树 T 中，

（1）有一个特殊的数据元素，称为树的根结点。根结点没有前驱结点。

（2）若 $n>1$，除根结点之外的其余数据元素被分成 $m(m>0)$ 个互不相交的集合 T_1，T_2，$\cdots$，T_m，其中每一个集合 T_i（$1 \leqslant i \leqslant m$）本身又是一棵树。树 T_1，T_2，$\cdots$，T_m 称为这个根结点的子树。

可以看出，在树的定义中用了递归概念，即用树来定义树。因此，树结构的许多算法都使用递归方法。

图 7.1（a）是一棵具有 9 个结点的树，即 $T=\{A, B, C, \cdots, H, I\}$，结点 A 为树 T 的根结点，除根结点 A 之外的其余结点分为两个不相交的集合：$T_1=\{B, D, E, F, H, I\}$ 和 $T_2=\{C,$

G}，T_1 和 T_2 构成了结点 A 的两棵子树，T_1 和 T_2 本身也分别是一棵树。例如，子树 T_1 的根结点为 B，其余结点又分为 3 个不相交的集合：$T_{11} = \{D\}$，$T_{12} = \{E，H，I\}$ 和 $T_{13} = \{F\}$。T_{11}、T_{12} 和 T_{13} 构成了子树 T_1 的根结点 B 的 3 棵子树。如此可继续向下分为更小的子树，直到每棵子树只有一个根结点为止。

从树的定义和图 7.1（a）的示例可以看出，树具有下面两个特点。

（1）树的根结点没有前驱结点，除根结点之外的所有结点有且只有一个前驱结点。

（2）树中所有结点可以有 0 个或多个后继结点。

由此特点可知，图 7.1（b）、（c）、（d）所示的都不是树结构。

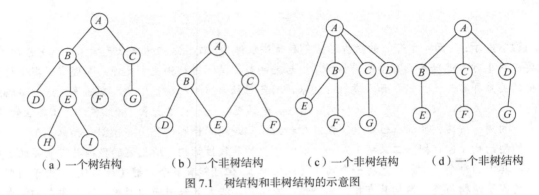

（a）一个树结构　　　　（b）一个非树结构　　　（c）一个非树结构　　　（d）一个非树结构

图 7.1　树结构和非树结构的示意图

2. 树的表示方法

（1）直观表示法

树的直观表示法是以倒着的分支树的形式表示。图 7.1（a）就是一棵树的直观表示。其特点是对树的逻辑结构的描述非常直观，是数据结构中最常用的树的描述方法。

（2）嵌套集合表示法

所谓嵌套集合，是指一些集合的集体，对于其中任何两个集合，或者不相交，或者一个包含另一个。用嵌套集合的形式表示树，就是将根结点视为一个大的集合，其若干棵子树构成这个大集合中若干个互不相交的子集，如此嵌套下去，即构成一棵树的嵌套集合表示。图 7.2（a）就是一棵树的嵌套集合表示。

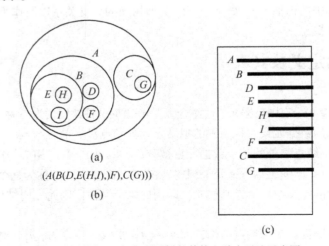

(a)

$(A(B(D,E(H,I),)F),C(G)))$

(b)

(c)

图 7.2　对图 7.1（a）所示树的其他 3 种表示法示意图

（3）凹入表示法

树的凹入表示法如图 7.2（c）所示。它如同书的目录结构，树的凹入表示法主要用于树的屏幕显示和打印输出。

（4）广义表表示法

树用广义表表示，就是将根作为由子树森林（下面有定义）组成的表的名字写在表的左边，这样依次将树表示出来。图 7.2（b）就是一棵树的广义表表示。

7.1.2　基本术语

下面给出与树有关的术语。

结点的度：结点的分支数。

终端结点（叶子）：度为 0 的结点。

非终端结点：度不为 0 的结点。

结点的层次：树中根结点的层次为 1，根结点子树的根为第 2 层，以此类推。

树的度：树中所有结点度的最大值。

树的深度：树中所有结点层次的最大值。

有序树、无序树：如果树中每棵子树从左向右的排列拥有一定的顺序，不得互换，则称为有序树；否则称为无序树。

森林：m（$m \geqslant 0$）棵互不相交的树的集合。

在树结构中，结点之间的关系又可以用家族关系描述，定义如下。

孩子、双亲：结点子树的根称为这个结点的孩子，而这个结点又被称为孩子的双亲。

子孙：以某结点为根的子树中的所有结点都被称为该结点的子孙。

祖先：从根结点到该结点路径上的所有结点。

兄弟：同一个双亲的孩子之间互为兄弟。

堂兄弟：双亲在同一层的结点互为堂兄弟。

7.2　二　叉　树

7.2.1　二叉树的定义

二叉树是另一种树型结构。它与树型结构的区别如下。

（1）每个结点最多有两棵子树。

二叉树结构的图形表示示例如图 7.3 所示。

（2）子树有左右之分。

二叉树也可以用递归的形式定义，即二叉树是 n（$n \geqslant 0$）个结点的有限集合。当 $n=0$ 时，称为空二叉树；当 $n>0$ 时，有且仅有一个结点为二叉树的根，其余结点被分成两个互不相交的子集，一个作为左子集，另一个作为右子集，每个子集又是一个二叉树。

二叉树的 5 种基本形态如图 7.4 所示。

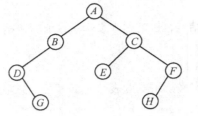

图 7.3 二叉树结构的图形表示示例

图 7.4 二叉树的 5 种基本形态

7.2.2 二叉树的性质

二叉树具有下列 5 个重要的性质。

【性质 1】 在二叉树的第 i 层上最多有 2^{i-1} 个结点（$i \geq 1$）。

二叉树的第 1 层只有一个根结点，所以，$i=1$ 时，$2^{i-1}=2^{1-1}=2^0=1$ 成立。

假设对所有的 j，$1 \leq j < i$ 成立，即第 j 层上最多有 2^{j-1} 个结点成立，则当 $i=j+1$ 时，由于在二叉树中，每个结点的度最大为 2，所以可以推导出第 i 层最多的结点个数就是第 $i-1$ 层最多结点个数的 2 倍，即 $2^{j-1} \times 2 = 2^{i-2} \times 2 = 2^{i-1}$。由数学归纳法证明命题成立。

【性质 2】 深度为 K 的二叉树最多有 $2^K - 1$ 个结点（$K \geq 1$）。

证明：由性质 1 可以得出，1 至 K 层各层最多的结点个数分别为 $2^0, 2^1, 2^2, 2^3, \cdots, 2^{K-1}$。这是一个以 2 为比值的等比数列，前 n 项之和的计算公式为

$$S_n = \frac{a_1 - a_n \times q}{1 - q}$$

$$= \frac{2^0 - 2^{K-1} \times 2}{1 - 2} = 2^K - 1$$

其中 a_1 为第一项，a_n 为第 n 项，q 为比值。

【性质 3】 对于任意一棵二叉树 BT，如果度为 0 的结点个数为 n_0，度为 2 的结点个数为 n_2，则 $n_0 = n_2 + 1$。

证明：假设度为 1 的结点个数为 n_1，结点总数为 n，B 为二叉树中的分支数。

因为在二叉树中，所有结点的度均小于或等于 2，所以结点总数为

$$n = n_0 + n_1 + n_2 \tag{7-1}$$

再查看一下分支数。在二叉树中，除根结点之外，每个结点都有一个从上向下的分支指向，所以，总的结点个数 n 与分支数 B 之间的关系为 $n = B + 1$。

又因为在二叉树中，度为 1 的结点产生 1 个分支，度为 2 的结点产生 2 个分支，所以分支数 B 可以表示为 $B = n_1 + 2n_2$。

将此式代入式（7-1），得

$$n = n_1 + 2n_2 + 1 \tag{7-2}$$

用式（7-1）减去式（7-2），并经过调整后得到

$$n_0 = n_2 + 1$$

满二叉树的定义：如果一个深度为 K 的二叉树拥有 $2^K - 1$ 个结点，则将它称为满二叉树，如图 7.5 所示。

完全二叉树的定义：有一棵深度为 h、具有 n 个结点的二叉树，若将它与一棵同深度的满二

叉树中的所有结点按从上到下、从左到右的顺序分别进行编号，且该二叉树中的每个结点分别与满二叉树中编号为 1～n 的结点位置一一对应，则称这棵二叉树为完全二叉树。

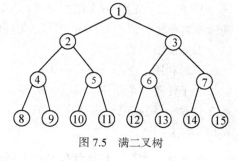

图 7.5　满二叉树

【性质 4】　具有 n 个结点的完全二叉树的深度为 $[\log_2 n]+1$。其中 $[\log_2 n]$ 的结果是不大于 $\log_2 n$ 的最大整数。

证明：假设具有 n 个结点的完全二叉树的深度为 K，则根据性质 2 可以得出

$$2^{K-1}-1 < n \leqslant 2^K - 1$$

将不等式两端加 1 得到

$$2^{K-1} \leqslant n < 2^K$$

将不等式中的 3 项同取以 2 为底的对数，并经过化简后得到

$$K-1 \leqslant \log_2 n < K$$

由此可以得到

$$[\log_2 n] = K - 1$$

整理后得到

$$K = [\log_2 n] + 1$$

【性质 5】　对于有 n 个结点的完全二叉树中的所有结点按从上到下、从左到右的顺序进行编号，则对任意一个结点 i（$1 \leqslant i \leqslant n$），都有

① 如果 i=1，则结点 i 是这棵完全二叉树的根，没有双亲；否则，其双亲结点的编号为 $\lfloor i/2 \rfloor$。

② 如果 2i>n，则结点 i 没有左孩子；否则，其左孩子结点的编号为 2i。

③ 如果 2i+1>n，则结点 i 没有右孩子；否则，其右孩子结点的编号为 2i+1。

下面利用数学归纳法证明这个性质。

证明：首先证明②和③。

当 i=1 时，若 n≥3，则根的左、右孩子的编号分别是 2、3。若 n<3，则根没有右孩子；若 n<2，则根将没有左、右孩子。以上对于②和③均成立。

假设对于所有的 $1 \leqslant j \leqslant i$，结论成立，即结点 j 的左孩子编号为 2j，右孩子编号为 2j+1。

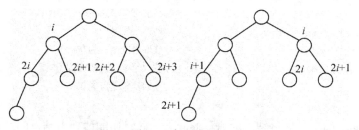

图 7.6　完全二叉树

由完全二叉树的结构（见图 7.6）可以看出，结点 i+1 或者与结点 i 同层且紧邻 i 结点的右侧，或者 i 位于某层的最右端，i+1 位于下一层的最左端。

可以看出，i+1 的左、右孩子紧邻在结点 i 的孩子后面。由于结点 i 的左、右孩子编号分别为 2i 和 2i+1，所以，结点 i+1 的左、右孩子编号分别为 2i+2 和 2i+3。提取公因式后可以得到：2(i+1) 和 2(i+1)+1，即结点 i+1 的左孩子编号为 2(i+1)，右孩子编号为 2(i+1)+1。

又因为二叉树由 n 个结点组成，所以，当 $2(i+1)+1>n$ 且 $2(i+1)=n$ 时，结点 $i+1$ 只有左孩子，而没有右孩子；当 $2(i+1)>n$ 时，结点 $i+1$ 既没有左孩子也没有右孩子。

以上证明得到②和③成立。

下面利用上面的结论证明①。

对于任意一个结点 i，若 $2i \leqslant n$，则左孩子的编号为 $2i$；反过来，结点 $2i$ 的双亲就是 i，而 $[2i/2]=i$。若 $2i+1 \leqslant n$，则右孩子的编号为 $2i+1$；反过来，结点 $2i+1$ 的双亲就是 i，而 $[(2i+1)/2]=i$。由此可以得出①成立。

7.2.3　二叉树的存储结构

二叉树通常采用两种存储方式：顺序存储结构和链式存储结构。

1. 顺序存储结构

二叉树是非线性结构，一般情况下用顺序存储难以表达出数据之间的逻辑关系。然而，当二叉树是完全二叉树时，可用顺序存储结构。其存储形式为：用一组连续的存储单元按照完全二叉树的每个结点编号的顺序存放结点内容。图 7.7 和图 7.8 是一棵完全二叉树及其相应的存储结构。

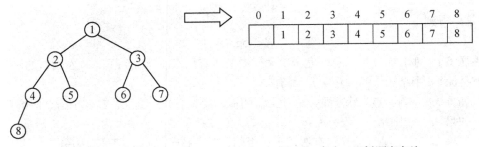

图 7.7　完全二叉树顺序　　　　　　　　　图 7.8　完全二叉树顺序存放

在 C++语言中，这种存储形式的类型定义如下。

```
#define maxsize 100
class QbTree {
public:
    DataType elem[maxsize];        //根存储在下标为 1 的数组单元中
    int n;                         //当前完全二叉树的结点个数
    void CreateBTree(int m);       //构造一棵完全二叉树
    int LeftCHild(int i);          //获取给定结点的左孩子
    int RightChild(int i);         //获取给定结点的右孩子
    int Parent(int i);             //获取给定结点的双亲
}
```

这种顺序存储结构不仅能将结点的值存储起来，同时还能体现出结点间的关系（父子关系及兄弟关系）。例如，编号为 i 的结点存储在数组中下标为 i 的元素中，由性质 5 可知，其左孩子结点在数组中的元素的下标为 $2i$（若存在的话），右孩子下标为 $2i+1$（若存在的话），其父结点的下标为（$i/2$）（若存在的话）。这种存储结构的特点是空间利用率高、寻找孩子和双亲比较容易。

2. 链式存储结构

顺序存储虽然方便，但也存在问题。若二叉树不是完全二叉树，则为了体现出这种关系，就不得不空出许多元素，这就造成了空间的浪费。极端情况下，仅有 n 个结点的二叉树，却需要 2^n-1

个元素空间（请描述这样的二叉树的形式），这显然是不能接受的。对二叉树而言，最常用的存储结构是链式存储结构。

二叉链表结点结构如图 7.9 所示。

Leftchild	data	Rightchild

图 7.9　二叉链表结点结构

其中，Leftchild 和 Rightchild 是分别指向该结点左孩子和右孩子的指针，data 是数据元素的内容。

显然，一个二叉链表由头指针唯一确定。若二叉树为空，则 root=NULL；若结点的某个孩子不存在，则相应的指针为空。在一个具有 N 个结点的二叉树中，共有 $2N$ 个指针域，其中只有 $N-1$ 个用来指示结点的左孩子和右孩子，其他的 $N+1$ 个指针域为空。请读者思考为什么。

图 7.10 所示的是一棵二叉树及相应的二叉链式存储结构。

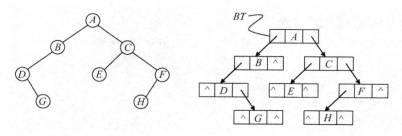

图 7.10　一棵二叉树及相应的二叉链式存储结构

这种存储结构的特点是寻找孩子结点容易，寻找双亲比较困难。因此，若需要频繁地寻找双亲，可以给每个结点添加一个指向双亲结点的指针域，其结点结构如图 7.11 所示。

Leftchild	data	Rightchild	Parent

图 7.11　三叉链表结点结构

下面介绍二叉树在链式存储结构下的 C++定义及算法实现。

7.2.4　二叉树抽象数据类型

1．二叉树的抽象数据类型

```
typedef   int  DataType
Class BinTreeNode {
public:
   DataType data;
   BinTreeNode  * leftChild;
   BinTreeNode  * rightChild;
   BinTreeNode( ){leftChild=NULL;rightChild=NULL; }
                                     //构造函数，构造一个空结点
};
class BinaryTree {
public:
BinTreeNode *root;
BinaryTree(){root=NULL;}
~BinaryTree(){DeleteTree();}
bool InsertLeft(BinTreeNode * current,DataType  x);
                      //将元素 x 插入作为 current 所指结点的左孩子
bool InsertRight(BinTreeNode * current,DataType  x);
```

```
                                             //将元素 x 插入作为 current 所指结点的右孩子
    void Preorder(BinTreeNode *current);         //先序遍历
    void InOrder(BinTreeNode *current);          //中序遍历
    void Postorder(BinTreeNode *current);        //后序遍历
    BinTreeNode * Find(BinTreeNode *current,DataType x);
                                             //搜索值为 x 的结点
    void Destroy(BinTreeNode * current);         //删除指定子树
    void DeleteTree(){Destroy(root);root=NULL;} //删除整棵树
    bool IsEmpty( ){ return root == NULL }       //判树空否
    BinTreeNode *CreatBinTree() ;                //创建一棵二叉树
    };
```

2. 二叉树部分成员函数的实现

```
bool  BinaryTree:: InsertLeft(BinTreeNode * current,DataType  item)
                                             //插入左孩子
{
    if(current==NULL)return false;
    BinTreeNode *p=new BinTreeNode;
    p->data=item;
    current->leftChild=p;
    return true;
}
bool  BinaryTree:: InsertRight(BinTreeNode * current,DataType  item)
                                             //插入右孩子
{
    if(current==NULL)return false;
    BinTreeNode *p=new BinTreeNode;
    p->data=item;
    current->rightChild=p;
    return true;
}
void BinaryTree :: destroy(BinTreeNode *current)
                                             //删除指定子树
{
    if(current != NULL){
        destroy(current -> leftChild);
        destroy(current -> rightChild);
        delete current;
    }
}
BinTreeNode  * BinaryTree :: Find(BinTreeNode *current,DataType x)
                                             //搜索值为 x 的结点
{
if(current==NULL)return NULL;
if(current->data==x)return current;
BinTreeNode *p=Find(current->leftChild);
if(p!=NULL)
return p;
else
return Find(current->rightChild);
}
```

7.3 遍历二叉树

二叉树是一种非线性的数据结构。在对它进行操作时，总是需要对每个数据元素逐一处理，由此提出了二叉树的遍历操作。所谓遍历二叉树，就是按某种顺序访问二叉树中的每个结点一次且仅一次的过程。这里的访问可以是输出、比较、更新、查看元素内容等各种操作。二叉树的遍历方式分为两大类：一类按根、左子树和右子树三部分进行访问；另一类按层次访问。前者遍历二叉树的顺序存在下面 6 种可能。

      TLR（根左右），TRL（根右左）

      LTR（左根右），RTL（右根左）

      LRT（左右根），RLT（右左根）

其中，TRL、RTL 和 RLT 3 种顺序在左右子树之间均是先右子树后左子树，这与人们先左后右的习惯不同，因此，往往不予采用。余下的 3 种顺序 TLR、LTR 和 LRT 根据根访问的位置不同，分别被称为先序遍历（或者前序遍历）、中序遍历和后序遍历。由此可以看出：

① 遍历操作实际上是将非线性结构线性化的过程，其结果为线性序列，并根据采用的遍历顺序分别称为先序序列、中序序列和后序序列；

② 遍历子树的方法和遍历整棵树的方法一致，因此遍历操作是一个递归的过程，这 3 种遍历操作的算法可以用递归函数实现。

一棵二叉树及其经过 3 种遍历得到的相应序列如图 7.12 所示。

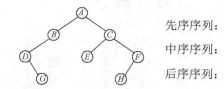

先序序列：   *ABDGCEFH*

中序序列：   *DGBAECHF*

后序序列：   *GDBEHFCA*

图 7.12　二叉树的 3 种遍历应用

下面分别讨论遍历算法的实现。

7.3.1　先序遍历

1. 先序遍历的基本思想

若二叉树为空，则结束遍历操作；否则

① 访问根结点；

② 先序遍历根的左子树；

③ 先序遍历根的右子树。

2. 先序遍历的递归算法

```
void BinaryTree :: PreOrder(BinTreeNode * current)
{
    if(current != NULL){
        cout << current->data;              //输出此结点内容
        Preorder(current->leftChild);       //遍历左子树
```

```
        Preorder(current->rightChild);    //遍历右子树
    }
}
```

这个递归算法简单明了，这里用输出结点内容 cout << current->data 作为对访问到的结点所进行的加工处理。当然，也可以对当前访问到的结点做各种其他处理，只要将这条语句换成相应的处理函数就可以。另外，将这条语句的位置调整就能得到中序或者后序遍历的算法。下面讨论遍历的非递归算法。

3. 利用栈的先序遍历的非递归算法

顺着二叉树的根结点从左孩子可以一直往下访问，但如何访问到各个结点的右孩子？这需要将访问过的结点记录下来。根据遍历的定义，显然后记录（存储）的结点先处理，所以必须用栈。

```
void BinaryTree :: PreOrder(BinTreeNode *p= root)//带默认参数值 root，注意：此函数没有在
类中声明
{
    SeqStack    S;                          //见第4章顺序栈，不同的是栈内存储的元素是指针
    while(p ||!S.Empty_Stack( ))
        if(p){
            cout << p->data << endl;
            S.Push _Stack(p);               //预留p指针在栈中
            p = p->leftChild;
        }
        else {
            S.Pop_Stack(p);
            p = p->rightChild;
        }                                   //左子树为空，进右子树
}
```

7.3.2　中序遍历

1. 中序遍历的基本思想

若二叉树为空，则结束遍历操作；否则
① 中序遍历根结点的左子树；
② 访问根结点；
③ 中序遍历根结点的右子树。

2. 中序遍历的递归算法

```
void BinaryTree  :: InOrder(BinTreeNode *current)
{
    if(current != NULL){
        InOrder(current->leftChild);
        cout << current->data;
        InOrder(current->rightChild);
    }
}
```

3. 利用栈的中序遍历的非递归算法

```
void BinaryTree:: InOrder(BinTreeNode *p= root)//带默认参数值 root，注意：此函数没有在类
中声明
{
```

```
SeqStack    S;                    //见第4章顺序栈，不同的是栈内存储的元素是指针
while(p||!S.Empty_Stack( ))
    if(p){
        S.Push _Stack(p);        //预留p指针在栈中
        p = p->leftChild;
    }
    else {
        S.Pop_Stack(p);
        cout << p->data << endl;
        p = p->rightChild;
    }                             //左子树为空，进右子树
}
```

7.3.3 后序遍历

1. 后序遍历的基本思想
若二叉树为空，则结束遍历操作；否则
（1）后序遍历根结点的左子树；
（2）后序遍历根结点的右子树；
（3）访问根结点。

2. 后序遍历的递归算法
```
void BinaryTree :: PostOrder(BinTreeNode  * current)
{
    if(current != NULL){
        PostOrder(current->leftChild);
        PostOrder(current->rightChild);
        cout << current->data;
    }
}
```

3. 利用栈的后序遍历的非递归算法
仔细观察可能会发现，在先序遍历及中序遍历中，每个结点只有一次进栈和一次出栈；而在后序遍历中，每个结点在第一次出栈后，还需再次入栈，也就是说，结点要入两次栈、出两次栈，而访问结点是在第二次出栈时进行。因此，为了区别同一个结点指针的两次出栈，设置一标志 flag，令

$$\text{flag} = \begin{cases} 0 & \text{第一次出栈，结点不能访问} \\ 1 & \text{第二次出栈，结点可以访问} \end{cases}$$

当结点指针进、出栈时，其标志 flag 也同时进、出栈。

```
void BinaryTree :: PostOrder(BinTreeNode *p= root)//带默认参数值root，注意：此函数没有在
类中声明
{
    SeqStack  s1;    //s1栈存放结点指针
    SeqStack  s2;    //s2栈存放标志flag
    int flag;
    while(p ||!s1.Empty_Stack( ))
    {
     if(p){
       flag=0;
```

```
        s1.Push_Stack(p);              //当前 p 指针第一次进栈
        s2.Push_Stack(flag);           //标志 flag 进栈
        p = p->leftChild;
    }
    else {
        s1.Pop_Stack(p);               //p 指针出栈
        s2.Pop_Stack(flag);            //标志 flag 出栈
        if(flag==0) {
            flag=1;
            s1.Push_Stack(p);          //当前 p 指针第二次进栈
            s2.Push_Stack(flag);       //标志 flag 进栈
            p = p->rightChild;
        }                              //左子树为空，进右子树
        else {                         //flag 为 1 说明是第二次出栈，访问结点
                cout << p->data << endl;
                p=NULL;                //请读者思考：为什么要把 p 赋空？
        }
    }
  }
}
```

7.3.4 按层次遍历二叉树

按层次遍历二叉树的实现方法为从上层到下层，每层中从左侧到右侧依次访问每个结点。二叉树按层次顺序访问其中每个结点的遍历序列如图 7.13 所示。

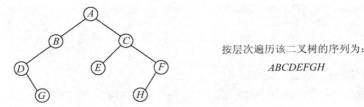

按层次遍历该二叉树的序列为：

ABCDEFGH

图 7.13　按层次遍历二叉树

二叉树用链式存储结构表示时，按层遍历的实现访问过程描述如下。

① 访问根结点，并将该结点记录下来。

② 若记录的所有结点都已处理完毕，则结束遍历操作；否则重复下列操作。

③ 取出记录中第一个还没有访问孩子的结点，若它有左孩子，则访问左孩子，并记录下来；若它有右孩子，则访问右孩子，并记录下来。

显然，在这个算法中，存取记录应按照先进先出原则，因此需要使用一个队列结构完成这项操作。所谓记录访问结点，就是入队操作；而取出记录的结点就是出队操作。这样，该算法就可以描述成下列形式。

（1）访问根结点，并将根结点入队；

（2）当队列不空时，重复下列操作：

① 从队列退出一个结点；

② 若其有左孩子，则访问左孩子，并将其左孩子入队；

③ 若其有右孩子，则访问右孩子，并将其右孩子入队。

以上算法的 C++描述，请读者自己动手编写。

7.3.5　遍历算法的应用举例

如前所述，遍历算法中对每个结点进行一次访问操作，而访问结点的操作可以是多种形式，如输出结点的值。利用这一特点，适当修改访问操作的内容，便可得到许多问题的求解算法。下面给出几个例子。

1.　计算二叉树的结点个数

本题有多种求解方法，常见的算法有两种。

算法一：在中序（或先序、后序）遍历算法中对遍历到的结点进行计数，算法如下。

```
void BinaryTree :: InOrder(BinTreeNode *current=root)
{
    if(current != NULL){
        InOrder(current->leftChild);
        cout << current->data;
        count=count+1;                    //count 是全局变量,调用前赋 0
        InOrder(current->rightChild);
    }
}
```

算法二：将一棵二叉树看成由树根、左子树和右子树 3 部分组成，所以总的结点数是这 3 部分的结点数之和，树根的结点数或者是 1 或者是 0（为空时），而求左、右子树结点数的方法与求整棵二叉树结点数的方法相同，可用递归方法。算法如下。

```
int BinaryTree:: Count(BinTreeNode *current=root)
{
    int lcount,rcount;
    if(current==NULL)return 0;
    lcount=Count(current->leftChild);
    rcount=Count(current->rightChild);
    return  lcount+rcount+1;
}
```

如果计算二叉树叶子个数或者度为 1 的结点数，算法和上述类似。请读者思考如何修改。

2.　计算二叉树的高度

二叉树的高度是左、右子树的最大高度加 1，所以必须先求二叉树左、右子树的高度。而左、右子树高度的求解方法和整棵二叉树高度的求解方法一致，因而可以用递归方法。

```
int BinaryTree :: Height(BinTreeNode * current=root)
{
    if(current == NULL)return 0;
    else
      return Max(Height(current->leftChild),Height(current
      ->rightChild))+1;
}
```

3.　已知一棵二叉树采用链式存储结构，要求将此二叉树复制成另外一棵二叉树

二叉树的基本元素有 3 种：根结点、左子树、右子树。因此，复制二叉树也就是复制二叉树的 3 种基本元素。本算法采用先序遍历的思想：先复制根结点，后复制左、右子树，最后返回二叉树的根的地址。复制左、右子树的方法和复制整棵二叉树的方法一致。

```
BinTreeNode * BinaryTree ::copyTree(BinTreeNode *t=root)
{
  if(t==NULL)  return(NULL);
  BinTreeNode *p=new BinTreeNode;
  p->data=t->data;
  p->leftChild =copyTree(t->leftChild);
  p->rightChild =copyTree(t->rightChild);
  return p;
}
```

4. 创建二叉链表存储的二叉树

设创建时，按二叉树带空指针的先序次序输入结点值，结点值类型为字符型。CreateBinTree（BinaryTree *T）是以二叉链表为存储结构建立一棵二叉树 T 的存储。设建立时的输入序列为：$AB0D00CE00F00$。如图 7.14 所示，按先序遍历次序输入，其中 0 表示空结点。

算法实现如下。

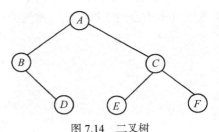

图 7.14　二叉树

```
BinTreeNode * BinaryTree ::CreateBinTree()
{                               //以加入结点的先序序列输入，构造二叉链表
    char ch;
    BinTreeNode  *T
        cin>>ch;
        if(ch=='0')
    T=NULL;                     //读入 0 时，将相应结点置空
    else {
    T=new  BinTreeNode;         //生成结点空间
    T->data=ch;
    T->leftchild =CreateBinTree();
                                //构造二叉树的左子树
    T->rightchild =CreateBinTree();
                                //构造二叉树的右子树
    }
    return T;
}
```

7.4　线索二叉树

7.4.1　线索的概念

在二叉树中经常会求解某结点在某种次序下的前驱或后继结点，各结点在每种次序下的前驱、后继的差异较大。例如，图 7.15 中的二叉树的结点 D 在先序次序中的前驱、后继分别是 C、E；在中序次序中的前驱、后继分别是 E、F；在后序次序中的前驱、后继分别是 F、B。这种差异使得求解较为麻烦。

如何实现这一问题的快速求解？对此有以下几种方法。

（1）遍历——通过指定次序的遍历发现结点的前驱或后继。例如，为求图 7.15 中结点 D 的先序前驱，则对整个二叉树先序遍历，看看哪个结点之后是结点 D，则该结点就是 D 的先序前驱。以同样的方式可求出各结点在各种次序下的前驱和后继。由于这类方法太费时间（因为对每个结点的求解都要从头开始遍历二叉树），因此此不宜采用。

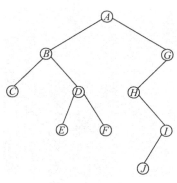

图 7.15　二叉树

（2）增设前驱和后继指针——在每个结点中增设两个指针，分别指示该结点在指定次序下的前驱或后继。这样，就可使前驱和后继的求解较为方便，但这是以空间开销为代价的。是否存在既能少花费时间，又不用花费多余空间的方法呢？下面要介绍的第三种方法就是一种尝试。

（3）利用二叉链表中的空指针域，将二叉链表中的空的指针域改为指向其前驱和后继。具体地说，就是将二叉树各结点中的空的左孩子指针域改为指向其前驱，空的右孩子指针域改为指向其后继。称这种新的指针为（前驱或后继）线索，所得到的二叉树被称为线索二叉树，将二叉树转变成线索二叉树的过程称为线索化。线索二叉树根据所选择的次序可分为先序、中序和后序线索二叉树。

例如，图 7.15 中二叉树的先序线索二叉树的二叉链表结构如图 7.16（a）所示，其中线索用虚线表示。

然而，仅仅按照这种方式简单地修改指针的值还不行，因为这将导致难以区分二叉链表中各结点的孩子指针和线索（虽然由图中可以"直观"地区分出来，但在算法中却不行）。例如，图7.16（a）中结点 C 的 lchild 指针域所指向的结点是其左孩子还是其前驱？为此，在每个结点中需再引入两个区分标志 ltag 和 rtag，并且约定如下。

ltag=0：lchild 指示该结点的左孩子。

ltag=1：lchild 指示该结点的前驱。

rtag=0：rchild 指示该结点的右孩子。

rtag=1：rchild 指示该结点的后继。

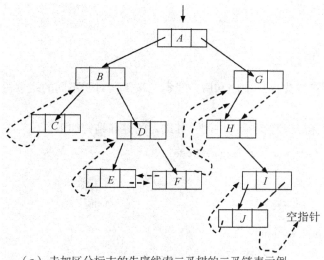

（a）未加区分标志的先序线索二叉树的二叉链表示例

图 7.16　线索二叉树的二叉链表形式示例

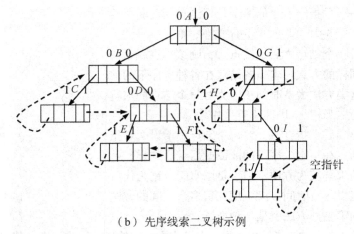

（b）先序线索二叉树示例

图 7.16 线索二叉树的二叉链表形式示例（续）

这样一来，图 7.16（a）中的二叉链表就变成了图 7.16（b）。这就是线索二叉树的内部存储结构形式。

为简便起见，通常将线索二叉树画成如图 7.17 所示的形式。

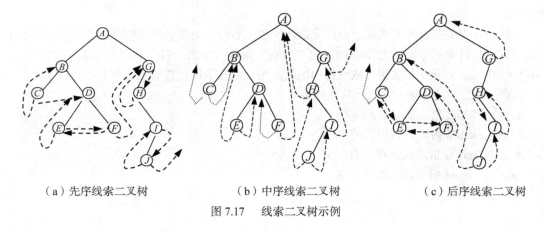

（a）先序线索二叉树　　　　　（b）中序线索二叉树　　　　　（c）后序线索二叉树

图 7.17 线索二叉树示例

7.4.2 线索的描述

由于线索二叉树存在先序、中序和后序线索二叉树，对于不同的线索树，其后继结点查找情况各不相同。

这里仅以中序线索二叉树为重点讲解。其结点的存储结构如下。

```cpp
class ThreadNode : public BinTreeNode {
public:
    int ltag,rtag;                        //左右标志
    ThreadNode( );{ltag=0;rtag=0; }       //默认构造函数
};
class ThreadTree
{
public:
    ThreadNode *root;                     //根结点指针
```

```
      ThreadTree( ){ root=NULL;};               //构造函数
   ～ ThreadTree( ){ DeleteTree(root);};         //析构函数
  void DeleteTree(ThreadNode * root);           //删除线索化二叉树
  void InThread(ThreadNode * root);             //非递归中序线索化二叉树
  void InThread(ThreadNode * root,ThreadNode  *pre);
                                                //递归中序线索化二叉树
  void Inorder(ThreadNode * root);              //中序遍历中序线索化二叉树
  };
```

7.4.3　线索的算法实现

给定一棵二叉树，要将其按中序线索化，具体做法是按中序遍历算法遍历此二叉树，在遍历的过程中用线索化来代替空指针。与二叉树的中序遍历算法类似，二叉树的线索化过程可以按递归和非递归算法来实现。

下面以中序线索二叉树为例，讨论线索二叉树的建立和遍历的实现算法。

1．建立中序线索二叉树

建立线索二叉树，或者说对二叉树线索化，实质上就是遍历一棵二叉树。在遍历过程中，访问结点的操作是检查当前结点的左、右指针域是否为空，如果为空，将它们改为指向前驱结点或后继结点的线索。为实现这一过程，设指针 pre 始终指向刚访问过的结点，即若指针 root 指向当前结点，则 pre 指向它的前驱，以便增设线索。

```
void ThreadTree::InThread(TheadNode  * root)    //递归中序线索化二叉树
{
  static TheadNode * pre=NULL;
  if(root!=NULL)
  {  InThread(root->leftchild,pre);             //中序线索化左子树
    if(root->leftchild==NULL)
    {                                           //建立前驱线索
    root->ltag=1;
    root->leftchild=pre;
    }
    if((pre)&&(pre->rightchild==NULL)
    {                                           //建立后继线索
    pre->rtag=1;    pre->rightchild=root;
    }
    pre=root;
    InThread(root->rightchild,pre);             //中序线索化右子树
  }
}
```

文中下划线部分的程序是对当前遍历到的结点进行线索化。将此算法和中序遍历的递归算法进行比较，得出结论：二叉树中序线索化算法实质就是中序遍历算法。根据前面遍历二叉树的知识，读者应该很容易解决如下问题。

（1）如何实现二叉树的先序线索化算法（或后序线索化算法）？

（2）如何实现各种线索化的非递归算法？

2．中序线索二叉树的遍历算法

对二叉树进行遍历，如采用递归方法，则系统会利用栈保存调用时的中间变量或返回地址等

信息。如采用非递归算法，则设计者需要自定义一个或多个栈保存必要的信息。对链式存储的二叉树进行遍历能不能不用栈？通过对线索二叉树进行分析可以发现，在先序和中序线索二叉树中，任一结点的后继很容易找到，不需要其他信息，更不需要栈。例如，在中序线索二叉树中，先找到中序遍历到的第一个结点，然后找此结点的后继，再找后继的后继，以此类推，直到所有结点被遍历到。以下是该算法的描述。

```
void ThreadTree::InOrder(TheadNode * root)
                                    //对中序线索二叉树进行中序遍历
{ Threadode * p;
  if(root==NULL)return;             //是否为空树
  p=root;
  while(p->ltag==0)p=p->leftchild;  //找最左下角的结点
  while(p){                         //访问当前结点并找出当前结点的
                                    //中序后继
      visit(p->data);              //访问当前结点
  p= InPostNode(p);                //寻找 p 的后继，此函数后面有描述
  }
}
```

7.4.4 线索二叉树上的运算

1. 在中序线索二叉树上查找任意结点的中序前驱结点

对于中序线索二叉树上的任一结点，寻找其中序的前驱结点，有以下两种情况。

（1）如果该结点的左标志为 1，那么其左指针域所指向的结点便是它的前驱结点。

（2）如果该结点的左标志为 0，则表明该结点有左孩子。根据中序遍历的定义，它的前驱结点是以该结点的左孩子为根结点的子树的最右结点，即沿着其左孩子的右指针链向下查找，当某结点的右标志为 1 时，它就是所要找的前驱结点。

在中序线索二叉树上寻找结点 p 的中序前驱结点的算法如下。

```
ThreadNode *  ThreadTree::InPreNode(ThreadNode  * p)
{                             //在中序线索二叉树上查找结点 p 的中序前驱结点
  ThreadNode * pre;
  pre=p->leftchild;
  if(p->ltag!=1)
  while(pre->rtag==0)pre= pre->rightchild;
  return(pre);
}
```

2. 在中序线索二叉树上查找任意结点的中序后继结点

对于中序线索二叉树上的任一结点，寻找其中序的后继结点，有以下两种情况。

（1）如果该结点的右标志为 1，那么其右指针域所指向的结点便是它的后继结点。

（2）如果该结点的右标志为 0，则表明该结点有右孩子。根据中序遍历的定义，它的后继结点是以该结点的右孩子为根结点的子树的最左结点，即沿着其右孩子的左指针链向下查找，当某结点的左标志为 1 时，它就是所要找的后继结点。

在中序线索二叉树上寻找结点 p 的中序后继结点的算法如下。

```
ThreadNode *  ThreadTree::InPostNode(ThreadNode  * p)
{                             //在中序线索二叉树上寻找结点 p 的中序后继结点
```

```
ThreadNode   * post;
post=p->rightchild;
if(p->rtag!=1)
while(post->ltag==0)post=post->leftchild;
return(post);
}
```

以上给出的仅是在中序线索二叉树中寻找某结点的前驱结点和后继结点的算法。在先序线索二叉树中寻找结点的后继结点，以及在后序线索二叉树中寻找结点的前驱结点，可以采用同样的方法分析和实现。

值得注意的是，在先序线索二叉树中寻找某结点的前驱结点及在后序线索二叉树中寻找某结点的后继结点不太方便，必须知道某结点的双亲才能求解。

3. 在中序线索二叉树上查找值为 x 的结点

利用在中序线索二叉树上寻找后继结点和前驱结点的算法，就可以遍历到二叉树的所有结点。例如，先找到按某序遍历的第一个结点，再依次查询其后继；或先找到按某序遍历的最后一个结点，再依次查询其前驱。这样，既不用栈也不用递归，就可以访问到二叉树的所有结点。

在中序线索二叉树上查找值为 x 的结点，实质上就是在线索二叉树上进行遍历，边编历边比较。下面给出其算法。

```
ThreadNode  * ThreadTree:: Search(ThreadNode * root,DataType  x)
{                      //在以 root 为头结点的中序线索二叉树中查找值为 x 的结点
   ThreadNode *p;
   if(root==NULL)   return NULL;
   p=root;
     while(p->ltag==0)   p=p->lchild;
     while(p&& p->data!=x)p=InPostNode(p);
     if(!p){
         cout<<"Not Found the data! "<<endl;
         return NULL;
     }
     else  return p;
}
```

4. 在中序线索二叉树上的更新

线索二叉树的更新，是指在线索二叉树中插入一个结点或者删除一个结点。一般情况下，这些操作有可能破坏原来已有的线索，因此，在修改指针时，还需要对线索做相应的修改。一般来说，这个过程的代价几乎与重新进行线索化相同。这里仅讨论一种比较简单的情况，即在中序线索二叉树中插入一个结点 p，使它成为结点 s 的右孩子。

下面分两种情况来分析。

① 若 s 的右子树为空，如图 7.18（a）所示，则插入结点 p 之后成为图 7.18（b）所示的情形。在这种情况下，s 的后继将成为 p 的中序后继，s 成为 p 的中序前驱，而 p 成为 s 的右孩子。二叉树中其他部分的指针和线索不发生变化。

② 若 s 的右子树非空，如图 7.19（a）所示，插入结点 p 之后如图 7.19（b）所示。s 原来的右子树变成 p 的右子树。由于 p 没有左子树，故 s 成为 p 的中序前驱，p 成为 s 的右孩子。又由于 s 原来的后继成为 p 的后继，因此还要将 s 原来的后继的左线索（原指向 s）改为指向 p。

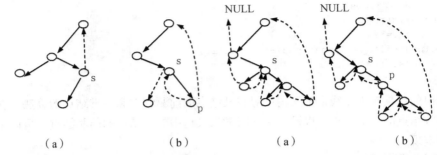

（a）　　　　　　　（b）　　　　　　　（a）　　　　　　　（b）

图 7.18　中序线索二叉树更新位置右子树为空　　图 7.19　中序线索二叉树更新位置右子树不为空

下面给出上述操作的算法。

```
void ThreadTree ::InsertThrRight(ThreadNode *s,ThreadNode *p)
{                           //在中序线索二叉树中插入结点 p，使其成为结点 s 的右孩子
    ThreadNode  w;
    p->rchild=s->rchild;
    p->rtag=s->rtag;
    p->lchild=s;
    p->ltag=1;              //将 s 变为 p 的中序前驱
    s->rchild=p;
    s->rtag=0;              //p 成为 s 的右孩子
    if(p->rtag==0){
                            //当 s 原来右子树不空时，找到 s 的后继 w，变 w 为 p 的后继，
                            //p 为 w 的前驱
        w=InPostNode(p);
        w->lchild=p;
    }
}
```

7.5　树　与　森　林

前面主要讨论了二叉树的存储及运算，然而现实中许多数据关系都是以树结构出现的。

7.5.1　树的存储结构

1. 双亲表示法
树的双亲表示法主要描述的是结点的双亲关系，如图 7.20 所示。

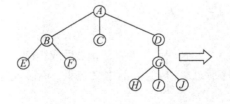

下标	info	parent
0	A	−1
1	B	0
2	C	0
3	D	0
4	E	1
5	F	1
6	G	3
7	H	6
8	I	6
9	J	6

图 7.20　树的双亲表示法

C++类型定义：

```
#define MAXSIZE 100
class TreeNode {
public:
 DataType  data;
   int parent;
} ;
class Tree {
 public:
TreeNode elem[MAXSIZE];
    int  n;                          //树中当前的结点数目
}Tree;
```

从图 7.20 可看出，这种表示法采用的是顺序存储。它的特点是寻找结点的双亲很容易，但寻找结点的孩子比较困难。

2. 孩子表示法

孩子表示法主要描述的是结点的孩子关系。由于每个结点的孩子个数不定，所以利用链式存储结构更加适宜。对每个结点建立一个链表，链表中的元素就是头结点的孩子。n 个结点就有 n 个链表，如何管理这些链表呢？最好的方法是将这些链表的头结点放在一个一维数组中。图 7.20 所示的树可存储为图 7.21。

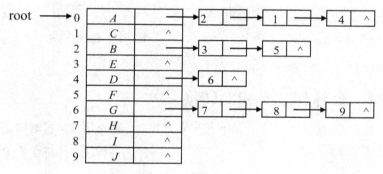

图 7.21　孩子表示法

该存储结构用 C++描述如下。

```
const int MAXSIZE=100            //MAXSIZE 为数组最大容量
class link{
public:
  int child;                     //孩子序号
  link *next;                    //下一个孩子指针
};
class node{
public:
  DataType  data;                //结点信息
  link *first;                   //指向第一个孩子
};
class tree{
public:
  int n                          //结点个数
```

```
        node T[MAXSIZE];
   };
```

从图 7.21 中可看出，对每个结点建立一个链表，所有链表的表头用顺序存储结构。这种存储结构的特点是寻找某个结点的孩子比较容易，但寻找双亲比较麻烦。所以，在必要的时候，可以将双亲表示法和孩子表示法结合起来，即将一维数组元素增加一个表示双亲结点的域 parent，用来指示结点的双亲在一维数组中的位置。

3. 孩子兄弟表示法

孩子兄弟表示法也是一种链式存储结构。它通过描述每个结点的一个孩子和兄弟信息来反映结点之间的层次关系，其结点结构如图 7.22 所示。

其中，firstchild 为指向该结点第一个孩子的指针，nextbrother 为指向该结点的下一个兄弟，elem 是数据元素内容。图 7.20 所示的树可存储为图 7.23。

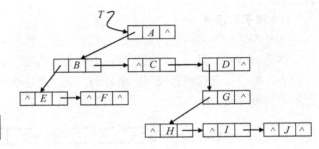

firstchild	elem	nextbrother

图 7.22　树孩子兄弟表示法结点结构　　　　图 7.23　树孩子兄弟表示法

这种存储结构和二叉树的链式存储基本一致。

7.5.2　树、森林和二叉树的转换

从树的孩子兄弟表示法可以看到，如果设定一定规则，就可用二叉树结构表示树和森林。这样，对树的操作实现就可以借助二叉树存储，利用二叉树上的操作来实现。本小节将讨论树、森林与二叉树之间的转换方法。

1. 树转换为二叉树

对于一棵无序树，树中结点的各孩子的次序是无关紧要的，而二叉树中结点的左、右孩子结点是有区别的。为避免发生混淆，约定树中每一个结点的孩子结点按从左到右的次序编号。如图 7.24 所示的一棵树，根结点 A 有 B、C、D 3 个孩子，可以认为结点 B 为 A 的第一个孩子结点，结点 C 为 A 的第二个孩子结点，结点 D 为 A 的第三个孩子结点。

将一棵树转换为二叉树的方法如下。

（1）树中所有相邻兄弟之间加一条连线。

（2）对树中的每个结点，只保留它与第一个孩子结点之间的连线，删去它与其他孩子结点之间的连线。

（3）以树的根结点为轴心，将整棵树顺时针转动一定的角度，使之结构层次分明。

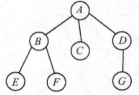

图 7.24　一棵树

可以证明，树进行这样的转换所构成的二叉树是唯一的。图 7.25（a）、（b）、（c）给出了图 7.24 所示的树转换为二叉树的转换过程示意图。

由上面的转换可以看出，在二叉树中，左分支上的各结点在原来的树中是父子关系，而右分

支上的各结点在原来的树中是兄弟关系。由于树的根结点没有兄弟，所以变换后的二叉树的根结点的右孩子必为空。

事实上，一棵树采用孩子兄弟表示法所建立的存储结构与它所对应的二叉树的二叉链表存储结构是完全相同的。

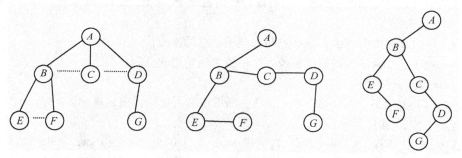

（a）相邻兄弟加连线　　（b）删去双亲与其他孩子的连线　　（c）转换后的二叉树

图 7.25　由图 7.24 所示的树转换为二叉树的过程示意图

2. 森林转换为二叉树

由森林的概念可知，森林是若干棵树的集合。只要将森林中各棵树的根视为兄弟，每棵树又可以用二叉树表示。这样，森林也同样可以用二叉树表示。

森林转换为二叉树的方法如下。

① 将森林中的每棵树转换成相应的二叉树。

② 第一棵二叉树不动，从第二棵二叉树开始，依次把后一棵二叉树的根结点作为前一棵二叉树根结点的右孩子。当所有二叉树连起来后，此时所得到的二叉树就是由森林转换得到的二叉树。

这一方法可形式化描述为：

如果 $F = \{T_1, T_2, \cdots, T_m\}$ 是森林，则可按如下规则转换成一棵二叉树 $B = (\text{root}, \text{LB}, \text{RB})$。

① 若 F 为空，即 $m = 0$，则 B 为空树。

② 若 F 非空，即 $m \neq 0$，则 B 的根 root 即为森林中第一棵树的根 $\text{Root}(T_1)$；B 的左子树 LB 是从 T_1 中根结点的子树森林 $F_1 = \{T_{11}, T_{12}, \cdots, T_{1m}\}$ 转换而成的二叉树；其右子树 RB 是从森林 $F' = \{T_2, T_3, \cdots, T_m\}$ 转换而成的二叉树。

图 7.26 所示为森林及其转换为二叉树的过程。

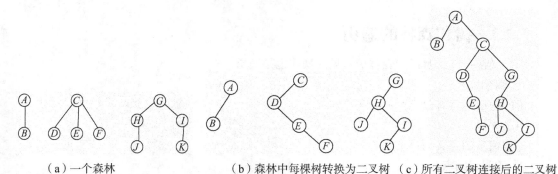

（a）一个森林　　　　　　（b）森林中每棵树转换为二叉树　（c）所有二叉树连接后的二叉树

图 7.26　森林及其转换为二叉树的过程示意图

3. 二叉树转换为树和森林

树和森林都可以转换为二叉树。二者不同的是，树转换成的二叉树，其根结点无右分支，而森林转换后的二叉树，其根结点有右分支。显然，这一转换过程是可逆的，即可以依据二叉树的根结点有无右分支，将一棵二叉树还原为树或森林，具体方法如下。

① 若某结点是其双亲的左孩子，则把该结点的右孩子、右孩子的右孩子……都与该结点的双亲结点用线连起来；

② 删去原二叉树中所有的双亲结点与右孩子结点的连线；

③ 整理由①、②两步所得到的树或森林，使之结构层次分明。

这一方法可形式化描述为：

如果 $B = (\text{root}, \text{LB}, \text{RB})$ 是一棵二叉树，则可按如下规则转换成森林 $F = \{T_1, T_2, \cdots, T_m\}$。

① 若 B 为空，则 F 为空；

② 若 B 非空，则森林中第一棵树 T_1 的根 $\text{root}(T_1)$ 即为 B 的根 root；T_1 中根结点的子树森林 F_1 是由 B 的左子树 LB 转换而成的森林；F 中除 T_1 之外的树组成的森林 $F = \{T_2, T_3, \cdots, T_m\}$ 是由 B 的右子树 RB 转换而成的森林。

图 7.27 为一棵二叉树还原为森林的过程示意图。

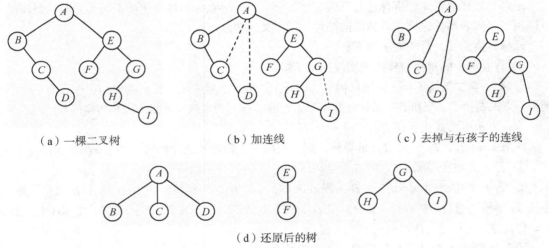

（a）一棵二叉树　　　　　（b）加连线　　　　　（c）去掉与右孩子的连线

（d）还原后的树

图 7.27　二叉树还原为森林的过程示意图

7.5.3　树和森林的遍历

同二叉树一样，对树和森林最常见的操作也是遍历。

1. 树的遍历

树的遍历通常有以下两种方式。

（1）先根遍历

先根遍历的定义为：

① 访问根结点；

② 按照从左到右的顺序先根遍历根结点的每一棵子树。

按照树的先根遍历的定义，对图 7.24 所示的树进行先根遍历，得到的结果序列为：

$$A\ B\ E\ F\ C\ D\ G$$

（2）后根遍历

后根遍历的定义为：

① 按照从左到右的顺序后根遍历根结点的每一棵子树。

② 访问根结点。

按照树的后根遍历的定义，对图 7.24 所示的树进行后根遍历，得到的结果序列为：

$$E\ F\ B\ C\ G\ D\ A$$

根据树与二叉树的转换关系以及树和二叉树的遍历定义可以推知，树的先根遍历与其转换的相应二叉树的先序遍历的结果序列相同；树的后根遍历与其转换的相应二叉树的中序遍历的结果序列相同。因此，树的遍历算法是可以采用相应二叉树的遍历算法来实现的。

2. 森林的遍历

森林的遍历有前序遍历和后序遍历两种方式。

（1）前序遍历

前序遍历的定义为：

① 访问森林中第一棵树的根结点；

② 前序遍历第一棵树的根结点的子树；

③ 前序遍历去掉第一棵树后的子森林。

（2）后序遍历

后序遍历的定义为：

① 后序遍历第一棵树的根结点的子树；

② 访问森林中第一棵树的根结点；

③ 后序遍历去掉第一棵树后的子森林。

这两种遍历方法基于树的遍历，具体的例子不再给出。

7.6　哈夫曼树

在学习本节内容之前，先处理一个实际问题：

在某通信系统中，要发送由 A，B，C，D 4 个字符组成的信息，A 出现的频率为 0.5，B 出现的频率为 0.25，C 出现的频率为 0.1，D 出现的频率为 0.15。如何对 A、B、C、D 4 个字符进行编码，才使总的编码长度最短？

分析：对于该问题，很容易想到用 2 位等长的二进制数（0/1）。其具体表示方法如表 7-1 所示。

表 7-1　　　　　　　　　　等长编码

字　　符	字　符　编　码
A	00
B	01
C	10
D	11

其对应的二叉树如图 7.28 所示。

在 10 000 次通信过程中，通信传输的长度为 20 000 个 bit。

假定按表 7-2 不等长编码进行通信，如图 7.29 所示，则通信传输的长度为多少？

表 7-2 不等长编码

字　符	字 符 编 码
A	0
B	10
C	110
D	111

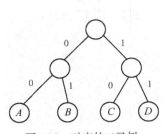

图 7.28 对应的二叉树

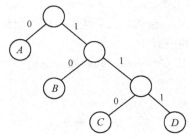

图 7.29 树

长度 $L=(1\times0.5+2\times0.25+3\times0.1+3\times0.15)\times10\,000=14\,500$ 个 bit。

结果分析：显然，后面一种编码方案是非常节约通信带宽的。因为通信过程中出现较多次数的字符采用较短的编码，而出现次数较少的字符则采用较长的编码。

为什么不同的编码方案会出现不同的结果？如何编码能够使得存储效率高？下面就这些问题展开讨论，首先介绍有关哈夫曼树的基本术语和基本概念。

7.6.1　基本术语

路径：从树中一个结点到另一个结点之间的分支构成两个结点之间的路径。

路径长度：路径上的分支数目。

树的路径长度：根结点到每个叶子结点的路径长度之和。图 7.28 中定义的二叉树的路径长度为 8。

树的带权路径长度：树中所有叶子结点的带权路径长度之和，记作 $WPL=\sum_{i=1}^{m}w_il_i$，其中，w_i 是第 i 个叶子结点的权值，l_i 为从根到第 i 个叶子结点的路径长度，m 为树的叶子结点的个数。

最优二叉树：设有 m 个权值 $\{w_1, w_2, \cdots, w_m\}$，构造一棵有 m 个叶子结点的二叉树，第 i 个叶子结点的权值为 w_i，则带权路径长度 WPL 最小的二叉树被称作**最优二叉树（哈夫曼树）**。

【例 7.1】 给定权为 $\{3, 4, 9, 15\}$，则可构造出不同的二叉树（叶子结点有权值），如图 7.30 所示。它们的带权路径长度分别为：

（1） $WPL=9\times1+15\times2+(3+4)\times3=60$；

（2） $WPL=15\times1+9\times2+(3+4)\times3=54$；

（3） $WPL=4\times1+15\times2+(3+9)\times3=70$。

图 7.30（b）的 WPL 最小，能否找到比这个值更小的二叉树呢？答案是否定的，因此图 7.30（b）所示的二叉树就是最优二叉树（或者叫哈夫曼树）。哈夫曼树应用十分广泛，哈夫曼算法也是数据压缩最基本的算法之一。

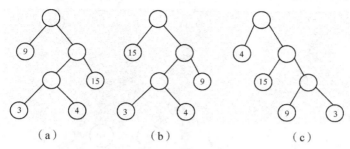

（a）　　　　　　　　（b）　　　　　　　　（c）

图 7.30　几种不同的二叉树

7.6.2　哈夫曼树的建立

1952 年，D.A.Huffman 针对如何减少通信系统中字符编码所需的二进制位长度，提出用于产生不定长的前缀码算法（所谓前缀编码，是指任一编码都不是其他编码的前缀）。由前面的例子可知，其基本思想就是对于出现概率较大的字符采用短编码方式，而出现概率较小的字符采用长编码方式。Huffman 提出的算法能够使得其构造出的二叉树的 WPL 值最小，从而保证在通信过程中，传输二进制位总长度最短。该算法主要是根据给定的不同字符的出现概率（频率）建立一棵最优二叉树。通常，该算法被称作哈夫曼（Huffman）算法，而对应的最优二叉树称为哈夫曼树。

哈夫曼树的具体构造算法描述如下。

① 根据给定的 n 个权值$\{w_1, w_2, \cdots, w_n\}$，构成 n 棵二叉树的集合 $T=\{T_1, T_2, \cdots, T_n\}$，其中每个 T_i 只有一个带权为 w_i 的根结点，其左、右子树均空。

② 从 T 中选两棵根结点的权值最小的二叉树，不妨设是 T_1'、T_2'，将它们作为左、右子树构成一棵新的二叉树 T_3'，并且置新二叉树的根值为其左、右子树的根结点的权值之和。

③ 将新二叉树 T_3'并入到 T 中，同时从 T 中删除 T_1'、T_2'。

④ 重复②、③，直到 T 中只有一棵树为止。这棵树便是哈夫曼树。

下面就以具体实例来说明哈夫曼算法的思想。

【例 7.2】 以集合$\{3，4，5，6，8，10，12，18\}$为叶子结点的权值构造哈夫曼树，并计算其带权路径长度。

求解：按构造算法，首先将这些数变成单结点的二叉树集合。

③　④　⑤　⑥　⑧　⑩　⑫　⑱

然后从 T 中选出 2 个根值最小的二叉树$\{③，④\}$作为左、右子树构造出一棵新的二叉树，根为 T，同时从 T 中去掉这两棵子树。然后重复这一操作过程，即选择最小的 2 个子树构造一棵新的二叉树，直到 T 中仅有一棵二叉树为止。操作过程如下（见图 7.31）。

（1）选定根值最小的两棵树（分别为 3 和 4）构成一棵树，结果如图 7.31（a）所示；

（2）从 T 中选择根值为 5 和 6 的两棵树构成一棵树，结果如图 7.31（b）所示；

（3）从 T 中选择根值为 7 和 8 的两棵树构成一棵树，结果如图 7.31（c）所示；

（4）从 T 中选择根值为 10 和 11 的两棵树构成一棵树，结果如图 7.31（d）所示；

（5）从 T 中选择根值为 12 和 15 的两棵树构成一棵树，结果如图 7.31（e）所示；

（6）从 T 中选择根值为 18 和 21 的两棵树构成一棵树，结果如图 7.31（f）所示；

（7）合并这两棵树构成一棵树，结果如图 7.31（g）所示。

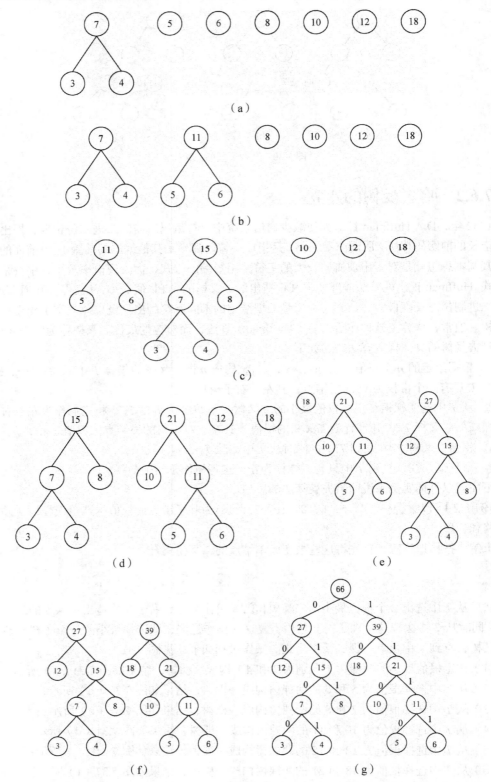

图 7.31 哈夫曼树的建立过程

带权路径长度 WPL $= (3 + 4 + 5 + 6) \times 4 + (8 + 10) \times 3 + (12 + 18) \times 2 = 186$。

哈夫曼树的特点如下。

特点 1： 若一棵二叉树是哈夫曼树，则该二叉树不存在度为 1 的结点。

　　由构造算法可知，每次合并都必须从二叉树集合中选取两个根结点权值最小的树。因此二叉树不存在度为 1 的结点，即哈夫曼树仅存在度为 2 的结点和叶子结点。

特点 2： 若给定权值的叶子结点个数为 n，则所构造的哈夫曼树中的结点数是 $2n-1$。

　　由特点 1 和二叉树的性质 3 可知，$n_2 = n-1$，因此总结点数是 $n+(n-1)=2n-1$。

特点 3： 任意一棵哈夫曼树的带权路径长度等于所有分支结点值的累加和。

　　在上例中，哈夫曼树的所有分支结点（非叶子）值的累加和为

$$66 + 39 + 27 + 21 + 15 + 11 + 7 = 186$$

而其带权路径长度 WPL 等于 186。它们的值是相等的。

在上例中，假设 {3，4，5，6，8，10，12，18} 分别是字符 a，b，c，d，e，f，g，h 在一个文本中出现的次数，则可以利用图 7.31（g）所示的二叉树得到字符的一种最佳编码：首先将二叉树向左的分支上标记 0，向右的分支上标记 1。然后由从二叉树的根结点开始到某个叶子结点的路径上的 "0" 和 "1" 组成的二进制位串分别记录下来，即为该叶子结点对应的字符编码。可以证明这种编码是前缀码。通常称该编码方式为哈夫曼编码。其字符编码方式如表 7-3 所示。

表 7-3　　　　　　　　　　　　　　　　哈夫曼编码

字　　符	代　　码	字　　符	代　　码
a	0100	e	011
b	0101	f	110
c	1110	g	00
d	1111	h	10

下面将着重介绍哈夫曼算法的具体实现过程。可以用前面介绍的链表结构生成 Huffman 树，这是最基本的实现方法，但是效率很低；也可以使用堆排序（见第 10 章内容）的实现原理来实现。这里将介绍如何利用顺序表（其实是静态链表）来实现哈夫曼树的存储表示和实现方法，该存储结构是在二叉树中的结点结构，如下所示。

weight	parent	lchild	rchild

其中，weight 域存放结点的权值；parent 域存放父结点在顺序表中的位置，其中根结点的 parent 值为 -1；lchild 域存放结点的左孩子在顺序表中的位置，若结点无左孩子，则 lchild 值为 -1；rchild 域存放结点的右孩子在顺序表中的位置，若结点无右孩子，则 rchild 值为 -1。

由哈夫曼树的特点 2 可知，建立 n 个叶子结点的哈夫曼树共需要 $2n-1$ 个结点空间。故在已知结点总数的情况下，不需要动态地申请空间来建立一棵二叉树，则可以利用相应大小的数组来表示它。

其具体存储结构定义如下。

```cpp
const unsigned int n=NUM;              //字符数 NUM
const unsigned int m= 2* n -1;         //结点总数
struct HTNode{                         //压缩用 Huffman 树结点
    float weight;                      //字符频度(权值)
    int parent;                        //双亲
int lchild,rchild;                     //左右孩子
};
class HuffmanTree{                     //Huffman 树
public:
    HTNode HT[m+1];                    //树结点表(HT[1]到 HT[m])
public:
HuffmanTree( );
~HuffmanTree( );
    void Select(int k,float &s1,float &s2);
                                       //在 HT[1]~HT[k]中选择 parent 为-1、权
                                       //值最小的两个结点 s1,s2

};
```

哈夫曼算法如下。

```cpp
void HuffmanTree::HuffmanTree( )
{ int i,j;
  int s1,s2;
  for(int i = 1; i <= m; i++)          //初始化静态链表
  { HT[i].weight = 0;
    HT[i].parent = -1;
    HT[i].lchild = -1;
    HT[i].rchild = -1;
  }
  cout<<"输入权值: "<<endl;
 for(int i = 1; i <= n; i++)
     cin>>HT[i].weight;                //输入权值
 for(int i = n + 1; i < =m; i++)       //建 Huffman 树
 { select(i-1,s1,s2);                  //选择 parent 为-1 且 weight 最小的两个
                                       //结点, 其序号分别为: s1 和 s2

       HT[s1].parent = i; HT[s2].parent = i;
       HT[i].lchild = s1; HT[i].rchild = s2;
       HT[i].weight = HT[s1].weight + HT[s2].weight;
   }
}
void HuffmanTree::Select(int k,int & s1,int & s2)
{ //在 k 个元素中选择 parent 为-1 且权值最小的两个结点, 其序号分别为 s1 和 s2
    HT[0].weight = 32767;              //设置最大数
    s1=s2=0;
    for(int i=1; i<=k; i++)
        if(HT[i].weight!=0 && HT[i].parent==-1)
        { if(HT[i].weight < HT[s1].weight)
            { s2 = s1;
              s1 = i;
            }
```

```
        else
        if(HT[i].weight < HT[s2].weight)
            s2 = i;
    }
}
```

7.6.3 哈夫曼树的应用

下面通过一个实例说明哈夫曼树的应用。

【例 7.3】已知一个文件中仅有 8 个不同的字符，各字符出现的个数分别是 3、4、8、10、16、18、20、21。试重新为各字符编码，以节省存储空间。

解：本题可借助于哈夫曼树实现求解。首先，将所给出的各字符的次数作为权值来构造一棵哈夫曼树，然后对此哈夫曼树进行编码，得到的编码即是各字符的哈夫曼编码。

（1）构造哈夫曼树：以所给出的数据集{3，4，8，10，16，18，20，21}所构造的哈夫曼树如表 7-4 所示。其哈夫曼树的存储结构的初态如表 7-4（a）所示，其终结状态如表 7-4（b）所示。

表 7-4　　　　　　　　　　　　　哈夫曼树的存储结构

	weight	parent	lchild	rchild		weight	parent	lchild	rchild
1	3	−1	−1	−1	1	3	9	−1	−1
2	4	−1	−1	−1	2	4	9	−1	−1
3	8	−1	−1	−1	3	8	10	−1	−1
4	10	−1	−1	−1	4	10	11	−1	−1
5	16	−1	−1	−1	5	16	12	−1	−1
6	18	−1	−1	−1	6	18	12	−1	−1
7	20	−1	−1	−1	7	20	13	−1	−1
8	21	−1	−1	−1	8	21	13	−1	−1
9		−1	−1	−1	9	7	11	1	2
10		−1	−1	−1	10	15	10	9	3
11		−1	−1	−1	11	25	14	4	10
12		−1	−1	−1	12	34	14	5	6
13		−1	−1	−1	13	41	15	7	8
14		−1	−1	−1	14	59	15	11	12
15		−1	−1	−1	15	100	−1	13	14

（a）数组 HT 的初态　　　　　　　　　　（b）数组 HT 的终态

（2）编码：设根结点的编码为空，然后从根结点开始依次对各结点按如下方法编码。

每个结点的左孩子编码是通过在其父结点编码后添加二进制数 0 得到的，而每个结点的右孩子的编码通过在其父结点的编码后添加二进制数 1 而得到。例如，值为 10 的结点的编码为 001。

（3）各字符的编码及其长度：将各叶结点所对应的编码作为对应字符的新编码即可节省存储空间。即出现次数为 3 的字符的编码为 00000，出现次数为 4 的字符的编码为 00001 等，如图 7.32 所示。依照这一方法来编码，得到重新编码的文件长度为各字符的个数与其长度之积的和，即哈夫曼树带权路径长度的值：

$$(3+4) \times 5 + 8 \times 4 + (10+16+18) \times 3 + (20+21) \times 2 = 281$$

也就是说，在对文件中的字符按新的编码存储时，100 个字符所占用的位数共有 281 位。如果采用等长方式，则每个字符需要 3 位，因此共需要 300 位。由此可知，不等长编码能节省存储空间。

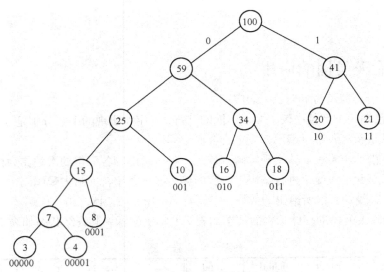

图 7.32　哈夫曼树

本章小结

"树与二叉树"是本课程的重点章节之一。在树型结构中，以二叉树最重要。二叉树的 5 个性质揭示了二叉树的主要特征。满二叉树和完全二叉树是两种特殊的二叉树，常常采用顺序存储结构。而一般二叉树大多采用链式存储结构。二叉树的遍历是对二叉树进行各种操作的基础，无论递归算法还是非递归算法都要充分理解其思想。

线索二叉树就是利用二叉树在链式存储中的空指针，将空的左孩子指向前驱，空的右孩子指向后继。前驱和后继是根据遍历定义的。本章中，只讨论中序线索二叉树。要重点掌握如何线索化以及在线索二叉树中找任一结点的前驱和后继。

树和森林的存储有多种方法，其中最常用的是孩子兄弟链表表示法，它与二叉树之间存在对应关系。和二叉树一样，树和森林的遍历是对树结构操作的基础，通常有先根和后根两种遍历方法，分别对应二叉树的先序和中序遍历，所以能利用二叉树的遍历算法来实现。

哈夫曼树是二叉树的应用之一，掌握哈夫曼树的建立和编码方法。

习　题

一、选择题

1. 已知一算术表达式的中缀形式为 $A+B*C-D/E$，后缀形式为 $ABC*+DE/-$，则其前缀形式为（　　）。

    A. $-A+B*C/DE$　　B. $-A+B*CD/E$　　C. $-+*ABC/DE$　　D. $-+A*BC/DE$

2. 设树 T 的度为 4，其中度为 1、2、3 和 4 的结点个数分别为 4、2、1、1，则 T 中的叶子数为（   ）。

    A. 5   B. 6   C. 7   D. 8

3. 在下述结论中，正确的是（   ）。

① 只有一个结点的二叉树的度为 0；

② 二叉树的度为 2；

③ 二叉树的左、右子树可任意交换；

④ 深度为 K 的完全二叉树的结点个数小于或等于深度相同的满二叉树。

    A. ①②③   B. ②③④   C. ②④   D. ①④

4. 设森林 F 对应的二叉树为 B，它有 m 个结点，B 的根为 p，p 的右子树结点个数为 n，森林 F 中第一棵树的结点个数是（   ）。

    A. $m-n$ B. $m-n-1$

    C. $n+1$ D. 条件不足，无法确定

5. 若一棵二叉树具有 10 个度为 2 的结点、5 个度为 1 的结点，则度为 0 的结点个数是（   ）。

    A. 9   B. 11   C. 15   D. 不确定

6. 一棵完全二叉树上有 1 001 个结点，其中叶子结点的个数是（   ）。

    A. 250   B. 500   C. 254   D. 505

    E. 以上答案都不对

7. 设给定权值总数有 n 个，其哈夫曼树的结点总数为（   ）。

    A. 不确定   B. $2n$ C. $2n+1$ D. $2n-1$

8. 一棵二叉树高度为 h，所有结点的度或为 0，或为 2，则这棵二叉树最少有（   ）个结点。

    A. $2h$ B. $2h-1$ C. $2h+1$ D. $h+1$

9. 在一棵高度为 k 的满二叉树中，结点总数为（   ）。

    A. 2^{k-1} B. 2^k C. 2^k-1 D. $[\log 2^k]+1$

10. 树的后根遍历序列等同于该树对应的二叉树的（   ）。

    A. 先序序列   B. 中序序列   C. 后序序列

二、填空题

1. 二叉树由_____、_____、_____ 3 个基本单元组成。

2. 树在计算机内的表示方式有_____、_____、_____。

3. 在二叉树中，指针 p 所指结点为叶子结点的条件是_____。

4. 中缀式 $a+b*3+4*(c-d)$ 对应的前缀式为_____。若 $a=1$，$b=2$，$c=3$，$d=4$，则后缀式 $db/cc*a-b*+$ 的运算结果为_____。

5. 二叉树中某一结点左子树的深度减去右子树的深度，称为该结点的_____。

6. 具有 256 个结点的完全二叉树的深度为_____。

7. 已知一棵度为 3 的树有 2 个度为 1 的结点、3 个度为 2 的结点、4 个度为 3 的结点，则该树有_____个叶子结点。

8. 深度为 k 的二叉树至少有_____个结点，至多有_____个结点。

9. 深度为 H 的完全二叉树至少有_____个结点，至多有_____个结点；H 和结点总数 N 之间的关系是_____。

10. 在完全二叉树中，编号为 i 和 j 的两个结点处于同一层的条件是_____。

三、判断题

1. 二叉树是度为 2 的有序树。 （   ）
2. 完全二叉树一定存在度为 1 的结点。 （   ）
3. 对于有 N 个结点的二叉树，其高度为 $\log_2 N$。 （   ）
4. 深度为 k 的二叉树中结点总数 $\leq 2^k - 1$。 （   ）
5. 哈夫曼树肯定是一棵二叉树。 （   ）
6. 二叉树的遍历结果不是唯一的。 （   ）
7. 二叉树的遍历只是为了在应用中找到一种线性次序。 （   ）
8. 树的后根遍历和对应的二叉树的中序遍历次序一致。 （   ）
9. 一个树的叶子结点，在先序遍历和后序遍历下，皆以相同的相对位置出现。 （   ）
10. 二叉树的先序遍历并不能唯一确定这棵树，但是，如果还知道该树的根结点是哪一个，则可以确定这棵二叉树。 （   ）

四、应用题

1. 从概念上讲，树、森林和二叉树是 3 种不同的数据结构，简述将树、森林转化为二叉树的基本目的是什么，并指出树和二叉树的主要区别。

2. 请分析线性表、树、广义表的主要结构特点，以及相互的差异与关联。

3. 将算术表达式 $((a+b)+c*(d+e)+f)*(g+h)$ 转化为二叉树。

4. 一个深度为 L 的满 K 叉树有以下性质：第 L 层上的结点都是叶子结点，其余各层上每个结点都有 K 棵非空子树，如果按层次顺序从 1 开始对全部结点进行编号。

（1）各层的结点的数目是多少？
（2）编号为 n 的结点的双亲结点（若存在）的编号是多少？
（3）编号为 n 的结点的第 i 个孩子结点（若存在）的编号是多少？
（4）编号为 n 的结点有右兄弟的条件是什么？如果有，其右兄弟的编号是多少？
请给出计算和推导过程。

5. 已知完全二叉树的第 7 层有 10 个叶子结点，则整个二叉树的结点数最多是多少？

6. 一棵共有 n 个结点的树，其中所有分支结点的度均为 K，求该树中叶子结点的个数。

7. 证明：在任何一棵非空二叉树中有下面的等式成立：叶子结点的个数=度数为 2 的结点的个数+1。

8. 证明：由一棵二叉树的先序序列和中序序列可唯一确定这棵二叉树。设一棵二叉树的先序序列为 *ABDGECFH*，中序序列为 *DGBEAFHC*。试画出该二叉树。

9. 给定一组数列（15，8，10，21，6，19，3）分别代表字符 *A*，*B*，*C*，*D*，*E*，*F*，*G* 出现的频率，试叙述建立哈夫曼树的算法思想，画出哈夫曼树，给出各字符的编码值，并说明这种编码的优点。

五、算法设计题

1. 要求二叉树按二叉链表形式存储。
① 写一个建立二叉树的算法。
② 写一个判别给定的二叉树是否是完全二叉树的算法。

2. 有 n 个结点的完全二叉树存放在一维数组 $A[1\cdots n]$ 中，试据此建立一棵用二叉链表表示的二叉树，根由 tree 指向。

3. 二叉树采用二叉链表存储。
① 编写非递归算法计算整个二叉树高度（也叫二叉树的深度）。

② 编写计算二叉树最大宽度的算法(二叉树的最大宽度是指二叉树所有层中结点个数的最大值)。

4. 设计算法返回二叉树 T 的先序序列的最后一个结点的指针,要求采用非递归形式,且不允许用栈。

5. 设一棵二叉树以二叉链表为存储结构,结点结构为(lchild, data, rchild)。设计一个算法,将二叉树中所有结点的左、右子树相互交换。

6. 请设计一个算法,要求该算法把二叉树的叶子结点按从左到右的顺序连一个单链表,表头指针为 head。二叉树按二叉链表方式存储,链接时用叶子结点的右指针域存放单链表指针。分析你的算法的时间复杂度。

第8章 图

教学提示：前面几章中介绍了两种基本数据结构：线性结构和树结构。从线性结构到树结构，数据元素间的关系逐步复杂，所能描述的客观世界越来越复杂。

图是一种新的数据结构，其数据元素（顶点）之间的关系是任意的，每个数据元素都和其他数据元素存在多对多的关系。图是比线性结构和树结构更加复杂的数据结构，而树实际上是一种特殊形式的图。很多问题可以用图表示，图的应用是相当广泛的。

教学目标：熟悉图的定义及相关术语，掌握图的存储结构，并熟练掌握图的两种遍历算法；理解生成树的概念，掌握最小生成树的算法及其构造方法；了解有向无环图的概念，熟悉拓扑排序和关键路径的概念，掌握拓扑排序的方法和求解关键路径的方法；了解最短路径的概念，掌握求解最短路径的方法。

8.1　图的基本概念

图结构是一种比树结构更复杂的非线性结构。在线性表中，数据元素之间仅有线性关系，每个数据元素只有一个直接前驱和一个直接后继；在树型结构中，数据元素之间有明显的层次关系，并且每一层的数据元素可能和下一层中多个元素相关，但只能和上一层中一个元素相关；而在图型结构中，数据元素之间的关系可以是任意的，图中任意两个数据元素之间都可能相关。

自从 18 世纪以来，图论已成为一门学科，并应用于科学技术、经济管理的各个领域。特别是近年来的迅速发展，图论已渗入诸如语言学、逻辑学、物理、化学、电讯工程、计算机科学以及数学的其他分支中，而这些应用又是将图结构作为解决问题的手段之一。本章主要讨论图的逻辑表示、在计算机中的存储方法及一些有关图的算法和应用。有关图论的内容，可参考离散数学的部分章节。

8.1.1　图的定义和术语

1．图的定义

图（Graph）是由非空的顶点集合和一个描述顶点之间关系（边或者弧）的集合组成。其二元组定义为：

$$G = (V, E)$$
$$V = \{v_i | \ v_i \in \text{dataobject}\}$$
$$E = \{(v_i, v_j) | \ v_i, v_j \in V \bigwedge P(v_i, v_j)\}$$

其中，G 表示一个图，V 是图 G 中顶点的集合，E 是图 G 中边的集合，集合 E 中 $P(v_i, v_j)$ 表示顶点 v_i 和顶点 v_j 之间有一条直接连线。集合 E 可以是空集。若 E 为空，则该图只有顶点而没有边。偶对（v_i, v_j）表示一条边。

2. 图的相关术语

（1）无向图

在一个图中，如果任意两个顶点构成的偶对（v_i, v_j）$\in E$ 是无序的，即顶点之间的连线是没有方向的，则称该图为无向图（*Undigrpah*）。如图 8.1 所示，G_1 是一个无向图。

$$G_1=(V_1, E_1);$$
$$V_1 = \{v_0, v_1, v_2, v_3, v_4\}$$
$$E_1 = \{(v_0, v_1), (v_0, v_3), (v_1, v_2), (v_2, v_3), (v_2, v_4), (v_1, v_4)\}$$

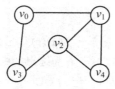
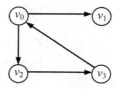

图 8.1　无向图 G_1　　　　　　图 8.2　有向图 G_2

（2）有向图

在一个图中，如果任意两个顶点构成的偶对$<v_i, v_j>\in E$ 是有序的，即顶点之间的连线是有方向的，则称该图为有向图（Digrpah）。如图 8.2 所示，G_2 是一个有向图。

$$G_2=(V_2, E_2)$$
$$V_2=\{v_0, v_1, v_2, v_3\}$$
$$E_2=\{<v_0, v_1>, <v_0, v_2>, <v_2, v_3>, <v_3, v_0>\}$$

注意，为了区别起见，无向图的边用圆括号表示，有向图的边（或称为弧）用尖括号表示。显然，在无向图中，$(v_i, v_j)=(v_j, v_i)$；但在有向图中，$<v_i, v_j>\neq<v_j, v_i>$。

（3）顶点、边、弧、弧头、弧尾

图中的数据元素 v_i 称为顶点（Vertex）；$P(v_i, v_j)$ 表示在顶点 v_i 和顶点 v_j 之间有一条直接连线。如果是在无向图中，则称这条连线为边。边用顶点的无序偶对（v, w）表示，称顶点 v 和顶点 w 互为邻接点，边（v, w）称为与顶点 v 和 w 相关联。如果是在有向图中，一般称这条连线为弧（Arc）。弧用顶点的有序偶对$<v_i, v_j>$来表示，有序偶对的第一个结点 v_i 称为始点（或弧尾 Tail），在图中就是不带箭头的一端；有序偶对的第二个结点 v_j 称为终点（或弧头 Head），在图中就是带箭头的一端。若$<v, w>$是一条弧，则称顶点 v 邻接到 w，顶点 w 邻接自 v，$<v, w>$与顶点 v 和 w 相关联。

（4）无向完全图

在一个无向图中，如果任意两个顶点都有一条直接边相连接，则称该图为无向完全图（Undireted Complete Graph）。可以证明，在一个含有 n 个顶点的无向完全图中，有 $n(n-1)/2$ 条边。如图 8.3 所示，G_3 是一个具有 5 个结点的无向完全图。

（5）有向完全图

在一个有向图中，如果任意两个顶点之间都有方向互为相反的两条弧相连接，则称该图为有向完全图（Directed Complete Graph）。在一个含有 n 个顶点的有向完全图中，有 $n(n-1)$ 条边。如图 8.4 所示，G_4 是一个具有 3 个结点的有向完全图。

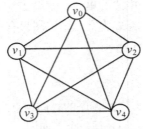

图 8.3　无向完全图 G_3

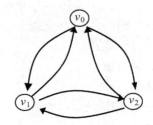

图 8.4　有向完全图 G_4

（6）稠密图、稀疏图

若一个图接近完全图，称为稠密图（Dense Graph）；边数很少的图（$e \ll n(n-1)$时），则称为稀疏图（Sparse Graph）。

（7）度、入度、出度

顶点的度（Degree）是指依附于某顶点 v 的边数，通常记为 D(v)。在有向图中，要区别顶点的入度与出度的概念。顶点 v 的入度（Indegree）是指以顶点 v 为终点的弧的数目，记为 ID(v)；顶点 v 出度（Outdegree）是指以顶点 v 为始点的弧的数目，记为 OD(v)。

有 D(v)=ID(v) + OD(v)。

例如，在 G_1 中有：

D(v_0)=2　　D(v_1)=3　　D(v_2)=3　　D(v_3)=2　　TD(v_4)=2

在 G_2 中有：

ID(v_0)=1　　OD(v_0)=2　　D(v_0)=3

ID(v_1)=1　　OD(v_1)=0　　D(v_1)=1

ID(v_2)=1　　OD(v_2)=1　　D(v_2)=2

ID(v_3)=1　　OD(v_3)=1　　D(v_3)=2

可以证明，对于具有 n 个顶点、e 条边的图，顶点 v_i 的度 D（v_i）与顶点的个数以及边的数目满足关系：

$$e = \frac{1}{2} \sum_{i=1}^{n} D(v_i)$$

（8）边的权、网图

有时图的边或弧附带数值信息，这种数值称为权（Weight）。在实际应用中，权值可以有某种含义。比如，在一个反映城市交通线路的图中，边上的权值可以表示该条线路的长度或者等级；对于一个电子线路图，边上的权值可以表示两个端点之间的电阻、电流或电压值；对于反映工程进度的图而言，边上的权值可以表示从前一个工程到后一个工程所需要的时间；等等。每条边或弧都带权的图称为带权图或网络（Network）。如图 8.5 所示，G_5 就是一个无向网图。如果边是有方向的带权图，就是一个有向网图。

（9）路径、路径长度

在无向图中，顶点 v_p 到顶点 v_q 之间的路径（Path）是指顶点序列 v_p, v_{i1}, v_{i2}, ..., v_{im}, v_q。其中，（v_p, v_{i1}），（v_{i1}, v_{i2}），...，（v_{im}, v_q）分别为图中的边。路径上边的数目称为路径长度（Path Length）。在有向图中，路径也是有向的，它由若干条弧组成。图 8.1 所示的无向图 G_1 中，$v_0 \rightarrow v_3 \rightarrow v_2 \rightarrow v_4$ 与 $v_0 \rightarrow v_1 \rightarrow v_4$ 是从顶点 v_0 到顶点 v_4 的两条路径，路径长度分别为 3 和 2。

（10）回路、简单路径、简单回路

起点和终点相同的路径称为回路或称为环（Cycle）。序列中顶点不重复出现的路径称为简单路径。在图 8.1 中，前面提到的 v_0 到 v_4 的两条路径都为简单路径。除第一个顶点与最后一个顶点之外，其他顶点不重复出现的回路称为简单回路，如图 8.2 所示的 $v_0 \rightarrow v_2 \rightarrow v_3 \rightarrow v_0$。

（11）子图

对于图 $G=(V，E)$，$G'=(V'，E')$，若存在 V' 是 V 的子集，E' 是 E 的子集，则称图 G' 是 G 的一个子图（Subgraph）。图 8.6 给出了 G_1 和 G_2 的两个子图 G' 和 G''。

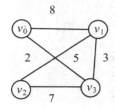

图 8.5　一个无向网图 G_5

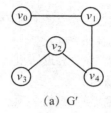

（a）G'

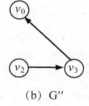

（b）G''

图 8.6　图 G_1 和 G_2 的两个子图示意图

（12）连通的、连通图、连通分量

在无向图中，如果从一个顶点 v_i 到另一个顶点 v_j（$i \neq j$）有路径，则称顶点 v_i 和 v_j 是连通的。如果图中任意两个顶点都是连通的，则称该图是连通图（Connected Graph）。无向图的极大连通子图称为连通分量（Connected Component）。基本特征表现为：顶点数达到极大，如果再增加一个顶点就不再连通。图 8.7（a）中的两个连通分量如图 8.7（b）所示。

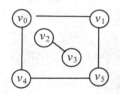

（a）无向图 G_6

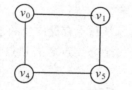

（b）G_6 的两个连通分量

图 8.7　无向图 G_6 及连通分量示意图

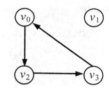

图 8.8　G_2 的两个强连通分量示意图

（13）强连通图、强连通分量

对于有向图来说，若图中任意一对顶点 v_i 和 v_j（$i \neq j$）均有从一个顶点 v_i 到另一个顶点 v_j 的路径，也有从 v_j 到 v_i 的路径，则称该有向图是强连通图。有向图的极大强连通子图称为强连通分量。图 8.2 中有两个强连通分量，分别是 $\{v_0，v_2，v_3\}$ 和 $\{v_1\}$，如图 8.8 所示。

（14）生成树、生成森林

连通图的生成树（Spanning Tree），是一个极小的连通子图，它包含图中全部顶点，且以最少的边数使其连通。一个具有 n 个顶点的连通图，它的生成树是由 n 个顶点和 $n-1$ 条边组成的连通子图。如果 G 的一个子图 G' 的边数大于 $n-1$，则 G' 中必定会产生回路。相反，如果 G' 的边数小于 $n-1$，则 G' 一定不连通。图 8.6（a）中 G' 给出了图 8.1（a）中 G_1 的一棵生成树。在非连通图中，由每个连通分量都可得到一个极小连通子图，即一棵生成树。这些连通分量的生成树就组成了一个非连通图的生成森林（Spanning Forest）。

8.1.2　图的基本操作

根据图的定义可知，图的顶点之间没有先后次序之分，图中任一顶点都可看成是第一顶点，而且任一顶点的邻接点也不存在确定的顺序。为了操作方便，可将图的顶点按某种顺序排列，由此即可得到顶点的位置（或序号）。同样也可把每个顶点的邻接点进行排列，便可得到第一邻接点、第二邻接点等。在上述人为约定的基础上，可对图进行一些常用的基本操作。

图的基本操作定义如下。

CreatGraph(G)：输入图的顶点和边，建立图 G 的存储。

DestroyGraph(G)：释放图占用的存储空间。

GetVertex(G，v_i)：在图中找到顶点 v_i，并返回顶点 v_i 的相关信息。

AddVertex(G，v_i)：在图中增添新顶点 v_i。

DelVertex(G，v_i)：在图中删除顶点 v 及所有和顶点 v 相关联的边或弧。

AddArc(G，v_i，v_j)：在图中增添一条从顶点 v_i 到顶点 v_j 的边或弧。

DelArc(G，v_i，v_j)：在图中删除一条从顶点 v_i 到顶点 v_j 的边或弧。

DFS(G，v_i)：在图中从顶点 v_i 出发深度优先遍历图。

BFS(G，v_i)：在图中从顶点 v_i 出发广度优先遍历图。

在一个图中，顶点是没有先后次序的，但当采用某一种确定的存储方式存储后，存储结构中顶点的存储次序构成了顶点之间的相对次序，这里用顶点在图中的位置表示该顶点的存储顺序；同样的道理，对一个顶点的所有邻接点，采用该顶点的第 i 个邻接点表示与该顶点相邻接的某个顶点的存储顺序。在这种意义下，图的基本操作还有：

LocateVertex(G，v_i)：在图中找到顶点 v_i，返回该顶点存储向量的下标，也称序号。

FirstAdjVertex(G，v_i)：在图中返回 v_i 的第一个邻接点。若顶点在图中没有邻接顶点，则返回"空"。

NextAdjVertex(G，v_i，v_j)：在图中返回 v_i 的（相对于 v_j 的）下一个邻接顶点。若 v_j 是 v_i 的最后一个邻接点，则返回"空"。

8.2　图的存储结构

图是一种结构复杂的数据结构，表现在不仅各顶点的度可以千差万别，而且顶点之间的逻辑关系也错综复杂。从图的定义可知，一个图的信息包括两部分，即图中顶点的信息以及描述顶点之间的关系（边或者弧）的信息。因此无论采用什么方法建立图的存储结构，都要完整、准确地反映这两方面的信息。下面介绍几种常用的图的存储结构。

8.2.1　邻接矩阵

邻接矩阵（Adjacency Matrix）的存储结构，就是用一维数组存储图中顶点的信息，用一个二维数组表示图中各顶点之间的邻接关系信息。这个二维数组称为邻接矩阵。假设图 $G=(V, E)$ 有 n 个确定的顶点，即 $V=\{v_0, v_1, \cdots, v_{n-1}\}$，则表示 G 中各顶点相邻关系为一个 $n \times n$ 的矩阵，矩阵的元素为

$$A[i][j]=\begin{cases} 1 & \text{当顶点 } i \text{ 与 } j \text{ 之间有边或弧时} \\ 0 & \text{当顶点 } i \text{ 与 } j \text{ 之间无边或弧时} \end{cases}$$

若 G 是带权图，则邻接矩阵可定义为

$$A[i][j]=\begin{cases} w_{ij} & \text{当顶点 } i \text{ 与 } j \text{ 之间有边或弧，且权值为 } w_{ij} \text{ 时} \\ 0 & \text{所在的对角线元素（} i=j \text{）} \\ \infty & \text{当顶点 } i \text{ 与 } j \text{ 之间无边或弧时} \end{cases}$$

其中，w_{ij} 表示边（v_i，v_j）或弧 $<v_i$，$v_j>$ 上的权值；∞ 表示一个计算机允许的、大于所有边上权值的数。

用邻接矩阵表示法表示无向图如图 8.9 所示。

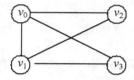

$$A=\begin{bmatrix} 0 & 1 & 1 & 1 \\ 1 & 0 & 1 & 1 \\ 1 & 1 & 0 & 0 \\ 1 & 1 & 0 & 0 \end{bmatrix}$$

图 8.9　一个无向图的邻接矩阵表示

用邻接矩阵表示法表示带权图如图 8.10 所示。

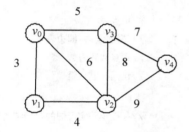

$$B=\begin{bmatrix} 0 & 3 & 6 & 5 & \infty \\ 3 & 0 & 4 & \infty & \infty \\ 6 & 4 & 0 & 8 & 9 \\ 5 & \infty & 8 & 0 & 7 \\ \infty & \infty & 9 & 7 & 0 \end{bmatrix}$$

图 8.10　一个带权图的邻接矩阵表示

从图的邻接矩阵存储方法容易看出，这种表示具有以下特点。

（1）无向图的邻接矩阵一定是一个对称矩阵。因此，在具体存放邻接矩阵时，只需存放上（或下）三角矩阵的元素即可。有向图的邻接矩阵不一定是对称矩阵。

（2）对于无向图，邻接矩阵的第 i 行（或第 i 列）非零元素（或非 ∞ 元素）的个数正好是第 i 个顶点的度 $TD(v_i)$。

（3）对于有向图，邻接矩阵的第 i 行（或第 i 列）非零元素（或非 ∞ 元素）的个数正好是第 i 个顶点的出度 $OD(v_i)$（或入度 $ID(v_i)$）。

（4）用邻接矩阵方法存储图，很容易确定图中任意两个顶点之间是否有边相连。但是，要确定图中有多少条边，则必须按行、列对每个元素进行检测，所花费的时间代价很大。这是用邻接矩阵存储图的局限性。

（5）在邻接矩阵表示法中，如果是顶点很多而边很少的图，将会表示成一个稀疏矩阵。这不仅浪费空间，而且使一些算法变得很慢。

下面介绍图的邻接矩阵存储表示。

在用邻接矩阵存储图时，除了用一个二维数组存储用于表示顶点间相邻关系的邻接矩阵外，

还需用一个一维数组存储顶点信息，另外还有图的顶点数和边数。故可将其形式描述如下。

```
typedef int VertexType;
typedef int Edgetype;
#define MaxVertexNum 30
class MGraph
{

public:
  MGraph( );                              //默认构造函数
  MGraph::~MGraph();                      //默认析构函数
  void CreatGraph( );                     //建立图的存储矩阵成员函数
  void Visit(int v);
  void MGraph::BFStraverse( );            //广度遍历图
  void MGraph::BFS(int v);                //从顶点 v 开始广度遍历图
  int MGraph::MaxOutdegree( );
  int MGraph::IsPath_DFS(int i,int j);    //以邻接矩阵为存储结构，判断 vi 和 vj 之间是否有路径，
                                          //若有，返回 1，否则返回 0
  int MGraph::IsPath_BFS(int i,int j);    //以邻接矩阵为存储结构，判断 vi 和 vj 之间是否有路径，
                                          //若有，返回 1，否则返回 0
  void Init_Visit_Flag();                 //初始化访问数组标志
private:
    VertexType  vertexs[MaxVertexNum];              //顶点表
    Edgetype arcs[MaxVertexNum][ MaxVertexNum];     //邻接矩阵，即边表
    int vertexNum,edgeNum;                          //顶点数和边数
    int  visited[MaxVertexNum];                     //访问标志数组


};                                                  //邻接矩阵实习图的存储结构
```

其中，建立一个图的邻接矩阵存储的算法如下。

算法 8-1

```
void MGraph ::CreatGraph( )           //建立有向图 G 的邻接矩阵存储
  { int i,j,k;
    cin>>vertexNum>> edgeNum;         //输入顶点数和边数
    for(i=0;i<vertexNum;i++)
    cin>> vertexs [i];                //输入顶点信息，建立顶点表
    for(i=0;i< vertexNum;i++)
    for(j=0;j< vertexNum;j++)
        arcs[i][j]=0;                 //初始化邻接矩阵
    for(k=0;k<edgeNum;k++)
        {
            cin>>i>>j;                //输入 e 条边，建立邻接矩阵
            arcs[i][j]=1;            //若加入 arcs[j][i]=1,则为无向图的邻接矩阵存储建立
        }
  }
```

对于带权图邻接矩阵的建立方法是：首先将矩阵的每个元素都初始化。如果 $i=j$，则使 arcs$[i][j]$=0，否则为∞（若图的权值为整数，则定义为最大整数；若为实数，则定义为最大实数）。

然后读入边及权值（i, j, w_{ij}），将矩阵的相应元素置为 w_{ij}。

8.2.2 邻接表

邻接表（Adjacency List）是图的一种顺序存储与链式存储结合的存储方法。邻接表表示法类似于树的孩子链表表示法。就是对于图 G 中的每个顶点 v_i，将所有邻接于 v_i 的顶点 v_j 链成一个单链表，这个单链表就称为顶点 v_i 的邻接表；再将所有点的邻接表表头放到数组中，就构成了图的邻接表。其中，单链表中的结点称为表结点，每个单链表设的一个头结点称为顶点结点。在邻接表表示中有两种结点结构，如图 8.11 所示。

图 8.11 邻接矩阵表示的结点结构

一种是顶点结点结构，它由顶点域（vertex）和指向第一条邻接边的指针域（firstedge）构成；另一种是表结点结构，它由邻接点域（adjvertex）和指向下一条邻接边的指针域（next）构成。对于带权图的边表，需再增设一个存储边上信息（如权值等）的域（info）。带权图的边表结构如图 8.12 所示。

邻接点域	边上信息	指针域
adjvertex	info	next

图 8.12 带权图的边表结构

图 8.13 给出了图 8.9 对应的邻接表的表示。

序号 vertex firstedge

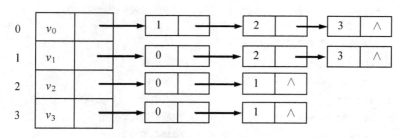

图 8.13 图的邻接表表示

邻接表表示的形式描述如下。

```
#define MaxVertexNum 30          //最大顶点数为 30
typedef  struct node {           //表结点
    int adjvertex;               //邻接点域，一般是存放顶点对应的序号或在表头向量中的下标
    InfoType  info;              //与边(或弧)相关的信息
    struct node  * next;         //指向下一个邻接点的指针域
}EdgeNode;
typedef  struct vnode {          //顶点结点
    VertexType vertex;           //顶点域
    EdgeNode * firstedge;        //边表头指针
  }VertexNode;
```

```
class ALGraph
 {
 public:
 void CreateALGraph( );
void DFStraverse( );
void DFS(int v);                           //从顶点 v 开始深度遍历算法
void BFS(int v);                           //从顶点 v 开始广度遍历算法
                                           //其他算法定义略

private:
    VertexNode  adjlist[MaxVertexNum];      //邻接表
    int vertexNum,edgeNum;                  //顶点数和边数
    int  visited[MaxVertexNum];             //访问标志数组
  };                                        //ALGraph 是以邻接表方式存储的图类型
```

建立一个有向图的邻接表存储的算法如下。

算法 8-2

```
void ALGraph ::CreateALGraph( )
{                                           //建立有向图的邻接表存储，不带边上权值信息的图
    int i,j,k;
    EdgeNode * p;
    cout<<"请输入顶点数和边数"<<endl;
    cin>> vertexNum>> edgeNum;              //读入顶点数和边数
    for(i=0;i<vertexNum;i++)                //建立有 n 个顶点的顶点表
    {   cout<<"请输入第 "<<i<<" 个顶点信息:"<<endl;
        cin>>adjlist[i].vertex;             //读入顶点信息
        adjlist[i].firstedge=NULL;          //顶点的边表头指针设为空
    }
    cout<<"下面输入边表信息:"<<endl;
    for(k=0;k<edgeNum;k++)                  //建立边表
    {   cout<<"输入边<i,j>对应的顶点编号i,j"<<endl;
        cin>>i>>j;                          //读入边<vi,vj>的顶点对应序号
        p=new EdgeNode;                     //生成新边表结点 p
        p->adjvertex=j;                     //邻接点序号为 j
        p->next=adjlist[i].firstedge;       //将新边表结点 p 插入顶点 vi 的链表头部
        adjlist[i].firstedge=p;
    }
} //CreateALGraph
```

若无向图中有 n 个顶点、e 条边，则它的邻接表需 n 个头结点和 $2e$ 个表结点。显然，在边稀疏（$e \ll n(n-1)/2$ 时）的情况下，用邻接表表示图比邻接矩阵节省存储空间。当和边相关的信息较多时更是如此。

在无向图的邻接表中，顶点 v_i 的度恰为第 i 个链表中的结点数；而在有向图中，第 i 个链表中的结点个数只是顶点 v_i 的出度，为求入度，必须遍历整个邻接表。在所有链表中，其邻接点域的值为 i 的结点的个数是顶点 v_i 的入度。有时，为了便于确定顶点的入度或以顶点 v_i 为头的弧，可以建立一个有向图的逆邻接表，即对每个顶点 v_i 建立一个链接以 v_i 为头的弧的链表。例如，图 8.14 所示为有向图 G_2（见图 8.2）的邻接表和逆邻接表。

在建立邻接表或逆邻接表时，若输入的顶点信息为顶点的编号，则建立邻接表的时间复杂度为 $O(n+e)$；否则，需要通过查找才能得到顶点在图中的位置，则时间复杂度为 $O(n*e)$。在邻接表上容易找到任一顶点的第一个邻接点和下一个邻接点，但要判定任意两个顶点（v_i 和 v_j）之间是否有边或弧相连，则需搜索第 i 个或第 j 个链表，因此不及邻接矩阵方便。

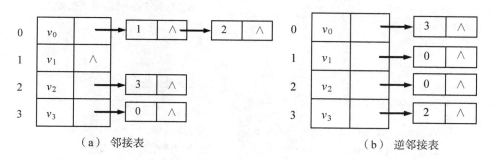

（a）邻接表　　　　　　　　　　　　　　　（b）逆邻接表

图 8.14　图 8.2 的邻接表和逆邻接表

8.2.3　十字链表

十字链表（Orthogonal List）是有向图的一种存储方法。它实际上是邻接表与逆邻接表的结合，即把每一条弧的两个结点分别组织到以弧尾顶点为头结点的链表和以弧头顶点为头结点的链表中。在十字链表表示中，顶点表和边表的结点结构分别如图 8.15（a）和（b）所示。

（a）十字链表顶点表结点结构

弧尾结点	弧头结点	弧上信息	指针域	指针域
tailvertex	headvertex	Info	hlink	tlink

（b）十字链表边表的弧结点结构

图 8.15　十字链表顶点表、边表的弧结点结构示意图

在弧结点中有 5 个域，其中尾域（tailvertex）和头域（headvertex）分别指示弧尾和弧头这两个顶点在图中的位置，链域 hlink 指向弧头相同的下一条弧，链域 tlink 指向弧尾相同的下一条弧，info 域指向该弧的相关信息。弧头相同的弧在同一链表上，弧尾相同的弧也在同一链表上。它们的头结点即为顶点结点。它由 3 个域组成，其中 vertex 域存储和顶点相关的信息，如顶点的名称等，firstin 和 firstout 为两个链域，分别指向以该顶点为弧头或弧尾的第一个弧结点。例如，图 8.16（a）所示图的十字链表如图 8.16（b）所示（info 域省略）。若将有向图的邻接矩阵看成稀疏矩阵的话，十字链表也可以看成邻接矩阵的链表存储结构。在图的十字链表中，弧结点所在的链表非循环链表，结点之间相对位置自然形成，不一定按顶点序号有序，表头结点即顶点结点，它们之间是顺序存储。

基于十字链表存储的图可以定义如下。

```
#define  MaxVertexNum 30
typedef struct ArcNode {
    int tailvertex,headvertex;                //该弧的尾和头顶点的位置
```

```
        struct ArcNode * hlink, *tlink;              //弧头和弧尾的链域
        InfoType info;                                //该弧相关信息的指针
 }ArcNode;
typedef struct VertexNode {
        VertexType vertex;
        ArcNode *fisrin, *firstout;                   //分别指向该顶点第一条入弧和出弧
 }VertexNode;
 class OLGraph
{
public :
    OLGraph( ){}                                      //空构造函数
    void CreateOLgraph();
private:
        VertexNode xlist[MaxVertexNum];               //表头向量
        int  vertexNum,edgeNum;                       //有向图的顶点数和弧数
}
```

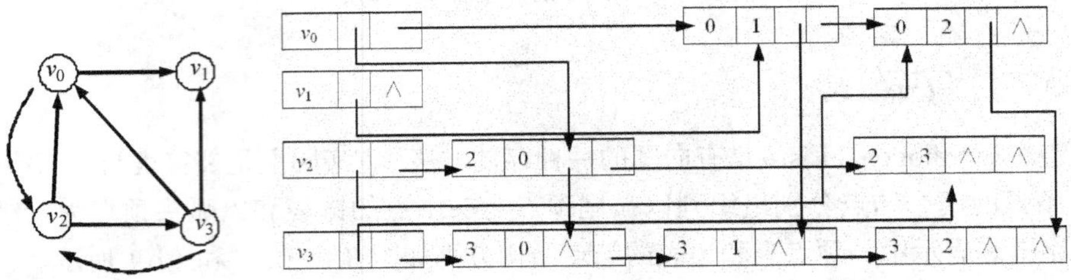

（a）一个有向图　　　　（b）有向图的十字链表

图 8.16　有向图及其十字链表表示示意图

下面给出建立一个有向图的十字链表存储的算法。通过该算法，只要输入 n 个顶点的信息和 e 条弧的信息，便可建立该有向图的十字链表，其算法内容如下。

算法 8-3

```
void OLGraph ::CreateOLgraph( )
                                          //采用十字链表表示,构造有向图
{ ArcNode *p;
  cin>>vertexNum>>edgeNum;                 //读入顶点数和弧数
  for(i=0; i<vertexNum; i++)               //构造表头向量
  {  cin>>xlist[i].vertex;                 //输入顶点值
     xlist[i].firstin=NULL; xlist[i].firstout =NULL;     //初始化指针
  }
  for(k=0; k<edgeNum; k++)                 //输入各弧并构造十字链表
  {  cin>>v1>>v2;                          //输入一条弧的始点和终点
     i=LocateVertex(G,v1);
     j=LocateVertex(G,v2);                 //确定 v1 和 v2 在 G 中的位置
     p=new ArcNode;                        //假定有足够空间
     p->tailvertex=i; p->headvertex=j;
     p->tlink=xlist[i].firstout; xlist[i].firstout=p;
     p->hlink=xlist[j].firstin; xlist[j].firstin=p;
                                           //对弧结点赋值,完成在入弧和出弧链头的插入
  }
}// CreateOLGraph
```

在十字链表中，既容易找到以某结点为尾的弧，也容易找到以某结点为头的弧，因而容易求得结点的出度和入度（若需要，可在建立十字链表的同时求出）。同时，由算法 8-3 可知，建立十字链表的时间复杂度和建立邻接表是相同的。在某些有向图的应用中，十字链表是很有用的工具。

8.2.4 邻接多重表

邻接多重表（Adjacency Multilist）主要用于存储无向图。如果用邻接表存储无向图，每条边的两个边结点分别在以该边所依附的两个顶点为头结点的链表中，这给图的某些操作带来不便。例如，对已访问过的边做标记，或者要删除图中某一条边等，都需要找到表示同一条边的两个结点。因此，在进行这一类操作的无向图的问题中，采用邻接多重表作存储结构更为适宜。

邻接多重表的存储结构和十字链表类似，也是由顶点表和边表组成，每一条边用一个结点表示。其顶点表结点结构和边表结点结构如图 8.17 所示。

（a）邻接多重表顶点表结点结构

（b）邻接多重表边表结点结构

图 8.17 邻接多重表顶点表、边表结构示意图

其中，顶点表由两个域组成：vertex 域存储和该顶点相关的信息，firstedge 域指示第一条依附于该顶点的边。边表结点由 6 个域组成：mark 为标记域，可用以标记该条边是否被搜索过；ivertex 和 jvertex 为该边依附的两个顶点在图中的位置；ilink 指向下一条依附于顶点 ivertex 的边；jlink 指向下一条依附于顶点 jvertex 的边，info 是边相关信息域。

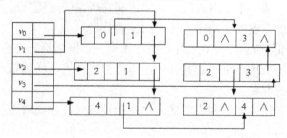

图 8.18 无向图 G_1 的邻接多重表

例如，图 8.18 所示为图 8.1 所示的无向图的邻接多重表（info 域省略）。在邻接多重表中，所有依附于同一顶点的边串联在同一链表中。由于每条边依附于两个顶点，每个边结点同时链接在两个链表中。可见，对无向图而言，其邻接多重表和邻接表的差别仅仅在于，同一条边在邻接表中用两个结点表示，而在邻接多重表中只有一个结点。因此，除了在边结点中增加一个标志域外，邻接多重表所需的存储量和邻接表相同。在邻接多重表上，各种基本操作的实现亦和邻接表相似。邻接多重表存储表示的形式描述如下。

```
#define  MaxVertexNum  30
typedef emnu { unvisited,visited} Visitif;
 typedef  struct EdgeNode {
```

```
        Visitif mark;                        //访问标记
        int  ivertex,jvertex;                //该边依附的两个顶点的位置
        struct EdgeNode *ilink,*jlink;       //分别指向依附这两个顶点的下一条边
        InfoType  info;                      //边信息
    }EdgeNode;
    typedef  struct VertexNode {
        VertexType verter;
        EdgeNode  *firstedge;                //指向第一条依附该顶点的边
    }VertexNode;
    class AMLGraph
    {
    public:
     AMLGraph( );
    void  Create AMLGraph( );
    private:
      VertexNode adjmulist[MaxVertexNum];
      int vertexNum,edgeNum;                 //无向图的当前顶点数和边数
     }AMLGraph;
```

8.3　图　的　遍　历

　　图的遍历是指从图中的任一顶点出发，对图中所有顶点访问一次而且仅能被访问一次。图的遍历是图的一种基本操作，图的许多其他操作都是建立在遍历操作的基础上的。

　　图的遍历操作较为复杂，主要表现在以下四方面。

　　（1）在图结构中，没有一个特定的首结点，图中任意一个顶点都可作为第一个被访问的结点。

　　（2）在非连通图中，从一个顶点出发，只能访问它所在的连通分量上的所有顶点，因此，还需考虑如何选取下一个出发点以访问图中其余的连通分量。

　　（3）在图结构中，如果有回路存在，那么一个顶点被访问之后，有可能沿回路又回到该顶点。

　　（4）在图结构中，一个顶点可以和其他多个顶点相连，当这样的顶点访问过后，存在如何选取下一个要访问的顶点的问题。

　　图的遍历通常有深度优先搜索和广度优先搜索两种方式，它们对无向图和有向图都适用。

8.3.1　深度优先搜索

　　深度优先搜索（Depth_First Search）遍历类似于树的先序遍历，是树的先序遍历的推广。

　　假设初始状态是图中所有顶点未曾被访问，则深度优先搜索可从图中某个顶点 v 出发，访问此顶点，然后依次从 v 的未被访问的邻接点出发深度优先遍历图，直至图中所有和 v 有路径相通的顶点都被访问到；若此时图中尚有顶点未被访问，则另选图中一个未曾被访问的顶点作起始点，重复上述过程，直至图中所有顶点都被访问到为止。

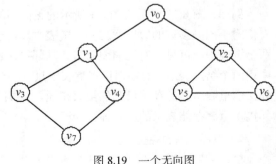

图 8.19　一个无向图

以图 8.19 所示的无向图为例，进行图的深度优先搜索。假设从顶点 v_0 出发进行搜索，在访问顶点 v_0 之后，选择邻接点 v_1。因为 v_1 未曾访问，所以从 v_1 出发进行搜索。依此类推，接着从 v_3、v_7、v_4 出发进行搜索。在访问 v_4 之后，由于 v_4 的邻接点都已被访问，则搜索回到 v_7。由于同样的理由，搜索继续回到 v_3，v_1 直至 v_0。此时由于 v_0 的另一个邻接点未被访问，则搜索又从 v_0 到 v_2，再继续进行下去。由此，得到的顶点访问序列为

$$v_0 \rightarrow v_1 \rightarrow v_3 \rightarrow v_7 \rightarrow v_4 \rightarrow v_2 \rightarrow v_5 \rightarrow v_6$$

显然，这是一个递归的过程。为了在遍历过程中便于区分顶点是否已被访问，需使用类中预定义的访问标志数组 visited[n]，初始化其所有元素值为 False。一旦某个顶点被访问，则其相应的分量置为 True。

算法 DFStraverse（算法 8-4）和算法 DFS（算法 8-5）给出了对整个图 G 以邻接表为存储结构进行深度优先搜索遍历的描述。

算法 8-4

```
#define  False  0
#define  True  1
void ALGraph::DFStraverse( )              //深度优先搜索遍历以邻接表表示的图 G
{int v;
for(v=0;v<vertexNum;v++)
    visited[v]=False;                     //标志向量初始化，visited 数组已在类中数据成员部分定义
for(v=0;v<vertexNum;v++)
    if(! visited[v])DFS(v);
}//DFS
```

算法 8-5

```
void ALGraph::DFS(int v)                  //从第 v 个顶点出发深度优先遍历图 G
{
    EdgeNode  *p; int  w;
    Visit(v);
    visited[v]=True;                      //访问第 v 个顶点，并把访问标志置 True
    for(p=adjlist[v].firstedge; p; p=p->next)
    { w=p->adjvertex;
     if(!visited[w])DFS(w);               //对 v 尚未访问的邻接顶点 w 递归调用 DFS
    }
}
```

分析上述算法，在遍历时，对图中每个顶点至多调用一次 DFS 函数，因为一旦某个顶点被标志成已被访问，就不再从它出发进行搜索。因此，遍历图的过程实质上是对每个顶点查找其邻接点的过程。耗费的时间则取决于所采用的存储结构。用二维数组表示邻接矩阵存储结构时，查找每个顶点的邻接点所需时间为 O (n^2)，其中 n 为图中顶点数。而当以邻接表作图的存储结构时，找邻接点所需时间为 O (e)，其中 e 为无向图中的边数或有向图中的弧数。由此，当以邻接表作存储结构时，深度优先搜索遍历图的时间复杂度为 O ($n+e$)。

8.3.2 广度优先搜索

广度优先搜索（Breadth_First Search）遍历类似于树的按层次遍历的过程。

假设从图中某顶点 v 出发，在访问 v 之后依次访问 v 的各未曾访问过的邻接点，然后分别从这些邻接点出发依次访问它们的邻接点，并使"先被访问的顶点的邻接点"先于"后被访问的顶

点的邻接点"被访问，直至图中所有已被访问的顶点的邻接点都被访问到。若此时图中尚有顶点未被访问，则另选图中一个未曾被访问的顶点作起始点，重复上述过程，直至图中所有顶点都被访问到为止。换句话说，广度优先搜索遍历图的过程中以 v 为起始点，由近至远，依次访问和 v 有路径相通且路径长度为 1，2，…的顶点。

例如，对图 8.19 所示的无向图进行广度优先搜索遍历。首先访问 v_0 和 v_0 的邻接点 v_1 和 v_2，然后依次访问 v_1 的邻接点 v_3 和 v_4 及 v_2 的邻接点 v_5 和 v_6，最后访问 v_3 的邻接点 v_7。由于这些顶点的邻接点均已被访问，并且图中所有顶点都被访问，由此完成了图的遍历。得到的顶点访问序列为

$$v_0 \rightarrow v_1 \rightarrow v_2 \rightarrow v_3 \rightarrow v_4 \rightarrow v_5 \rightarrow v_6 \rightarrow v_7$$

和深度优先搜索类似，在遍历的过程中也需要一个访问标志数组。为了顺次访问路径长度为 2，3，…的顶点，需附设队列以存储已被访问的路径长度为 1，2，…的顶点。

以邻接表为存储结构，从图的某一点 v 出发，进行广度优先搜索遍历的算法如下。

算法 8-6

```
void ALGraph ::BFS(int v)
{//从 v 出发按广度优先搜索遍历图 G；使用辅助队列 Q 和访问标志数组 visited
    EdgeNode  *p;
        int u,w;
        SeqQueue Q;
        for(v=0;v<vertexNum;v++)
            visited[v]=False;                //标志向量初始化
            Visit(v);                        //访问 v，注意 Visit 函数和 visited 数组的区别
            visited[v]=True;                 //把访问标志置 True
            Q.En_Queue(v);                   //v 入队列
            while(!Q. Empty_Queue())
            {
                Q.De_Queue(u);               //出队列
                for(p=adjlist[u].firstedge;p; p=p->next)
                    {
                    w=p->adjvertex;
                    if(!visited[w])
                        {
                        Visit(w);
                        visited[w]=True;
                        Q.En_Queue(w); //u 的尚未访问的邻接顶点 w 入队列 Q
                        }
                    }
            }
} // BFS
```

算法 BFStraverse( )（算法 8-7）和算法 BFS（算法 8-8）给出了对以邻接矩阵为存储结构的整个图 G 进行广度优先搜索遍历实现的 C 语言描述。

算法 8-7

```
void  MGraph ::BFStraverse( )
{                                            //广度优先搜索遍历图 G
    int  v;
    for(v=0;v<vertexNum;v++)
        visited[v]=False;                    //标志向量初始化
    for(v=0;v<vertexNum;v++)
```

```
        if(!visited[v])BFS(v);                    //v 未访问过,从 v 开始 BFS
}
```

算法 8-8

```
void  MGraph ::BFS(int  v)
{//以 v 为出发点,对图 G 进行 BFS
    int i,j;
    SeqQueue Q;
    for(v=0;v<vertexNum;v++) visited[v]=False;   //标志向量初始化
    Visit(v);                                     //访问
    visited[v]=True;
    Q.En_Queue(v);
    while(!Q.Empty_Queue())
      { Q.De_Queue(i);
         for(j=0;j<vertexNum;j++)                 //依次搜索 i 的邻接点 j
           if(arcs[i][j]= =1 && !visited[j])      //若 j 未访问
                { Visit(j);
                  visited[j]=True;
                  Q.En_Queue(j);                  //j 入队列
                }
      }
}//BFS
```

　　分析上述算法,每个顶点至多进一次队列。遍历图的过程实质是通过边或弧找邻接点的过程,因此广度优先搜索遍历图的时间复杂度和深度优先搜索遍历相同,两者不同之处仅仅在于对顶点访问的顺序不同。

8.3.3　应用图的遍历判定图的连通性

　　判定一个图的连通性是图的一个应用问题,可以利用图的遍历算法求解这一问题。本小节将重点讨论无向图的连通性。

　　在对无向图进行遍历时,对于连通图,仅需从图中任一顶点出发,进行深度优先搜索或广度优先搜索,便可访问到图中所有顶点。对非连通图,则需从多个顶点出发进行搜索,而每一次从一个新的起始点出发进行搜索过程中得到的顶点访问序列恰为其各连通分量中的顶点集。例如,图 8.7（a）是一个非连通图,按照图 8.20 所示的邻接表进行深度优先搜索遍历,需由算法 8-4 调用两次 DFS（分别从顶点 v_0 和 v_2 出发）,得到的顶点访问序列分别为

$$v_0 \ v_1 \ v_5 \ v_4 \ \text{和} \ v_2 \ v_3$$

　　这两个顶点集分别加上所有依附于这些顶点的边,便构成了非连通图 G_6 的两个连通分量,如图 8.7（b）所示。

　　因此,要想判定一个无向图是否为连通图,或有几个连通分量,就可设一个计数变量 count,初始时取值为 0,在算法 8-4 的第二个 for 循环中,每调用一次 DFS,就给 count 增 1。这样,当整个算法结束时,依据 count 的值,就可确定图的连通性了。请读者编写这个算法。

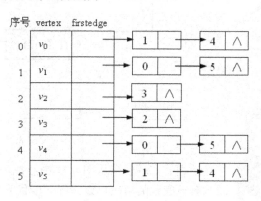

图 8.20　G_6 的邻接表

8.3.4 图的遍历的其他应用

图的深度遍历和广度遍历是图中的重要算法，灵活运用图的遍历算法可以解决一些较为复杂的问题。

【例8.1】 农夫过河问题：一个农夫带着一只羊、一只狼和一颗白菜过河（从左岸到右岸）。河边只有一条船，由于船太小，只能装下农夫和他的一样东西。在无人看管的情况下，狼要吃羊，羊要吃菜。请问：农夫如何安排才能使3样东西平安过河？

分析：该问题属于人工智能方面的经典问题，可以转换成图的问题。因为在解决问题的过程中，农夫需要多次驾船往返于两岸之间，每次可以带一样东西或自己单独过河，每次过河都会使农夫、狼、羊和菜所处的位置发生变化。如果利用一个四元组（farmer，wolf，sheep，vegetable）表示当前所处的位置，其中每个元素可以是0或1，0表示左岸，1表示右岸，则该四元组具有16种不同状态，初始时的状态为（0，0，0，0），最终要达到的目标状态为（1，1，1，1）。状态之间的转换可以有下面4种情况。

（1）农夫不带任何东西过河，可表示为

（farmer，wolf，sheep，vegetable）→（!farmer，wolf，sheep，vegetable）

（2）农夫带狼过河，可表示为

（farmer，wolf，sheep，vegetable）→（!farmer，!wolf，sheep，vegetable）

（3）农夫带羊过河，可表示为

（farmer，wolf，sheep，vegetable）→（!farmer，wolf，!sheep，vegetable）

（4）农夫带菜过河，可表示为

（farmer，wolf，sheep，vegetable）→（!farmer，wolf，sheep，!vegetable）

其中运算!代表非运算，即对于任何元素 x，有

$$!x=\begin{cases}1, & \text{当}x=0\text{时} \\ 0, & \text{当}x=1\text{时}\end{cases}$$

按照问题的求解方法发现，这16种状态中有些状态是不安全的（不允许出现）。例如，（1，0，0，1）表示农夫和菜在右岸，而狼和羊在左岸，这样狼会吃掉羊。因此从16种状态中删除不安全的状态，将剩余的安全状态之间根据转换关系联系起来，可得到求解状态图（见图8.21）。

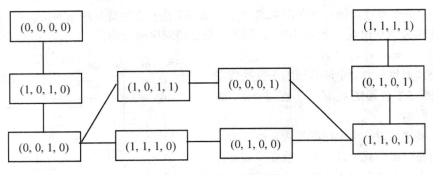

图8.21 问题求解状态图

实际问题的求解就是从图8.21中寻找一条从顶点（0，0，0，0）到（1，1，1，1）的路径问题。因此对该问题的解决可以选择深度优先搜索遍历算法或广度优先搜索遍历算法。

存储结构：采用邻接矩阵和邻接表都可以完成图中两个顶点间的路径问题，这里仅列出邻接矩阵存储结构，使用 DFS 搜索策略进行，同样也可以利用 BFS 搜索策略。

图的结点由 4 个域构成，类型定义为：

```
typedef struct {
    int farmer;
    int wolf;
    int sheep;
    int vegetable;
} VertexType;
```

问题解决方法：首先要生成如图 8.21 所示的状态空间，然后要自动生成图的存储结构（邻接表、邻接矩阵），最后利用搜索策略（深度优先、广度优先）思想求从顶点（0，0，0，0）到顶点（1，1，1，1）的一条简单路径。因此该问题有 4 种不同的解法。这里仅列出采用邻接矩阵存储结构的深度遍历算法的解决方法，具体算法如下。

算法 8-9

```
#define MaxVertexNum 10              //最大顶点数
typedef enum {FALSE,TRUE} Boolean;
class MGragh_Farmer                  //针对农夫过河问题设计的图类
{
    MGragh( ){ int i;
                for(i=0;i< MaxVertexNum;i++)visited[i]=FALSE;
               }                     //缺省构造函数，对标志数组初始化
    void CreateG( );                 //建立图的存储矩阵成员函数
    int locate(int F,int W,int S,int V);
    int is_safe(int F,int W,int S,int V);
    int is_connected(int i,int j);
    void print_path(int u,int v);
    void DFS_path(int u,int v);
    int Is_visit(int j);
   private:
    VertexType  vertexs[MaxVertexNum];            //顶点表
    Edgetype arcs[MaxVertexNum][ MaxVertexNum];   //邻接矩阵，即边表
    int vertexNum,edgeNum;                        //顶点数和边数
    int visited[MaxVertexNum];     //访问标志数组
     int path[MaxVertexNum];       //保存 DFS 搜索到的路径,即从某顶点到下一顶点的路径
}; // MGragh 是以邻接矩阵存储的图类
int MGragh_Farmer::Is_visit(int j){
               if(visited[j])return 1;
                       else return 0;
                       }

int MGragh_Farmer::locate(int F,int W,int S,int V)
                       //查找顶点(F,W,S,V)在顶点向量中的位置
{   int i;
    for(i=0;i<G->vertexNum;i++)
    if(vertexs[i].farmer==F && vertexs[i].wolf==W &&
        vertexs[i].sheep= =S && vertexs[i].vegetable= =V)
        return(i);                //返回当前位置
    return(-1);                   //没有找到此顶点
```

```
}
int MGragh_Farmer::is_safe(int F,int W,int S,int V)          //判断目前的(F,W,S,V)是否安全
{    //当农夫与羊不在一起时，狼与羊或羊与白菜在一起是不安全的
    if(F!=S && (W==S||S= =V)) return(0);
    else  return(1);      //否则安全返回
}
int MGragh_Farmer::is_connected(int i,int j)       //判断状态 i 与状态 j 之间是否可转换
{    int k=0;
    if(vertexs[i].wolf != vertexs[j].wolf)k++;
    if(vertexs[i].sheep != vertexs[j].sheep)k++;
    if(vertexs[i].vegetable != vertexs[j].vegetable)k++;
    if(vertexs[i].farmer != vertexs[j].farmer && k<=1)
//以上 3 个条件不同时满足两个且农夫状态改变时，返回真，即农夫每次只能带一件东西过河
         return(1);
         else  return(0);
 }
void MGragh_Farmer::CreateG( )
{   int i,j,F,W,S,V ;
    i=0;  //生成所有安全的图的顶点
    for(F=0;F<=1;F++)
        for(W=0;W<=1;W++)
            for(S=0;S<=1;S++)
                for(V=0;V<=1;V++)
                    if(is_safe(F,W,S,V))
                    {    vertexs[i].farmer=F;
                         vertexs[i].wolf=W;
                         vertexs[i].sheep=S;
                         vertexs[i].vegetable=V;
                         i++;
                    }
vertexNum=i;
for(i=0;i< vertexNum;i++)
    for(j=0;j< vertexNum;j++)
        if(is_connected(i,j))       //状态 i 与状态 j 之间可转化，初始化为 1，否则为 0
            edges[i][j]= edges[j][i]=1;
        else
            edges[i][j]= edges[j][i]=0;
    return;
 }
void MGragh_Farmer::print_path(int u,int v)
//输出从 u 到 v 的简单路径，即顶点序列中不重复出现的路径
{int k;
 k=u;
 while(k!=v)
    {
    cout<<endl;
    cout<< "("<<vertexs[k].farmer<<vertexs[k].wolf<<vertexs[k].sheep
    <<vertexs[k].vegetable<<")";
    k=path[k];
    }
     cout<<endl;
     cout<< "("<<vertexs[k].farmer<<vertexs[k].wolf<<vertexs[k].sheep
```

```
            <<vertexs[k].vegetable<<")";
}
void MGragh_Farmer::DFS_path(int u,int v)      //深度优先搜索从 u 到 v 的简单路径
{   int j;
    visited[u]=TRUE;                           //标记已访问过的顶点
    for(j=0;j<vertexNum;j++)
        if(edges[u][j] && !visited[j] && !visited[v])
          {path[u]=j;
           DFS_path(j,v);
          }
}
void main()
{   int i,j;
    MGragh_Farmer graph;
    graph.CreateG();
    i= graph.locate(0,0,0,0);
    j= graph.locate(1,1,1,1);
    graph .DFS_path(i,j);
    if(graph . is_visit(j))graph.Print_path(i,j);
}
```

8.4 生成树和最小生成树

8.4.1 生成树及生成森林

这一小节将给出通过对图的遍历，得到图的生成树或生成森林的算法。

设 $E(G)$ 为连通图 G 中所有边的集合，则从图中任一顶点出发遍历图时，必定将 $E(G)$ 分成两个集合 $T(G)$ 和 $B(G)$，其中 $T(G)$ 是遍历图过程中历经的边的集合，$B(G)$ 是剩余的边的集合。显然，$T(G)$ 和图 G 中所有顶点一起构成连通图 G 的极小连通子图。按照第一节的定义，它是连通图的一棵生成树，并且由深度优先搜索遍历得到的为深度优先生成树，由广度优先搜索遍历得到的为广度优先生成树。例如，图 8.22（a）和（b）所示的分别为图 8.19 所示的连通图的深度优先生成树和广度优先生成树。图中，虚线为集合 $B(G)$ 中的边，实线为集合 $T(G)$ 中的边。

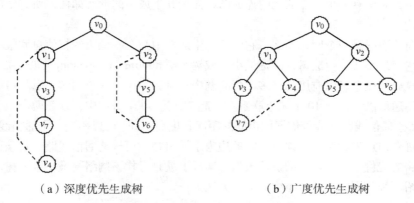

（a）深度优先生成树   （b）广度优先生成树

图 8.22 由图 8.19 得到的生成树

对于非连通图，通过这样的遍历，得到的是生成森林。例如，图 8.23（b）所示的为图 8.23（a）的深度优先生成森林，它由 3 棵深度优先生成树组成。

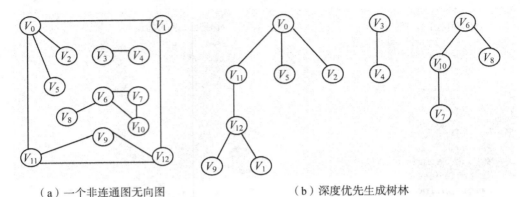

（a）一个非连通图无向图　　　　　　　　　（b）深度优先生成树林

图 8.23　非连通图及其生成树林

8.4.2　最小生成树的概念

由生成树的定义可知，无向连通图的生成树不是唯一的。连通图的一次遍历所经过的边的集合及图中所有顶点的集合就构成了该图的一棵生成树。对连通图的不同遍历，就可能得到不同的生成树。图 8.24（a）、（b）和（c）所示的均为图 8.19 所示的无向连通图的生成树。

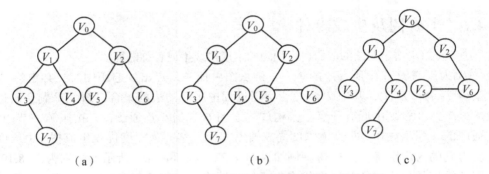

（a）　　　　　　　　　　　　（b）　　　　　　　　　　　　（c）

图 8.24　由图 8.19 所示的无向连通图得到的 3 棵生成树

可以证明，对于有 n 个顶点的无向连通图，无论其生成树的形态如何，所有生成树中都有且仅有 $n-1$ 条边。

如果无向连通图是一个网，那么，它的所有生成树中必有一棵边的权值总和最小的生成树，称这棵生成树为最小代价生成树，简称最小生成树（Minimum Cost Spanning Tree）。

最小生成树的概念可以应用到许多实际问题中。例如有这样一个问题：以尽可能低的总造价建造城市间的通信网络，把 10 个城市联系在一起。在这 10 个城市中，任意两个城市之间都可以建造通信线路，通信线路的造价依据城市间的距离长度而不同。可以构造一个通信线路造价网络，在网络中，每个顶点表示城市，顶点之间的边表示城市之间可构造通信线路，每条边的权值表示该条通信线路的造价。要想使总的造价最低，实际上就是寻找该网络的最小生成树。

下面介绍两种常用的构造最小生成树的方法。

8.4.3 构造最小生成树的 Prim 算法

假设 $G=(V, E)$ 为一网图，其中 V 为网图中所有顶点的集合，E 为网图中所有带权边的集合。设置两个新的集合 U 和 T，其中集合 U 用于存放 G 的最小生成树中的顶点，集合 T 存放 G 的最小生成树中的边。令集合 U 的初值为 $U=\{u_0\}$（假设构造最小生成树时，从顶点 u_0 出发），集合 T 的初值为 $T=\{\}$。普里姆（Prim）算法的思想是，从所有 $u \in U$，$v \in V-U$ 的顶点中，选取具有最小权值的边 (u, v)，将顶点 v 加入集合 U 中，将边 (u, v) 加入集合 T 中，如此不断重复，直到 $U=V$ 时，最小生成树构造完毕。这时集合 T 包含最小生成树的所有边。

Prim 算法可用下述过程描述，其中用 w_{uv} 表示顶点 u 与顶点 v 边上的权值。

（1）$U=\{u_0\}$，$T=\{\}$；

（2）while($U \neq V$)do

$(u, v) = \min\{w_{uv}; u \in U, v \in V-U\}$

$T = T + \{(u, v)\}$

$U = U + \{v\}$

（3）结束。

图 8.25（a）所示的一个网图，按照 Prim 方法，从顶点 v_0 出发，该网的最小生成树的产生过程如图 8.25（b）、（c）、（d）、（e）、（f）、（g）和（h）所示。

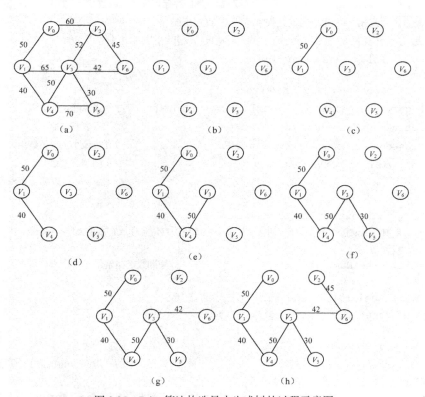

图 8.25 Prim 算法构造最小生成树的过程示意图

为实现 Prim 算法，需设置两个辅助一维数组 lowcost 和 closevertex，其中 lowcost 用来保存集合 $V-U$ 中各顶点与集合 U 中各顶点构成的边中具有最小权值的边的权值；数组 closevertex 用来保存依附于该边的在集合 U 中的顶点。假设初始状态时，$U=\{u_0\}$（u_0 为出发的顶点），这时有 lowcost[0]=0，它表示顶点 u_0 已加入集合 U 中，数组 lowcost 的其他各分量的值是顶点 u_0 到其余各顶点所构成的直接边的权值。然后不断选取权值最小的边（u_i，u_k）（$u_i \in U$，$u_k \in V-U$），每选取一条边，就将 lowcost（k）置为 0，表示顶点 uk 已加入集合 U 中。由于顶点 u_k 从集合 $V-U$ 进入集合 U 后，这两个集合的内容发生了变化，就需依据具体情况更新数组 lowcost 和 closevertex 中部分分量的内容。最后 closevertex 中即为所建立的最小生成树。

当无向网采用二维数组存储的邻接矩阵存储时，Prim 算法的 C 语言实现算法如下。

算法 8-10

```
#define INFINITY 30000               //定义一个权值的最大值
#define MaxVertexNum 30              //最大顶点数为 30
typedef struct
{int adjvertex;                      //某顶点与已构造好的部分生成树的顶点之间权值最小的顶点
 int lowcost;                        //某顶点与已构造好的部分生成树的顶点之间的最小权值
}ClosEdge;                           //定义普里姆算法求最小生成树时的辅助数组元素类型
Class MGragh
{
    public:
      MGragh( ){ }                   //缺省构造函数
      void CreatGraph( );            //建立图的存储矩阵成员函数
      void MGragh ::BFStraverse( );  //广度遍历图
      void MGragh ::BFS(int v);      //从顶点 v 开始广度遍历图
      void MiniSpanTree_PRIM(int u);
    private:
      VertexType  vertexs[MaxVertexNum];          //顶点表
      Edgetype arcs[MaxVertexNum][ MaxVertexNum]; //邻接矩阵，即边表
      int vertexNum,edgeNum;                      //顶点数和边数
      ClosEdge  close_edge[MaxVertexNum];         //存放最小生成树数组
      int  visited[MaxVertexNum];                 //访问标志数组
  };                                              //MGragh 是以邻接矩阵存储的图类

void MGragh ::MiniSpanTree_PRIM(int u)
{// 从第 u 个顶点出发构造图 G 的最小生成树,最小生成树顶点信息存放在数组 close_edge 中
 int i,j,w,k;
 for(i=0;i<vertexNum;i++)                   //辅助数组初始化
   if(i!=u)
     {close_edge[i].adjvertex=u;
      close_edge[i].lowcost=arcs[u][i];
      }
 close_edge[u].lowcost=0;                   //初始,U={u}
 for(i=0;i<vertexNum-1;i++)                 //选择其余的 G.vertexNum-1 个顶点
 { w=INFINITY;
    for(j=0;j<vertexNum;j++)                //在辅助数组 close_edge 中选择权值最小的顶点
     if(close_edge[j].lowcost!=0 && close_edge[j].lowcost<w)
     {    w=close_edge[j].lowcost;
          k=j;
       }                                    // 求出生成树的下一个顶点 k
```

```
    close_edge[k].lowcost=0;                          //第 k 个顶点并入 U 集
    for(j=0;j<vertexNum;j++)                          //新顶点并入 U 后,修改辅助数组
      if(arcs[k][j]<close_edge[j].lowcost)
        { close_edge[j].adjvertex=k;
          close_edge[j].lowcost=arcs[k][j];
        }
  }
 for(i=0;i<vertexNum;i++)                             //打印最小生成树的各条边
   if(i!=u)
     cout<<i<<" -> "<< close_edge[i].adjvertex<<","<< arcs[i][close_edge[i].
adjvertex]<<endl;
  }
```

在 Prim 算法中,第一个 for 循环的执行次数为 n-1,第二个 for 循环中又包括一个 while 循环和一个 for 循环,执行次数为 $2(n-1)^2$,所以 Prim 算法的时间复杂度为 O(n^2)。由此可知,Prim 算法与网中边数无关,适合求边稠密的网的最小生成树。

8.4.4 构造最小生成树的 Kruskal 算法

Kruskal 算法是一种按照网中边的权值递增的顺序构造最小生成树的方法。其基本思想是:设无向连通网为 $G = (V, E)$,令 G 的最小生成树为 T,其初态为 $T = (V, \{\})$,即开始时,最小生成树 T 由图 G 中的 n 个顶点构成,顶点之间没有一条边,这样 T 中各顶点各自构成一个连通分量。然后,按照边的权值由小到大的顺序,考察 G 的边集 E 中的各条边。若被考察的边的两个顶点属于 T 的两个不同的连通分量,则将此边作为最小生成树的边加入 T 中,同时把两个连通分量连接为一个连通分量;若被考察的边的两个顶点属于同一个连通分量,则舍去此边,以免造成回路。如此下去,当 T 中的连通分量个数为 1 时,此连通分量便为 G 的一棵最小生成树。构造最小生成树的过程如图 8.26 所示。在构造过程中,按照网中边的权值由小到大的顺序,不断选取当前未被选取的边集中权值最小的边。最后形成的连通分量便为 G 的一棵最小生成树。

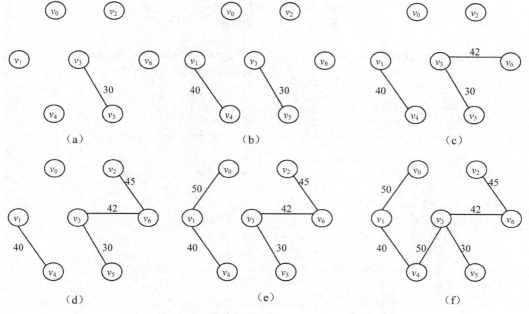

图 8.26 Kruskal 算法构造最小生成树的过程示意图

对于图 8.25（a）所示的网，按照 Kruskal 思想，n 个结点的生成树有 $n-1$ 条边，故反复上述过程，直到选取了 $n-1$ 条边为止，就构成了一棵最小生成树。

实现 Kruskal 算法的关键问题是：当一条边加入 T 的边集中后，如何判断是否构成回路。一种解决方法是定义一个一维数组 $f[n]$，存放 T 中每一个顶点所处连通分量的编号。开始令 $f[i]=i$，即图中每个顶点自成一个连通分量。如果要往 T 的边集中增加一条边 (v_i, v_j)，首先检查 $f[i]$ 和 $f[j]$ 是否相同，若相同，则表明 v_i 和 v_j 处在同一连通分量中，加入此边必然形成回路；若不相同，则不会形成回路，此时可以把此边加入生成树的边集中。当加入一条新边后，必然将两个不同的连通分量连通，此时就需将两个连通分量合并，合并方法是将一个连通分量的编号换成另一个连通分量的编号。下面以图的边表结构（用一个结构体存储图的顶点数、边数、顶点信息、边的信息）来存储一个带权的连通图，实现 Kruskal 算法如下。

图的边表存储结构的形式描述如下。

算法 8–11

```
#define MaxVertexNum  30
#define MaxEdge  100
typedef struct ENode{
    int vertex1,vertex2;
    WeightType weight;
}ENode;

class ELGraph
{                                        //注意：此图的存储结构与前面介绍的几种不一样
public:
    ELGragh( ){ }                        //缺省构造函数
    void CreatGraph( );                  //建立图的成员函数，具体实现略
    void Kruskal(ENode TE[ ]) ;
private:
    int vertexNum,edgeNum;               //顶点数，边数
    VertexType vertexs [MaxVertexNum];   //顶点信息
    ENode  edges[MaxVertexNum];          //边的信息
}
void ELGraph ::Kruskal(ENode TE[ ])      //用 Kruskal 算法构成图 G 的最小生成树，
                                         //最小生成树存放在 TE[ ]中
{   int i,j,k ;
    int f[MaxVertexNum];
    for(i=0; i<vertexNum; i++)f[i]=i;    //初始化 f 数组
    Sort(edges);                         //对图 G 的边表按权值从小到大排序
    j=0; k=0;
    while(k< vertexNum-1)                //选 n-1 条边
    {   s1=f[ edges[j].vertex1];
        s2=f[ edges[j].vertex2];
            if(s1!=s2)                   //产生一条最小边
            { TE[k].vertex1= edges[j].vertex1;
              TE[k].vertex2= edges[j].vertex2;
              TE[k].weight= edges[j].weight;
              k++;
              for(i=0; i<vertexNum; i++)
                  if(f[i]==s2)f[i]=s1;   //修改连通的编号
```

```
        }
        j++;
    }
}
```

Kruskal 算法的时间复杂度与图的边数有关。设图的顶点数为 n，边数为 e，则第一个循环初始化数组 f 的语句频度为 n。对边表排序，若采用堆排序或快速排序，则时间复杂度为 $O(eloge)$，while 循环的最大执行频度为 $O(e)$，其中包括修改 f 数组的语句频度为 n，共执行 $n-1$ 次。故总的时间复杂度为 $O(e(loge+n))$。

8.5　最　短　路　径

最短路径问题是图的又一个比较典型的应用问题。例如，某一地区的一个公路网，给定了该网内的 n 个城市以及这些城市之间的相通公路的距离，能否找到城市 A 到城市 B 之间的一条距离最近的通路？如果将城市用顶点表示，城市间的公路用边表示，公路的长度作为边的权值，那么，这个问题就可归结为在网图中，求点 A 到点 B 的所有路径中，边的权值之和最短的那一条路径。这条路径就是两点之间的最短路径，并称路径上的第一个顶点为源点（Source），最后一个顶点为终点（Destination）。下面讨论两种最常见的最短路径问题。

8.5.1　单源点的最短路径

本小节先来讨论单源点的最短路径问题。给定带权有向图 $G = (V, E)$ 和源点 $v \in V$，求从 v 到 G 中其余各顶点的最短路径。在下面的讨论中，假设源点为 v_0。

迪杰斯特拉（E.W.Dijkstra，1930—2002，荷兰计算机科学家，1972 年获图灵奖）提出了一个按路径长度递增的次序产生最短路径的算法。该算法的基本思想是：设置两个顶点的集合 S 和 $T = V-S$，集合 S 中存放已找到最短路径的顶点，集合 T 存放当前还未找到最短路径的顶点。初始状态时，集合 S 中只包含源点 v_0，然后不断从集合 T 中选取到顶点 v_0 路径长度最短的顶点 u 加入集合 S 中。集合 S 每加入一个新的顶点 u，都要修改顶点 v_0 到集合 T 中剩余顶点的最短路径长度值，集合 T 中各顶点新的最短路径长度值为原来的最短路径长度值与顶点 u 的最短路径长度值加上 u 到该顶点的路径长度值中的较小值。此过程不断重复，直到集合 T 的顶点全部加入 S 中为止。

Dijkstra 算法的正确性可以用反证法加以证明。假设下一条最短路径的终点为 x，那么，该路径必然或者是弧（v_0, x），或者是中间只经过集合 S 中的顶点而到达顶点 x 的路径。因为假如此路径上除 x 之外有一个或一个以上的顶点不在集合 S 中，那么必然存在另外的终点不在 S 中而路径长度比此路径还短的路径，这与按路径长度递增的顺序产生最短路径的前提相矛盾，所以此假设不成立。

下面介绍 Dijkstra 算法的实现。

首先，引进一个辅助向量 D，它的每个分量 $D[i]$ 表示当前所找到的从始点 v_0 到每个终点 v_i 的最短路径的长度。它的初态为：若从 v_0 到 v_i 有弧，则 $D[i]$ 为弧上的权值；否则，置 $D[i]$ 为 ∞。显然，长度为

$$D[j] = Min\{D[i] | v_i \in V\text{-}S\}, S\text{ 初值为 } \{v_0\}$$

的路径就是从 v_0 出发的长度最短的一条路径。此路径为（v_0, v_j）。

那么，下一条长度次短的路径是哪一条呢？假设该次短路径的终点是 v_k，可想而知，这条路

径或者是（v_0，v_k），或者是（v_0，v_j，v_k）。它的长度或者是从 v_0 到 v_k 的弧上的权值，或者是 $D[j]$ 和从 v_j 到 v_k 的弧上的权值之和。

依据前面介绍的算法思想，在一般情况下，下一条长度次短的路径的长度必是

$$D[j]=\text{Min}\{D[i]\mid v_i \in V\text{-}S\}$$

其中，$D[i]$ 或者是弧（v_0，v_i）上的权值，或者是 $D[k]$（$v_k \in S$ 和弧（v_k，v_i）上的权值之和。

根据以上分析，可以得到如下描述的算法。

（1）假设用带权的邻接矩阵 arcs 表示带权有向图，arcs[i][j] 表示弧 $\langle v_i$, $v_j \rangle$ 上的权值。若 $\langle v_i$, $v_j \rangle$ 不存在，则置 arcs[i][j] 为 ∞（在计算机上可用允许的最大值代替）。S 为已找到从 v_0 出发的最短路径的终点的集合，它的初始状态 $S=\{v_0\}$。那么，从 v_0 出发到图上其余各顶点 v_i 可能达到最短路径长度的初值为

$$D[i]=\text{arcs}[\text{LocateVertex}(G, v_0)][i],\ v_i \in V\text{-}S$$

（2）选择 v_j，使得

$$D[j]=\text{Min}\{D[i]\mid v_i \in V\text{-}S\}$$

v_j 就是当前求得的一条从 v_0 出发的最短路径的终点。令 $S = S \cup \{v_j\}$。

（3）修改从 v_0 出发到集合 $V\text{-}S$ 上任一顶点 v_k 可达的最短路径长度。如果

$$D[j]+ \text{arcs}[j][k]<D[k]$$

则修改 $D[k]$ 为

$$D[k]=D[j]+ \text{arcs}[j][k]$$

重复操作步骤（2）和步骤（3）共 n-1 次。由此求得从 v_0 到图上其余各顶点的最短路径是依路径长度递增的序列。

用 C++语言描述的 Dijkstra 算法如下。

算法 8-12

```
#define INFINITY 30000                        //定义一个权值的最大值
#define  MaxVertexNnum  30                     //假设有向网顶点数最大为30
#define true 1
#define false 0
Class MGragh
{
  public:
    MGragh( );                                //构造函数
    void CreatGraph( );                       //建立图的存储矩阵成员函数
    void ShortestPath_Dij(int v0);            //Dijkstra算法
    void Print_Path_Dij(int v0);              //Dijkstra算法的路径打印
    void ShortestPath_Floyd( );               // Floyd算法
    void Print_Path_Floyd(int v,int w);       //Floyd算法的路径打印
  private:
    VertexType  vertexs[MaxVertexNum];        //顶点表
    Edgetype arcs[MaxVertexNum][ MaxVertexNum];//邻接矩阵，即边表
    int vertexNum,edgeNum;                    //顶点数和边数
    int P[MaxVertexNnum],D[MaxVertexNnum]; //Dijkstra算法：P[v]表示v的前驱顶点,D[v]
                                  //表示v0到顶点v的最短带权路径长度
    int P_Floyd[MaxVertexNum] [MaxVertexNum ][MaxVertexNum ];
    int D_Floyd[MaxVertexNum][ MaxVertexNum]; //Floyd算法：若P[v][w][u]为1，则u是从v
                      //到w当前求得的最短路径上的顶点，顶点v和w之间的最短带权长度D[v][w]
```

```
};                          //MGragh 是以邻接矩阵存储的图类


void MGragh ::ShortestPath_DiJ(int v0)
  {//用迪杰斯特拉算法求有向网 G 的 v0 顶点到其余顶点 v 的最短路径,final[v]为 True 则表明已经找到从 v0
到 v 的最短路径
     int  i,j,w,v;
     int  min;
     int  final[MaxVertexNum];
     for(v=0;v<=vertexNum-1;v++)
       {  final[v]=false;
          D[v]=arcs[v0][v];
          P[v]=-1;                      //初始化，表示无前驱
          if(D[v]<INFINITY)
                      P[v]=v0;           //v0 到 v 有弧，v 的前驱初始值为 v0
       }
      D[v0]=0; final[v0]=true;    //初始时，v0 属于 S 集
                                  //开始主循环，每次求得 v0 到某个顶点 v 的最短路径，并将 v 加入 S 集
     for(i=1;i<=vertexNum;i++)    //寻找其余 G.vertexNum-1 个顶点
       { v= -1;
         min=INFINITY;
         for(w=0;w<=vertexNum-1;w++)    //寻找当前离 v0 最近的顶点 v
           if((!final[w])&&(D[w]<min))
             { v=w;
               min=D[w];
             }
         if(v= =-1)
            break;                 //若 v= -1，表明所有与 v0 有通路的顶点均已找到了最短路径,退出主循环
         final[v]=true;        //将 v 加入 S 集
         for(w=0;w<=vertexNum-1;w++)     //更新当前最短路径及距离
           if(!final[w]&&(min+arcs[v][w]<D[w]))
           { D[w]=min+arcs[v][w];
             P[w]=v;                     //修改 w 的前驱
           }
       }
  }


void MGragh ::Print_Path_Dij(int v0)
  {                                 //显示从顶点 u 到其余顶点的最短路径及距离
   int v,i,j;
     cout<<"The shortest path from Vertex: "<< v0<< " to the other Vertex:"<<endl ;
     for(v=0;v<=vertexNum-1;v++)
     {  if(P[v]= = -1)continue;       //表明顶点 v0 到顶点 v 没有通路
        cout<<D[v]<< " ";
        cout<<v<<"<=";
        i=v;
        while(P[i]!=-1)
        {    cout<< P[i] <<"<=" ;
             i=P[i];
        }
        cout<<endl;
     }
  }
```

例如，图 8.27 所示的一个有向网图的带权邻接矩阵为

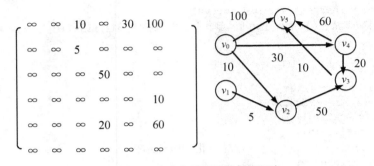

$$\begin{bmatrix} \infty & \infty & 10 & \infty & 30 & 100 \\ \infty & \infty & 5 & \infty & \infty & \infty \\ \infty & \infty & \infty & 50 & \infty & \infty \\ \infty & \infty & \infty & \infty & \infty & 10 \\ \infty & \infty & \infty & 20 & \infty & 60 \\ \infty & \infty & \infty & \infty & \infty & \infty \end{bmatrix}$$

图 8.27 一个有向网图及其邻接矩阵

若对该图施行 Dijkstra 算法，则从 v_0 到其余各顶点的最短路径及运算过程中 D 向量的变化状况如图 8.28 所示。

终点	从 v_0 到各终点的 D 值和最短路径的求解过程				
	$i=1$	$i=2$	$i=3$	$i=4$	$i=5$
v_1	∞	∞	∞	∞	∞ 无
v_2	10 (v_0, v_2)				
v_3	∞	60 $(v_0, v_2, v3)$	50 (v_0, v_4, v_3)		
v_4	30 (v_0, v_4)	30 (v_0, v_4)			
v_5	100 (v_0, v_5)	100 (v_0, v_5)	90 (v_0, v_4, v_5)	60 (v_0, v_4, v_3, v_5)	
v_j	v_2	v_4	v_3	v_5	
S	$\{v_0, v_2\}$	$\{v_0, v_2, v_4\}$	$\{v_0, v_2, v_3, v_4\}$	$\{v_0, v_2, v_3, v_4, v_5\}$	

图 8.28　Dijkstra 算法构造单源点最短路径各参数的变化示意图

下面分析这个算法的运行时间。第一个 for 循环的时间复杂度是 O(n)，第二个 for 循环共进行 n-1 次，每次执行的时间是 O(n)。所以总的时间复杂度是 O(n^2)。如果用带权的邻接表作为有向图的存储结构，则虽然修改 D 向量的时间可以减少，但由于在 D 向量中选择最小的分量的时间不变，所以总的时间仍为 O(n^2)。

如果只希望找到从源点到某一个特定终点的最短路径，算法是否简单呢？从上面求最短路径的原理来看，这个问题和求源点到其他所有顶点的最短路径一样复杂，其时间复杂度也是 O(n^2)。

8.5.2　每对顶点之间的最短路径

解决这个问题的一个办法是：每次以一个顶点为源点，重复调用迪杰斯特拉算法便可求得每一对顶点之间的最短路径。总的执行时间为 O(n^3)。

这里要介绍由罗伯特·弗洛伊德（Robert W.Floyd，1936—2001，美国计算机科学家，1978年获图灵奖）提出的另一个算法。Floyd 算法的时间复杂度也是 O(n^3)，但形式上简单些，而且算法设计思想比较独特。

弗洛伊德算法仍从图的带权邻接矩阵出发，其基本思想是：

假设求从顶点 v_i 到 v_j 的最短路径。如果从 v_i 到 v_j 有弧，则从 v_i 到 v_j 存在一条长度为 arcs[i][j] 的路径，该路径不一定是最短路径，尚需进行 n 次试探。首先考虑路径 (v_i, v_0, v_j) 是否存在（判别弧 (v_i, v_0) 和 (v_0, v_j) 是否存在）。如果存在，则比较 (v_i, v_j) 和 (v_i, v_0, v_j) 的路径长度，取长度较短者为从 v_i 到 v_j 的中间顶点的序号不大于 0 的最短路径。假如在路径上再增加一个顶点 v_1，也就是说，如果 $(v_i, \cdots, v_1)$ 和 $(v_1, \cdots, v_j)$ 分别是当前找到的中间顶点的序号不大于 0 的最短路径，那么 $(v_i, \cdots, v_1, \cdots, v_j)$ 就有可能是从 v_i 到 v_j 的中间顶点的序号不大于 1 的最短路径。将它和已经得到的从 v_i 到 v_j 中间顶点序号不大于 0 的最短路径相比较，从中选出中间顶点的序号不大于 1 的最短路径之后，再增加一个顶点 v_2，继续进行试探，依此类推。在一般情况下，若 $(v_i, \cdots, v_k)$ 和 $(v_k, \cdots, v_j)$ 分别是从 v_i 到 v_k 和从 v_k 到 v_j 的中间顶点的序号不大于 $k-1$ 的最短路径，则将 $(v_i, \cdots, v_k, \cdots, v_j)$ 和已经得到的从 v_i 到 v_j 且中间顶点序号不大于 $k-1$ 的最短路径相比较，其长度较短者便是从 v_i 到 v_j 的中间顶点的序号不大于 k 的最短路径。这样，在经过 n 次比较后，最后求得的必是从 v_i 到 v_j 的最短路径。

按此方法，可以同时求得各对顶点间的最短路径。

现定义一个 n 阶方阵序列：

$$D^{(-1)}, \ D^{(0)}, \ \cdots, \ D^{(k)}, \ \cdots, \ D^{(n-1)}$$

其中

$$D^{(-1)}[i][j]=arcs[i][j]$$
$$D^{(k)}[i][j]=Min\{D^{(k-1)}[i][j], \ D^{(k-1)}[i][k]+D^{(k-1)}[k][j]\} \quad 0 \leqslant k \leqslant n-1$$

从上述计算公式可见，$D^{(1)}[i][j]$ 是从 v_i 到 v_j 的中间顶点的序号不大于 1 的最短路径的长度；$D^{(k)}[i][j]$ 是从 v_i 到 v_j 的中间顶点的序号不大于 k 的最短路径的长度；$D^{(n-1)}[i][j]$ 就是从 v_i 到 v_j 的最短路径的长度。

由此得到求任意两顶点间的最短路径的算法如下。

算法 8-13

```
#define INFINITY 30000          //定义一个权值的最大值
#define  MaxVertexNum  30        //假设有向网顶点数最大为 30
void MGragh ::ShortestPath_Floyd( )
{//用 Floyd 算法求有向网 G 中各对顶点 v 和 w 之间的最短路径 P[v][w] 及其带权长度 D[v][w]。
 //若 P[v][w][u] 为 1, 则 u 是从 v 到 w 当前求得的最短路径上的顶点
  for(v=0; v<vertexNum; ++v)            //各对顶点之间初始已知路径及距离
    for(w=0; w<vertexNum; ++w)
      {
      D[v][w]= arcs[v][w];
        for(u=0; u<vertexNum; ++u)P[v][w][u]=0;
         if(D[v][w]<INFINITY)          //从 v 到 w 有直接路径
           { P[v][w][v]=1;
             P[v][w][w]=1;
           }
      }
  for(u=0; u< vertexNum; ++u)
    for(v=0; v< vertexNum; ++v)
      for(w=0; w< vertexNum; ++w)
        if(D[v][u]+D[u][w]<D[v][w])  //从 v 经 u 到 w 的一条路径更短
          {
          D[v][w]=D[v][u]+D[u][w];
```

```
        P[v][w][u]=1;
        }
}// ShortestPath_Floyd
```

同时，下面的算法给出了如何打印出任意顶点间的路径方法。其主要思想是：在最终得到的最短路径方阵 P 中，利用递归的思想查找任意两个顶点 i、j 之间的最短路径。

算法 8-14

```
void MGragh ::Print_Path_Floyd(int v,int w)
//显示从 v 到 w 的最短路径
{ int i;
 for(i=1;i<= vertexNum;i++)
    if(i!=v&&i!=w&&P[v][w][i]==True)break;   //!(i==v || i==w || p[v][w][i]==false)
 if(i> vertexNum)cout<<v << "->" <<w<<endl; //v 和 w 之间有直接的最短路径，说明
                                            //从 v 到 w 不需要经过其他顶点

    else
    {
    Print_Path_Floyd(v,i,P);                //否则从 v 到 w 需经过顶点 i，先显示从 v 到 i 的最短路径
    Print_Path_Floyd(i,w,P);                //显示从 i 到 w 的最短路径
    }
}
```

图 8.29 给出了一个简单的有向网、邻接矩阵以及利用上述算法所求的最短路径值方阵 D 和最短路径序列方阵 P。由 $D^{(-1)}$ 方阵求出 $D^{(0)}$，由 $D^{(0)}$ 求出 $D^{(1)}$，由 $D^{(1)}$ 求出 $D^{(2)}$；同理，由 $P^{(-1)}$ 求出 $P^{(0)}$，由 $P^{(0)}$ 求出 $P^{(1)}$，由 $P^{(1)}$ 求出 $P^{(2)}$，$D^{(2)}$、$P^{(2)}$ 就是最后的结果。

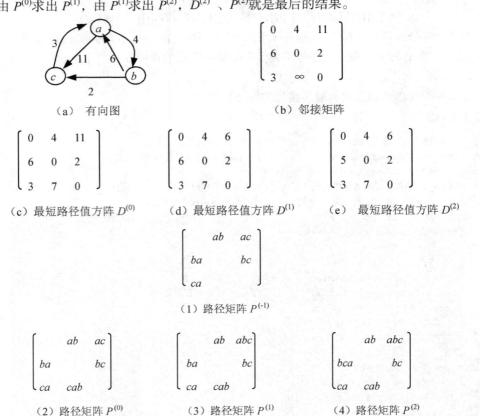

（a）有向图   （b）邻接矩阵

（c）最短路径值方阵 $D^{(0)}$ （d）最短路径值方阵 $D^{(1)}$ （e）最短路径值方阵 $D^{(2)}$

（1）路径矩阵 $P^{(-1)}$

（2）路径矩阵 $P^{(0)}$ （3）路径矩阵 $P^{(1)}$ （4）路径矩阵 $P^{(2)}$

图 8.29 一个有向网图和其最短路径长度及最短路径矩阵

8.6 有向无环图及其应用

8.6.1 有向无环图的概念

一个无环的有向图称作有向无环图（Directed Acycline Graph），简称 DAG 图。DAG 图是一类较有向树更一般的特殊有向图。图 8.30 给出了有向树、DAG 图和有向图的例子。

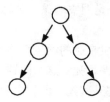 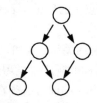 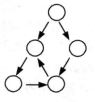

图 8.30 有向树、DAG 图和有向图示意

有向无环图是描述含有公共子式的表达式的有效工具。例如下述表达式：

$$((a+b)*(b*(c+d)+(c+d)*e)*((c+d)*e)$$

可以用二叉树来表示，如图 8.31 所示。仔细观察该表达式可发现，有一些相同的子表达式，如（$c+d$）和（$c+d$）*e 等。在二叉树中，它们也重复出现。若利用有向无环图，则可实现对相同子式的共享，从而节省存储空间。例如，图 8.32 所示为表示同一表达式的有向无环图。

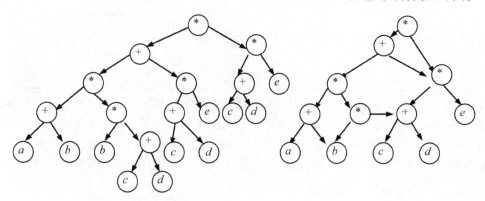

图 8.31 用二叉树描述表达式   图 8.32 描述表达式的有向无环图

检查一个有向图是否存在环要比无向图复杂。对于无向图来说，若深度优先遍历过程中遇到回边（指向已访问过的顶点的边），则必定存在环；而对于有向图来说，这条回边有可能是指向深度优先生成森林中另一棵生成树上顶点的弧。但是，如果从有向图上某个顶点 v 出发的遍历，在 DFS(v) 结束之前出现一条从顶点 u 到顶点 v 的回边，由于 u 在生成树上是 v 的子孙，则有向图必定存在包含顶点 v 和 u 的环。

有向无环图是描述一项工程或系统进行过程的有效工具。除最简单的情况之外，几乎所有的工程（Project）都可分为若干个称作活动（Activity）的子工程。而这些子工程之间，通常受一定条件的约束，如其中某些子工程的开始必须在另一些子工程完成之后。对整个工程和系统，人们关心的是两方面的问题：一是工程能否顺利进行；二是估算整个工程完成所必需的最短时间。以下两小节将详细介绍这样两个问题是如何通过对有向图进行拓扑排序和关键路径操作来解决的。

8.6.2 AOV 网与拓扑排序

现代化管理中，为了分析和实施一项工程计划，往往把一个较大的工程划分为许多子工程，这些子工程就称为活动。在整个工程实施中，有些活动开始是以它的所有前序活动的结束为先决条件的，必须在其他有关活动完成之后才能开始；有些活动没有先决条件，可以安排在任何时间开始。AOV 网就是一种可以形象地反映出整个工程中各活动的先后关系的有向图。若以图中的顶点表示活动，有向边表示活动之间的优先关系，则这种活动在顶点上的有向图称为 AOV 网（Activity On Vertex Network）。在 AOV 网中，若从顶点 i 到顶点 j 之间存在一条有向路径，称顶点 i 是顶点 j 的前驱，或者称顶点 j 是顶点 i 的后继。若<i, j>是图中的弧，则称顶点 i 是顶点 j 的直接前驱，顶点 j 是顶点 i 的直接后继。

AOV 网中的弧表示活动之间存在的制约关系。例如，计算机专业的学生必须完成一系列规定的基础课和专业课才能毕业。学生按照怎样的顺序来学习这些课程呢？这个问题可以被看成一个大的工程，其活动就是学习每一门课程。有一些课程必须在学完某些先行课程之后才能开始学习，有些课程可以随时安排学习。这些课程的名称与相应代号如表 8-1 所示。

表 8-1 计算机专业课程设置

课程代号	课程名	先行课程代号	课程代号	课程名	先行课程代号
C_1	计算机导论	无	C_8	算法分析	C_3
C_2	数值分析	C_1, C_{13}	C_9	高级语言	C_3, C_4
C_3	数据结构	C_1, C_{13}	C_{10}	编译系统	C_9
C_4	汇编语言	C_1, C_{12}	C_{11}	操作系统	C_{10}
C_5	自动控制理论	C_{13}	C_{12}	解析几何	无
C_6	人工智能	C_3	C_{13}	高等数学	C_{12}
C_7	微机原理	C_{13}			

表 8-1 中，C_1、C_{12} 是独立于其他课程的基础课，而有的课却需要有先行课程，比如，学完《计算机导论》和《高等数学》后才能学《数值分析》。先行条件规定了课程之间的优先关系。这种优先关系可以用图 8.33 所示的有向图来表示。其中，顶点表示课程，有向边表示前提条件。若课程 i 为课程 j 的先行课程，则必然存在有向边〈i, j〉。在安排学习顺序时，必须保证在学习某门课之前已经学习了其先行课程。

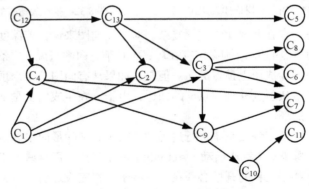

图 8.33 一个 AOV 网实例

类似的 AOV 网的例子还有很多，比如人们熟悉的计算机程序，任何一个可执行程序也可以划分为若干个程序段（或若干语句），由这些程序段组成的流程图也是一个 AOV 网。

给出有向图 $G=(V, E)$，对于 V 中顶点的线性序列（v_{i1}, v_{i2}, …, v_{in}），如果满足如下条件：若在 G 中从顶点 v_i 到 v_j 有一条路径，则在序列中顶点 v_i 必在顶点 v_j 之前，则该序列称为 G 的一个拓扑序列（Topological Order）。构造有向图的一个拓扑序列过程称为拓扑排序（Topological Sort）。

AOV 网所代表的一项工程中活动的集合显然是一个偏序集合。为了保证该项工程得以顺利完成，必须保证 AOV 网中不出现回路；否则，意味着某项活动应以自身作为能否开展的先决条件，这是荒谬的。

测试 AOV 网是否没有回路（是否是一个有向无环图）的方法，就是在 AOV 网的偏序集合下构造一个线性序列，该线性序列具有以下性质。

（1）AOV 网中，若顶点 i 优先于顶点 j，则在线性序列中，顶点 i 仍然优先于顶点 j；

（2）对于网中原来没有优先关系的顶点 i 与顶点 j，如图 8.33 所示的 C_1 与 C_{13}，在线性序列中也建立一个先后关系，或者顶点 i 优先于顶点 j，或者顶点 j 优先于顶点 i。

满足这种性质的线性序列称为拓扑有序序列。构造拓扑序列的过程称为拓扑排序。也可以说，拓扑排序就是由某个集合上的一个偏序得到该集合上的一个全序的操作。

若某个 AOV 网中所有顶点都在它的拓扑序列中，说明该 AOV 网不会存在回路，这时的拓扑序列集合是 AOV 网中所有活动的一个全序集合。以图 8.33 中的 AOV 网为例，可以得到不止一个拓扑序列，C_1、C_{12}、C_4、C_{13}、C_5、C_2、C_3、C_9、C_7、C_{10}、C_{11}、C_6、C_8 就是其中之一。显然，对于任何一项工程中各活动的安排，必须按拓扑有序序列中的顺序进行才是可行的。

对 AOV 网进行拓扑排序的方法和步骤是：

①从 AOV 网中选择一个没有前驱的顶点（该顶点的入度为 0）并且输出它；

②从网中删除该顶点，并且删除从该顶点发出的全部有向边；

③重复上述两步，直到剩余的网中不再存在没有前驱的顶点为止。

这样操作的结果有两种：一种是网中全部顶点都被输出，这说明网中不存在有向回路；另一种是网中顶点未被全部输出，剩余的顶点均有前驱顶点，这说明网中存在有向回路。

图 8.34 给出了在一个 AOV 网上实施上述步骤的例子。

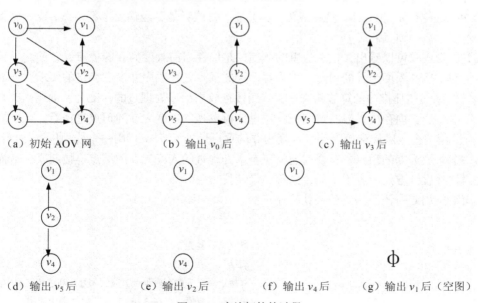

图 8.34 实施拓扑的过程

这样得到一个拓扑序列：v_0，v_3，v_5，v_2，v_4，v_1。

为了实现上述算法，对 AOV 网采用邻接表存储方式，并且邻接表中顶点结点中增加一个记录顶点入度的数据域，即顶点结构设为

indegree	vertex	firstedge

其中，vertex、firstedge 的含义如前所述；indegree 为记录顶点入度的数据域。图 8.34（a）所示的 AOV 网的邻接表如图 8.35 所示。

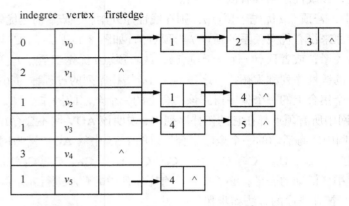

图 8.35 图 8.34（a）所示的一个 AOV 网的邻接表

算法中可设置一个堆栈，凡是网中入度为 0 的顶点都将其入栈。为此，拓扑排序的算法步骤为：
① 将没有前驱的顶点（indegree 域为 0）压入栈。
② 从栈中退出栈顶元素输出，并把该顶点引出的所有有向边删除，即把它的各邻接顶点的入度减 1。
③ 将新的入度为 0 的顶点再入堆栈。
④ 重复步骤②～步骤④，直到栈为空为止。此时或者是已经输出全部顶点，或者剩下的顶点中没有入度为 0 的顶点。

从上面的步骤可以看出，栈在这里的作用只是保存当前入度为 0 的顶点，并使之处理有序。也可用队列来保存入度为 0 的顶点，因为对保存的顶点处理顺序并没有特定的要求。下面给出的用 C 语言描述的拓扑排序的算法实现中，采用栈存放当前未处理过的入度为 0 的结点，是不是必须定义一个栈、在内存增设栈的空间呢？通过分析发现，入度为 0 的顶点进栈后，入度域没有作用了，可以用这个入度域存放下一个入度为 0 的顶点地址（下标），用一个栈顶位置的指针（Top）指向第一个入度为 0 的顶点，这样就能将所有未处理过的入度为 0 的结点连接起来，从而形成一个链栈。这种设计方法节省了空间，是程序设计技巧之一。

下面给出用 C++语言描述的拓扑排序算法。

算法 8-15

```
#define MaxVertexNum 30          //最大顶点数为30
typedef  struct node {           //表结点
        int adjvertex;           //邻接点域，一般存放顶点对应的序号或在表头向量中的下标
        int  info;               //弧的时间权值，将在 8.6.3 小节 AOE 网中使用
        struct node  * next;     //指向下一个邻接点的指针域
```

```
                   }EdgeNode;
typedef struct vnode {                    //顶点表结点
          int indegree;                   //存放顶点入度
          int vertex;                     //顶点域
          EdgeNode  * firstedge;          //边表头指针
          }VertexNode;
class ALGraph
 {
 public:
   ALGraph( ){ }
   void CreateALGraph( );
   void FindInDegree( );
   void Top_Sort( );                      //AOV 网中，求拓扑排序序列
   int TopOrder(int tpord[ ],int ve[ ]);  //AOE 网中，求各顶点事件的最早发生时间的算法
   int Criticalpath( );                   //AOE 网中，求关键路径
 private:
     VertexNode adjlist[MaxVertexNum];     //邻接表
     int vertexNum,edgeNum;                //顶点数和边数
    }                                      //ALGraph 是以邻接表方式存储
void ALGraph ::FindInDegree()             //求各顶点的入度
{   int i;
    EdgeNode *p;
    for(i=0;i<vertexNum;i++)
       adjlist[i].indegree=0;
    for(i=0;i<vertexNum;i++)
    {  for(p=adjlist[i].firstedge;p;p=p->next)
        adjlist[p->adjvertex].indegree++;
    }
}
void ALGraph ::Top_Sort( )
{                                         //对以邻接链表为存储结构的图 G，输出其拓扑序列
int i,j,k,count=0;
int top = -1;                             //栈顶指针初始化
EdgeNode  *p;
FindInDegree( );                          //求各顶点的入度
for(i=0;i<vertexNum;i++)                  //依次将入度为 0 的顶点压入链式栈
    {  if(adjlist[i].indegree==0)
       {   adjlist[i].indegree=top;
           top=i;
       }
    }
 while(top!=-1)                           //栈不空
    {  j=top;
       top=adjlist[top].indegree;         //从栈中退出一个顶点并输出
       cout<<adjlist[j].vertex<<"  " ;
       count++;                           //排序到的顶点计数
       for(p=adjlist[j].firstedge; p; p=p->next)
       {  k=p->adjvertex;
          adjlist[k].indegree--;          //当前输出顶点邻接点的入度减 1
          if(adjlist[k].indegree= =0)     //新的入度为 0 的顶点进栈
```

```
              { adjlist[k].indegree=top;
                top=k;                                  //修改栈顶下标
              }
            }
          }
      if(count<vertexNum)cout<<"The network has a cycle"<<endl;
    }
```

对一个具有 n 个顶点、e 条边的网来说，整个算法的时间复杂度为 $O(n+e)$。

8.6.3　AOE 网与关键路径

如果在带权的有向图中，以顶点表示事件，以有向边表示活动，边上的权值表示活动的开销（如该活动持续的时间），则此带权的有向图称为 AOE 网（Activity On Edge Network）。

AOV 网和 AOE 网有密切关系但又不同。如果分别用 AOV 网和 AOE 网表示一项工程，那么 AOV 网中仅仅体现出各子工程（用顶点表示）之间的优先关系，这种关系是定性的关系；而在 AOE 网中还要体现出完成各子工程（用边表示）的确切时间，各子工程的关系是一种定量的关系。因此，如果用 AOE 网表示一项工程，那么，仅仅考虑各子工程之间的优先关系还不够，更多的是关心整个工程完成的最短时间是多少，哪些活动的延期将会影响整个工程的进度，而加速这些活动是否会提高整个工程的效率。因此，通常在 AOE 网中列出完成预定工程计划所需要进行的活动，每个活动计划完成的时间，要发生哪些事件以及这些事件与活动之间的关系，从而可以确定该项工程是否可行，估算工程完成的时间以及确定哪些活动是影响工程进度的关键。

AOE 网具有以下两个性质。

（1）只有在某顶点所代表的事件发生后，从该顶点出发的各有向边所代表的活动才能开始。只有在进入某一顶点的各有向边所代表的活动都已结束后，该顶点所代表的事件才能发生。

（2）在一个表示工程的 AOE 网中应该不存在回路，网中仅存在一个入度为 0 的顶点，称为源点，它表示整个工程的开始；网中也仅存在一个出度为 0 的顶点，称为终点，它表示整个工程的结束。

图 8.36 给出了一个具有 15 个活动、10 个事件的假想工程的 AOE 网。v_0, v_2, ..., v_9 分别表示一个事件，$<v_0, v_1>$, $<v_0, v_2>$, ..., $<v_8, v_9>$ 分别表示一个活动，用 a_1, a_2, ..., a_{15} 代表这些活动。其中，v_0 称为源点，是整个工程的开始点，其入度为 0；v_9 为汇点，是整个工程的结束点，其出度为 0。

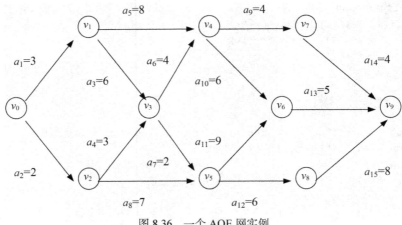

图 8.36　一个 AOE 网实例

对于 AOE 网，可采用与 AOV 网一样的邻接表存储方式。其中，邻接表中边结点的信息域为该边的权值，即该有向边代表的活动所持续的时间。

利用 AOE 网进行工程管理，一般讨论以下两个问题。

① 完成整个工程至少需要多少时间？

② 哪些活动是影响工程进度的关键活动？

由于 AOE 网中的某些活动能够同时进行，故完成整个工程所必须花费的时间应该为源点到终点的最大路径长度（这里的路径长度是指该路径上的各活动所需时间之和）。具有最大路径长度的路径称为关键路径。关键路径上的活动称为关键活动。关键路径长度是整个工程所需的最短工期。这就是说，要缩短整个工期，必须加快关键活动的进度。因此，利用 AOE 网进行工程管理时所需解决的主要问题是计算出完成整个工程的最长路径，从而确定关键路径，以找出影响工程进度的关键活动。

为了在 AOE 网中找出关键路径，需要定义几个参量，并且说明其计算方法。

（1）事件的最早发生时间 $v_e(j)$

$v_e(j)$ 是指从源点到顶点 v_j 的最大路径长度。这个时间决定了所有从顶点 v_j 发出的有向边所代表的活动能够开工的最早时间。根据 AOE 网的性质，只有进入 v_j 的所有活动 $<v_i, v_j>$ 都结束时，v_j 代表的事件才能发生；而活动 $<v_i, v_j>$ 的最早结束时间为 $v_e(i)+$dut$(<v_i, v_j>)$。通常将工程的源点事件 v_0 的最早发生时间定义为 0。所以计算 v_j 的最早发生时间的方法如下：

$$\begin{cases} v_e(0)=0 \\ v_e(j)=\text{Max}\{v_e(i)+\text{dut}(<v_i, v_j>)\} \quad <v_i, v_j> \in T \end{cases}$$

其中，T 表示所有到达 v_j 的有向边的集合；dut（$<v_i, v_j>$）为有向边 $<v_i, v_j>$ 上的权值。

（2）事件的最迟发生时间 $v_l(i)$

$v_l(i)$ 是指在不推迟整个工期的前提下，事件 v_i 允许的最迟发生时间。设有向边 $<v_i, v_j>$ 代表从 v_i 出发的活动。为了不拖延整个工期，v_i 发生的最迟时间必须保证不推迟从事件 v_i 出发的所有活动 $<v_i, v_j>$ 的终点 v_j 的最迟时间 $v_l(j)$。显然，$v_l(n-1)=v_e(n-1)$。$v_l(i)$ 的计算方法如下。

$$\begin{cases} v_l(n-1)=v_e(n-1) \\ v_l(i)=\text{Min}\{v_l(j)-\text{dut}(<v_i, v_j>)\} \quad <v_i, v_j> \in S \end{cases}$$

其中，S 为所有从 v_i 发出的有向边的集合。

（3）活动 $a_k=<v_i, v_j>$ 的最早开始时间 $e(k)$

若活动 a_k 由弧 $<v_i, v_j>$ 表示，根据 AOE 网的性质，只有事件 v_i 发生了，活动 a_k 才能开始。也就是说，活动 a_k 的最早开始时间应等于事件 v_i 的最早发生时间。因此，

$$e(k)=v_e(i)$$

（4）活动 $a_k=<v_i, v_j>$ 的最迟开始时间 $l(k)$

活动 a_k 的最迟开始时间指在不推迟整个工程完成日期的前提下，必须开始的最迟时间。若由弧 $<v_i, v_j>$ 表示，则 a_k 的最迟开始时间要保证事件 v_j 的最迟发生时间不拖后。因此，应该有

$$l(k)=\text{vl}(j)-\text{dut}(<vi, vj>)$$

根据每个活动的最早开始时间 $e(k)$ 和最迟开始时间 $l(k)$ 就可判定该活动是否为关键活动，也就是那些 $l(k)=e(k)$ 的活动就是关键活动，而那些 $l(k)>e(k)$ 的活动则不是关键活动，$l(k)-e(k)$ 的值为活动的时间余量，是在不延误工期的前提下活动 a_k 可以延迟的时间。关键活动确定之后，关键活动所在的路径就是关键路径。

求 $v_e(j)$ 和 $v_l(i)$ 需分两步进行。

（1）从 $v_e(0)=0$ 开始向前递推

$v_e(j)=\text{Max}\{v_e(i)+\text{dut}(<v_i,\ v_j>)\}$ $<v_i,\ v_j>\in T,\ 1\le j\le n-1$

其中，T 表示所有到达 v_j 的有向边的集合。

（2）从 $v_l(n-1)=v_e(n-1)$ 起向后递推

$v_l(i)=\text{Min}\{v_l(j)-\text{dut}(<v_i,\ v_j>)\}$ $<v_i,\ v_j>\in S,\ 0\le i\le n-2$

其中，S 为所有从 v_i 发出的有向边的集合。

这两个递推公式的计算必须分别在拓扑有序和逆拓扑有序的前提下进行的。其中，$v_e(j)$ 必须在 v_j 所有前驱的最早发生时间求得之后才能确定，而 $v_l(i)$ 则必须在 v_i 所有后继的最迟发生时间求得之后才能确定。因此可以在拓扑排序的基础上计算 $v_e(j)$ 和 $v_l(i)$。

由上述方法得到求关键路径的算法步骤如下。

（1）从源点 v_0 出发，令 $v_e[0]=0$，按拓扑有序求其余各顶点的最早发生时间 $v_e[i](1\le i\le n-1)$。如果得到的拓扑有序序列中顶点数小于网中顶点数 n，则说明网中存在环，不能求关键路径，算法终止；否则执行步骤（2）。

（2）从汇点 v_{n-1} 出发，令 $v_l[n-1]=v_e[n-1]$，按逆拓扑有序求其余各顶点的最迟发生时间 $v_l[i](0\le i\le n-2)$。

（3）根据各顶点的 v_e 和 v_l 值，求每条弧 s 的最早开始时间 $e(s)$ 和最迟开始时间 $l(s)$。若某条弧满足条件 $e(s)=l(s)$，则为关键活动。

步骤（1）由拓扑排序算法 8-15 改造而来，见算法 8-16。步骤（2）、（3）见算法 8-17。

算法中 AOE 网的存储结构和 AOV 网拓扑排序采用的存储结构一样，都是邻接表。不过 AOE 网在表结点上需要增加一个弧的时间权值域。

```
typedef  struct  node {            //表结点
    int adjvertex;                 //邻接点域，一般存放顶点对应的序号或在表头向量中的下标
    int  info;                     //弧的时间权值
    struct node * next;            //指向下一个邻接点的指针域
}EdgeNode;
```

邻接表存储结构的其他定义同算法 8-2。

算法 8-16　拓扑排序算法

```
int ALGraph ::TopOrder(int tpord[ ],int ve[ ])
{   //有向网 G 采用邻接表存储结构，求各顶点事件的最早发生时间 ve
    //若 G 无回路，用数组 tpord[ ]保存 G 的一个拓扑序列；且函数返回值为 1，否则为 0
    int  i,j,k,count=0;
    top = -1;                      //栈顶指针初始化
    EdgeNode *p;
    FindInDegree( );               //求各顶点的入度，见算法 8-15
    for(i=0;i<vertexNum;i++)       //依次将入度为 0 的顶点压入链式栈
    { if(adjlist[i].indegree= =0
       { adjlist[i].indegree=top;
         top=i;
       }
    }
    while(top!=-1)                 //栈不空
    {   j=top;
```

```
        top=adjlist[top].indegree;              //从栈中退出一个顶点并输出
        tpord[count++]=adjlist[j].vertex;
        for(p=adjlist[j].firstedge ;p ;p=p->next)
        {
            k=p->adjvertex;
            adjlist[k].indegree--;              //当前输出顶点邻接点的入度减1
            if(adjlist[k].indegree= =0)          //新的入度为0的顶点进栈
            {
                adjlist[k].indegree=top;
                top=k;                          //修改栈顶下标
            }
            if(ve[j]+p->info > ve[k])
                    ve[k]=ve[j]+p->info;        //p->info 为活动(边)的持续时间
        }
    }
    if(count<vertexNum)  return 0;              //该有向网有回路则返回0，否则返回1
        else return 1;
} // TopOrder
```

算法 8-17   求关键路径算法

```
int ALGraph ::Criticalpath( )
{    // G 为 AOE 网，输出 G 的各项关键活动
    int i,j,k,e,l,ve[MaxVertexNum],vl[MaxVertexNum],order[MaxVertexNum];
    EdgeNode *p;
    int count= vertexNum;
    if(TopOrder(order,ve)= =0)return 0;              //该有向网有回路，返回0
    for(i=0;i<vertexNum;i++)vl[i]=ve[vertexNum-1];   //初始化顶点事件的最迟发生时间
    for(i=count; i>0; i--)                           //按拓扑逆序求各顶点的 vl 值
    {    j=order[i-1];
        for(p=adjlist[j].firstedge; p; p=p->next)
        {    k=p->adjvertex;
            if(vl[k] - p->info < vl[j])  vl[j]=vl[k] - p->info;
        }
    }
    for(j=0; j<vertexNum; j++)                       //求 e、l 和关键活动
        for(p=adjlist[j].firstedge; p; p=p->next)
        {    k=p->adjvertex;
            e=ve[j];
            l=vl[k] - p->info;
            if(e= =l)cout<<j <<" ->" << k;           //输出关键活动
        }
    return 1;                                        //求出关键活动后返回1
} //Criticalpath
```

对于图 8.36 所示的网，从 v_0 到 v_9 可计算求得的关键路径有两条：<v_0，v_1，v_3，v_5，v_6，v_9>和<v_0，v_1，v_3，v_5，v_8，v_9>。它们的长度都是 25，即整个工程用 25 天就能完成。

实践证明：用 AOE 网估算工程的完成时间是非常有用的。但由于网中各项活动是相互牵涉的，因此影响关键活动的因素也是多方面的，任何一项活动持续时间的改变都会影响关键路径的改变。另一方面，并不是加快任何一个关键活动都可缩短整个工程的完成时间。只有加快那些包含在所有关键路径上的关键活动才能达到这个目的。通过分析图 8.37 可以看出，a_{12} 是关键活动，

它在两条关键路径的其中一条上。如果加快 a_{12} 的速度，使之由 6 天变成 4 天完成，并不能把整个工程工期缩短为 23 天。如果一个活动处于所有关键路径上，那么提高这个活动的速度，就能缩短工期。例如把 a_3 的速度由 6 天变成 4 天，由于 a_3 处在所有的关键路径上，这样整个工程 23 天就能完成。但完成时间不能缩短太多，否则会使原来的关键路径变成不是关键路径，需要重新寻找路径。由此可见，关键活动速度的提高是有限的。只有在不改变网的关键路径的情况下，提高关键活动的速度才能有效。

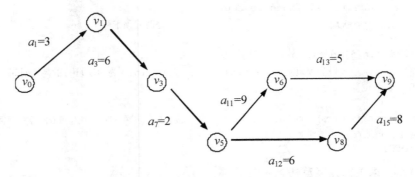

图 8.37　一个 AOE 网的关键路径实例

本章小结

图是一种应用范围很广的非线性数据结构，是一种网状结构。图中任何两个数据元素之间都可能存在关系，即数据元素之间存在多对多的关系。在有向图中，每个元素可以有多个直接前驱和直接后继，并且两个元素可以互为直接前驱和直接后继。

需要存储图的顶点信息和边的信息（顶点之间的关系），通常为了运算方便，将它们分开存储。对于图的顶点信息，适合采用能够直接存取的数组存储；对于图的边信息，主要有邻接矩阵、邻接表、十字链表以及邻接多重表等存储方式。

图的遍历是从图的某个顶点出发，按照某种搜索策略访问图中所有顶点且每个顶点仅访问一次。按搜索策略的不同，有深度优先和广度优先两种遍历方法。它们对无向图和有向图都适用。由于图中有回路，在访问某个顶点之后可能沿着某条路径又回到该顶点。因此，为避免同一顶点被多次访问，通常引入一辅助数组，记录每个顶点是否被访问过。图的遍历是图的许多其他操作的基础。以遍历算法为基础或遍历算法为框架，可以写出图的许多操作或应用算法，如判断两顶点的可达性，判断图的连通性，求无向图的生成树等。

一条连通图的生成树含有该图的全部 n 个顶点和 n-1 条边，其中权值和最小的生成树为最小生成树。Prim 算法和 Kruskal 算法是构造最小生成树的两个经典算法。虽然所采用的策略不同，得到的最小生成树中边的次序可能不同，但最小生成树的权值必然相同。

最短路径指图中从一个顶点到另一个顶点权值和最小的路径。根据不同的要求和应用，最短路径算法分为 Dijkstra 算法和 Floyd 算法。其中，Dijkstra 算法用于求解某个顶点到其余顶点权值和最小的路径，Floyd 算法用于求每一对顶点之间的最短路径。

有向无环图是描述一项工程或系统进行过程的有效工具。AOE 网和 AOV 网是两种常用的表示流程图的有向无环图。AOV 网侧重表示活动的前后次序；AOE 网除了表示活动先后次序外，还表示活动的持续时间。拓扑排序是有向图中的重要运算，利用拓扑排序可判断有向图是否存在回路。关键路径是 AOE 网中从流程的开始到结束顶点长度最长的路径，要掌握求解关键路径的过程以及其引入的计算公式。

习　题

一、选择题

1. 无向图 $G=(V, E)$，其中 $V=\{a, b, c, d, e, f\}$，$E=\{(a, b), (a, e), (a, c), (b, e), (c, f), (f, d), (e, d)\}$，对该图进行深度优先遍历，得到的顶点序列正确的是（　　　）。

    A. a, b, e, c, d, f　　　　　　　　　B. a, c, f, e, b, d

    C. a, e, b, c, f, d　　　　　　　　　D. a, e, d, f, c, b

2. 一个有 n 个顶点的连通无向图，其边数至少为（　　　）。

    A. $n-1$　　　　　　B. n　　　　　　C. $n+1$　　　　　　D. $n\log_2 n$

3. 在图采用邻接表存储时，求最小生成树的 Prim 算法的时间复杂度为（　　　）。

    A. $O(n)$　　　　B. $O(n+e)$　　　　C. $O(n^2)$　　　　D. $O(n^3)$

4. G 是一个非连通的无向图，共有 28 条边，则该图至少有（　　　）个顶点。

    A. 6　　　　　　　B. 7　　　　　　　C. 8　　　　　　　D. 9

5. 图的广度优先搜索类似于树的（　　　）遍历。

    A. 先序　　　　　B. 中序　　　　　C. 后序　　　　　D. 层次

6. 一个有 n 个顶点的无向图，最少有（　　　）个连通分量，最多有（　　　）个连通分量。

    A. 0　　　　　　　B. 1　　　　　　　C. $n-1$　　　　　D. n

7. 在一个无向图中，所有顶点的度数之和等于所有边数的（　　　）倍，在一个有向图中，所有顶点的入度之和等于所有顶点出度之和的（　　　）倍。

    A. 1/2　　　　　　B. 2　　　　　　　C. 1　　　　　　　D. 4

8. 下面（　　　）方法可以判断出一个有向图是否有环（回路）。

    A. 深度优先遍历　B. 拓扑排序　　　C. 求最短路径　　D. 求关键路径

9. 在有向图 G 的拓扑序列中，若顶点 V_i 在顶点 V_j 之前，则下列情形不可能出现的是（　　　）。

    A. G 中有弧 $<V_i, V_j>$　　　　　　B. G 中有一条从 V_i 到 V_j 的路径

    C. G 中没有弧 $<V_i, V_j>$　　　　　D. G 中有一条从 V_j 到 V_i 的路径

10. 下列关于 AOE 网的叙述中，不正确的是（　　　）。

    A. 关键活动不按期完成就会影响整个工程的完成时间

    B. 任何一个关键活动提前完成，那么整个工程将会提前完成

    C. 所有的关键活动提前完成，那么整个工程将会提前完成

    D. 某些关键活动提前完成，整个工程将会提前完成

二、填空题

1. Kruskal 算法的时间复杂度为_____，它对_____图较为适合。

2. 为了实现图的广度优先搜索，除了一个标志数组标志已访问的图的结点外，还需_____存放被访问的结点以实现遍历。

3. 具有 n 个顶点、e 条边的有向图和无向图用邻接表表示，则邻接表的边结点个数分别为_____和_____条。

4. 在有向图的邻接矩阵表示中，计算第 i 个顶点入度的方法是_____。

5. 若有 n 个顶点的连通图是一个环，则它有_____棵生成树。

6. 有 n 个顶点的连通图用邻接矩阵表示时，至少有_____个非零元素。

7. 有 n 个顶点的有向图，至少需要_____条弧才能保证是连通的。

8. 有向图 G 可拓扑排序的判别条件是_____。

9. 若要求一个稠密图的最小生成树，最好用_____算法求解。

10. AOV 网中，结点表示_____，边表示_____。AOE 网中，结点表示_____，边表示_____。

三、判断题

1. 当改变网上某一关键路径上任一关键活动后，必将产生不同的关键路径。 （ ）

2. 在 n 个结点的无向图中，若边数大于 n-1，则该图必是连通图。 （ ）

3. 在 AOE 网中，关键路径上某个活动的时间缩短，整个工程的时间也必定缩短。（ ）

4. 若一个有向图的邻接矩阵对角线以下元素均为 0，则该图的拓扑有序序列必定存在。（ ）

5. 一个有向图的邻接表和逆邻接表中结点的个数可能不等。 （ ）

6. 强连通图的各顶点间均可达。 （ ）

7. 带权的连通无向图的最小代价生成树是唯一的。 （ ）

8. 广度遍历生成树描述了从起点到各顶点的最短路径。 （ ）

9. 邻接多重表是无向图和有向图的链式存储结构。 （ ）

10. 连通图上各边权值均不相同，则该图的最小生成树是唯一的。 （ ）

四、应用题

1. 设一有向图为 $G=(V, E)$，其中 $V=\{a, b, c, d, e\}$，$E=\{<a, b>, <b, a>, <c, d>, <d, e>, <e, a>, <e, c>\}$，请画出该有向图，并求各顶点的入度和出度。

2. 对有 n 个顶点的无向图 G，采用邻接矩阵表示，回答下列有关问题：

（1）图中有多少条边？

（2）任意两个顶点 i 和 j 是否有边相连？

（3）任意一个顶点的度是多少？

3. 图 8.38 所示为一个有向图，试给出：

（1）每个顶点的入度和出度；

（2）邻接矩阵；

（3）邻接表；

（4）逆邻接表；

（5）强连通分量。

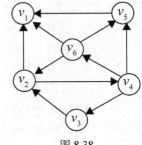

图 8.38

4. 如图 8.39 所示，按照下列条件分别写出从顶点 0 出发按深度优先搜索遍历得到的顶点序列和按广度优先搜索遍历得到的顶点序列。

（1）假定它们采用邻接矩阵表示；

（2）假定它们采用邻接表表示，且每个顶点邻接表中的结点是按顶点序号从大到小的次序链接的。

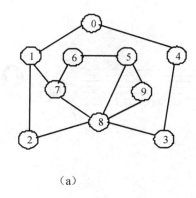

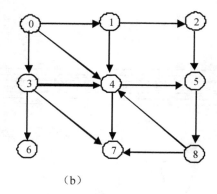

(a)　　　　　　　　　　　　　　(b)

图 8.39

5. 对于图 8.40，画出最小生成树。

（1）从顶点 0 出发，按照 Prim 算法求出最小生成树；

（2）按照 Kruskal 算法求出最小生成树。

6. 写出图 8.41 的全部不同的拓扑排序序列。

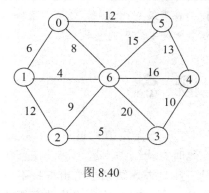

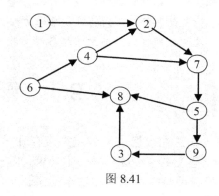

图 8.40　　　　　　　　　　　　图 8.41

五、算法设计题

1. 求出一个邻接矩阵表示的图中所有顶点的最大出度数。

2. 在无向图的邻接表上实现如下操作，试写算法。

（1）往图中插入一个顶点；　　（2）往图中插入一条边；

（3）删除图中某顶点；　　　　（4）删除图中某条边。

3. 试以邻接矩阵为存储结构，分别写出基于 DFS 和 BFS 遍历的算法来判别顶点 v_i 和 $v_j(i \neq j)$ 之间是否有路径。

4. 设图中各边的权值都相等，以邻接表为存储结构写出算法：求顶点 v_i 到顶点 $v_j(i \neq j)$ 的最短路径，要求输出路径上的所有顶点（提示：利用 BFS 遍历的思想）。

5. 利用拓扑排序算法的思想写一算法，判别有向图中是否存在有向环，当有向环存在时，输出构成环的顶点。

6. 设有向图 G 有 n 个顶点（用 1，2，…，n 表示）、e 条边，写一算法，根据其邻接表生成其逆邻接表，要求算法时间复杂度为 $O(n+e)$。

第9章
查找

教学提示：查找又称检索，是数据处理中经常使用的一种重要运算，也是许多重要的计算机程序中最耗费时间的部分。在实际应用过程中，当问题的规模相当大时，查找方法的效率就格外重要。本章主要讨论几种不同的查找表及查找算法，并通过讨论各种查找算法的平均查找长度来比较各种方法的优劣。

教学目标：熟练掌握顺序查找、二分查找和分块查找的方法；熟练掌握二叉排序树的构造和查找方法；掌握平衡二叉树的维护平衡方法；理解 B-树的特点及建树过程；熟练掌握哈希表的构造方法、冲突处理方法；熟练掌握各种查找方法在等概率情况下的平均查找长度。

9.1 基 本 概 念

查找就是在数据表中确定是否存在某记录的关键字等于给定值的过程。查找结果有两种：一种是表中存在这样的一个记录，即查找成功，此时查找结果为这个记录在查找表中的位置；另一种是表中不存在这个记录，即查找不成功，此时查找结果是给出查找不成功的信息，或给出一个空记录或空指针。有时在查找失败之后，还希望把具有该关键字值的新记录插入表中。

查找的方法很多，对于不同结构的查找表，需采用不同的查找方法。本章主要介绍静态查找表和动态查找表。若对查找表仅做检索操作，不改变表的内容，则称此查找表为静态查找表；若在查找过程中需频繁地把新记录插入表中，或者从表中删除记录，即表中的内容不断地变化，则称此查找表为动态查找表。

讨论各种查找算法时，通常把对关键字的最多比较次数和平均比较次数作为衡量一个查找算法优劣的标准，前者叫作最大查找长度，后者叫作平均查找长度。对 n 个记录进行查找时，平均查找长度可表示为

$$ASL(n) = \sum_{i=1}^{n} p_i c_i$$

其中，n 是结点的个数，p_i 是查找第 i 个结点的概率。若不特别声明，一般假定每个结点的查找概率相等，即 $p_i = 1/n$。c_i 是找到第 i 个结点的比较次数。为了更进一步地评价一个查找算法的性能，有时还要考虑查找失败时所花费的比较次数。

9.2　静态查找表

静态查找表可以有不同的表示方法，对于不同的表示方法所采取的查找方法也不相同。

9.2.1　顺序查找

顺序查找是一种最简单的查找方法，其基本思想是：从表的一端开始按顺序扫描，依次将表中的结点关键字和给定值进行比较，若两者相等，则查找成功；若扫描结束后，还未找到与给定值相等的关键字，则查找失败。

下面的算法描述了顺序查找过程。

```
#define Maxsize 100                    //定义查找表的最大长度
typedef Struct{
……
……
KeyType Key;
}DataType;
typedef struct {
    DataType elem[Maxsize];            //数据元素存储空间地址
    int     length;                    //表的长度
}SeqTable;
```

算法 9-1　顺序查找算法

```
int SeqSearch(SeqTable s,KeyType k)
                                       //在表 s 中顺序查找关键字 k，若查找
                                       //成功，则函数值为该元素在表中的位置，
                                       //若查找失败，返回-1
{
  int i;
  for(i=0 ; i<s.length ; i++)
    if(s.elem[i].key==k)return(i);     //查找成功
  return(-1);                          //查找失败
}
```

由该算法可知，若找到的是第一个元素 elem[0]，则比较次数 c_1 为 1；若找到的是第 i 个元素 elem[i-1]，则比较次数 c_i 是 i。因此，比较的次数依赖于所查找的关键字在表中的位置。假设表中各结点查找概率相等，即 p_i=1/n，则查找成功时，顺序查找的平均查找长度为

$$ASL = \sum_{i=1}^{n} p_i c_i = \frac{1}{n}\sum_{i=1}^{n} i = (n+1)/2$$

可以看到，查找成功时平均比较次数约是表长度的一半。若表中不存在 k 值的元素，则必须进行 n 次比较。顺序查找的优点是算法简单，且适用范围广；缺点是当 n 值很大时，查找效率很低。

对算法 9-1 的改进：

算法 9-1 采用单重循环语言实现，简单明了，但算法效率不高，因为每次都要进行二次比较，第一次是检测当前下标是否在查找表的有效范围内，第二次是查看当前下标记录的关键字是否等

于要找的关键字。

可以通过设置"前哨站"的办法来实现，即把要找的关键字先送到查找表的尾部。

算法如下。

```
int SeqSearch_gai(SeqTable s,KeyType k)
{int n,i=0;
n= s.length;
s.elem[n].key=k;                        //设置前哨站
while(s.elem[i].key!=k)                  //从表首开始向后扫描
     i++;
if(i==n)return(-1);
    else return(i);
}
```

这个算法虽然时间复杂度也为 $O(n)$，但实际比较次数比算法 9-1 少，并且更加结构化。这种"前哨站"的设置是常见的程序设计技巧之一，请读者仔细体会。

9.2.2 有序表的查找

有序表指的是按关键字有序顺序存储的线性表。对于一个有序表，可以采用顺序查找的方法来查找指定的关键字，但为提高查找效率，通常采用折半查找来实现。

折半查找又称二分查找，是一种效率较高的查找方法。其基本思想是：设表中的结点按关键字递增有序，首先将待查值 k 和表中间位置上的结点关键字进行比较，若两者相等，则查找成功；否则，若 k 值小，则在表的前半部分继续利用折半查找法查找，若 k 值大，则在表的后半部分继续利用折半查找法查找。这样，经过一次关键字比较就缩小一半的查找区间，如此进行下去，直到查找到该关键字或查找失败。

【例 9.1】 已知有 11 个关键字的有序表序列如下。

02，08，15，23，31，37，42，49，67，83，91

当给定的 k 值为 23 和 83 时，折半查找的过程如图 9.1 所示。图中用方括号表示当前的查找区间，用"↑"指向中间位置。

[02	08	15	23	31	37	42	49	67	83	91]
					↑					

[02	08	15	23	31]	37	42	49	67	83	91
		↑								

02	08	15	[23	31]	37	42	49	67	83	91
			↑							

（a）查找关键字 23 的过程

[02	08	15	23	31	37	42	49	67	83	91]
					↑					

02	08	15	23	31	37	[42	49	67	83	91]
								↑		

02	08	15	23	31	37	42	49	67	[83	91]
									↑	

（b）查找关键字 83 的过程

图 9.1 折半法查找示例

下面的算法描述了折半查找的过程。

算法 9-2　折半查找算法

```
int BinSearch(SeqTable s,KeyType k)
   // 在表 s 中用折半查找法查找关键字 k,若查找成功,则函数值为该元素在表中的位置,若查找失败,则返回-1
{
   int low,mid,high;
   low=0;high=s.length-1;
   while(low<=high)
     {
      mid=(low+high)/2;              //取区间中点
      if(s.elem[mid].key==k)         //查找成功
         return(mid);
      else if(s.elem[mid].key>k)     //在左区间中查找
         high=mid-1;
      else
         low=mid+1;                  //在右区间中查找
     }
   return(-1);                       //查找失败
}
```

从这个过程可看出,对某一区间进行折半查找,其方法和整个区间的查找方法一致,故可用递归方法实现。请读者思考如何将这个算法改写成递归算法。

折半查找过程可用二叉树来描述,把有序表中间位置上的结点作为树的根结点,左子表和右子表分别对应树的左子树和右子树,由此构造出相应的二叉树。上述具有 11 个结点的有序表可用图 9.2 所示的二叉树来描述,图中结点对应有序表中的一个元素。

从图 9.2 中可以看到,查找结点 23 的过程恰好走了从根结点到结点 23 的一条路径,比较的次数是该路径中结点的个数,只需比较 3 次。由此可见,折半查找过程就是走从根结点到被查结点的一条路径,比较的次数是该路径中结点的个数,也就是该结点在树中的层数。

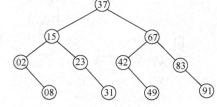

图 9.2　描述折半查找过程的二叉树

下面探讨折半查找的平均查找长度。为讨论方便,假设有序表的长度为 $n=2^h-1$,则判定树是深度为 $h=\log_2(n+1)$ 的满二叉树,树中第 j 层上结点的个数为 2^{j-1},查找到每个结点所需的比较次数为 j。现假定表中各结点的查找概率相等,则折半查找的平均查找长度为

$$ASL=\sum_{i=1}^{n}p_ic_i=\frac{1}{n}\sum_{j=1}^{h}j\times2^{j-1}=\frac{1}{n}\left(2^0+2\times2^1+\cdots+h\times2^{h-1}\right)=\frac{n+1}{n}\log_2(n+1)-1$$

当 n 很大时,ASL 近似等于 $\log_2(n+1)-1$。

通过上述分析可知,折半查找的优点是查找效率很高,如果 $n=1\ 000$,则采用折半查找平均仅需不到 10 次比较,而采用顺序查找平均需 500 次左右比较。该算法的缺点是需事先对表中的关键字进行排序,而排序花费时间较大,故此算法经常用于一旦建立就很少改动且经常需要查找的有序表,同时只适用于顺序存储结构而不能用于线性链表中。

9.2.3　分块查找

分块查找又称索引顺序查找,它是顺序查找的一种改进方法。该方法除要求有原表外,还要

求建立一个索引表。原表的要求及索引表的建立过程如下：将表划分为若干块，块内的各关键字不一定有序，但前一块中结点的最大关键字必须小于后一块中结点的最小关键字，即所谓的"分块有序"；再从原表的每一块中选取最大关键字和该块在表中的起始位置构建一个索引表，要求从第 i 块中选取的最大关键字和该块在表中的起始位置应存放到索引表的下标为 i 的单元处。显然，由此构建的索引表是一个递增的有序表。

例如，图 9.3 所示为一个原表和其对应的索引表，原表中有 18 个结点，均分成 3 块，其中第一块中的最大关键字 25 小于第二块中的最小关键字 29，第二块中的最大关键字 53 小于第三块中的最小关键字 62。索引表中的元素是一个结构体单元，该结构体由关键字和块的起始地址两部分构成。

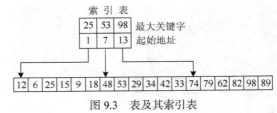

图 9.3　表及其索引表

分块查找的基本思想：首先在索引表中查找以确定待查关键字所在的块，然后在确定的块中按顺序查找。例如，在图 9.3 中查找关键字 29，先将 29 和索引表中的关键字进行比较。因为 25<29<53，所以关键字为 29 的结点若存在，一定位于第二块中，然后根据索引表提供的第二块首地址 7 和第三块首地址 13，在表的下标为 7 和 12 的单元里查找，以确定查找成功与否。本例中，29 位于下标为 9 的单元里，显然查找成功。

下面探讨分块查找的平均查找长度。由于分块查找分两步进行，因此整个查找算法的平均查找长度应该是两次查找的平均查找长度之和，即

$$ASL_{bs}=ASL_{idx}+ASL_{sq}$$

式中，ASL_{bs} 表示分块查找的平均查找长度，ASL_{idx} 表示查找索引表以确定所在块的平均查找长度，ASL_{sq} 表示在块中查找关键字的平均查找长度。

假定表的长度为 n，表中各结点的查找概率相等，表被均匀分成 b 块，每块含的结点个数 $s=[n/b]$。由于索引表是有序的，可以用顺序查找和折半查找两种方法来查找。

若以折半查找确定块，则分块查找的平均查找长度为

$$ASL_{bs}=ASL_{idx}+ASL_{sq}\approx \log_2(b+1)-1+(s+1)/2\approx \log_2(n/s+1)+s/2$$

若以顺序查找确定块，则分块查找的平均查找长度为

$$ASL_{bs}=ASL_{idx}+ASL_{sq}=(b+1)/2+(s+1)/2=n/(2s)+s/2+1$$

当 $s=\sqrt{n}$ 时，ASL_{bs} 取得最小值，有

$$ASL_{bs}=\sqrt{n}+1\approx \sqrt{n}$$

从上述分析的结果可以看出，分块查找的性能是一种介于顺序查找和折半查找之间的方法。它的效率优于顺序查找法，缺点是增加了辅助存储空间和需将顺序表分块排序；同时它的效率劣于折半查找法，但好处是不需要对全部记录进行排序，而且当块用单链表表示时，由于块中结点可以无序，往表的块中插入和删除结点比较方便，无须大量移动结点。

9.3　动态查找表 I——树表查找

前面介绍的 3 种查找算法都是静态查找，主要适用于顺序表结构，并且对表中的结点仅做查

找操作,而不做插入和删除操作。动态查找不仅要查找结点,还要不断地插入和删除结点。当表采用顺序结构时,这需要花费大量的时间用于结点的移动,效率很低。在这种情况下,本节介绍用树结构存储结点的动态查找算法,即树表。树表本身也是在查找过程中动态生成的。树表主要有二叉排序树、平衡二叉树、B-树和B+树等。下面将分别讨论在这些树表中进行的查找方法。

9.3.1 二叉排序树

二叉排序树又称二叉查找树,它或者是一棵空树,或者是具有以下性质的二叉树:若任一结点的左子树非空,则左子树中的所有结点的值都不大于根结点的值;若任一结点的右子树非空,则右子树中的所有结点的值都不小于根结点的值。一个记录集合可以用一个二叉排序树来表示,树中一个结点对应于集合中的一个记录,整棵树表示该记录集合。从二叉排序树的定义可以得知,对二叉排序树进行中序遍历就可得到集合中所有记录按关键字从小到大的一个递增有序序列。

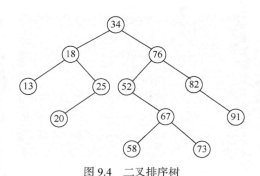

图 9.4 二叉排序树

【例 9.2】 已知一集合的记录关键字序列为{34,18,76,52,13,67,82,25,58,91,73,20},该集合对应的一棵二叉排序树如图 9.4 所示,对此树进行中序遍历的序列是有序的。

二叉排序树通常采用二叉链表作为存储结构,其存储结构描述如下。

```
typedef   int  KeyType;
class BinSTree;
class BinSTreeNode {
public:
    KeyType  key;
    BinSTreeNode  * lchild;
    BinSTreeNode  * rchild;
    BinSTreeNode( ){lchild=NULL;rchild=NULL; }
                                                    //构造函数,构造一个空结点
};
class BinSTree {
public:
BinSTreeNode  *root;
BinSTree(){root=NULL;}
~ BinSTree (){DeleteTree();}
BinSTreeNode * BSTreeSearch(BinSTreeNode *bt,KeyType k,BinSTreeNode *&p);
                                                    //二叉排序树的查找
void BSTreeInsert(BinSTreeNode *&bt,KeyType k);     //二叉排序树的插入
int BSTreeDelete(BinSTreeNode *&bt,KeyType k);      //二叉排序树的删除
void Destroy(BinSTreeNode * current);              //删除指定子树
void DeleteTree(){Destroy(root);root=NULL;}        //删除整棵树
bool IsEmpty( ){ return root == NULL;}             //判树空否
};
```

1. 二叉排序树的查找

二叉排序树中结点的查找过程和折半查找类似,也是一个逐步缩小查找范围的过程。它

的基本思想是：当二叉排序树为空时，查找失败；当二叉排序树不为空时，将给定值和根结点的关键字进行比较，若相等，则查找成功；若给定值小于根结点的关键字，则在左子树上进行查找；若给定值大于根结点的关键字，则在右子树上查找。下面给出二叉排序树的查找算法，见算法9-3。

算法9-3 二叉排序树的查找算法

```
BinSTreeNode *BinSTree::BSTreeSearch(BinSTreeNode *bt,KeyType k,BinSTreeNode *&p)
//在根指针为 bt 的二叉排序树中查找元素为 k 的结点, 若查找成功, 则返回指向该结点的
//指针,参数 p 指向查找到的结点,否则返回空指针,参数 p 指向 k 应插入的父结点, p 为指针的引用
{
    BinSTreeNode *q;
    q=bt;
    while(bt)
    {
        q=bt;
        if(bt->key==k){ p=bt;     return(bt); }        //查找成功
        if(bt->key>k)bt=bt->lchild;                    //在左子树中查找
        else bt=bt->rchild;                            //在右子树中查找
    }
    p=q;
    return(bt);
}
```

请读者思考如何将这个算法改写成递归算法。

2. 二叉排序树的插入和生成

在二叉排序树中插入新的结点时，为保证插入后的二叉树仍然是二叉排序树，新添加的结点一定是一个新添加的叶子结点。插入的具体过程如下。

（1）若二叉排序树为空，则把待插入的结点作为根结点插入空树中。

（2）若二叉排序树非空，则将待插入的结点关键字和根结点的关键字进行比较，若两者相等，表示该结点已在二叉排序树中，无须插入；若待插入的结点关键字小于根结点的关键字，将待插入的结点插入根的左子树中，否则插入右子树中。

（3）子树中的插入过程和树中的插入过程相同，如此插入下去，直到把待插入的结点作为叶子插入二叉排序树中。

下面给出二叉排序树的插入结点算法。

算法9-4 二叉排序树的插入结点算法

```
void BinSTree::BSTreeInsert(BinSTreeNode *&bt,KeyType k)
//在二叉排序树中插入元素为 k 的结点,bt 指向二叉排序树的根结点
{
    BinSTreeNode *p=NULL,*q,*r;
    q=bt;
    if(BSTreeSearch(q,k,p)==NULL)                //如果查找不成功
    {
    BinSTreeNode *r=new BinSTreeNode;
    r->key=k; r->lchild=r->rchild=NULL;
    if(p==NULL)  bt=r;                           //被插结点作为树的根结点
    else if(k<p->key)p->lchild=r;                //被插结点插入 p 的左子树中
```

```
        else  p->rchild=r;                    //被插结点插入 p 的右子树中
    }
}
```

利用二叉排序树的插入操作，可以从一棵空树开始，将元素逐个插入二叉排序树中，从而建立一棵二叉排序树。请读者编写建立二叉排序树的算法。

例如，给定一组结点的关键字序列：{34，18，76，52，13，67，82，58，73}，则构造二叉排序树的过程如图 9.5 所示。

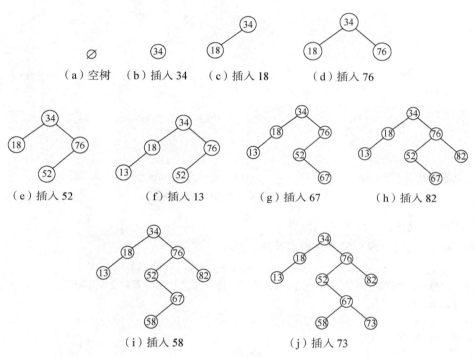

图 9.5 二叉排序树的生成过程

3. 二叉排序树的删除

在二叉排序树中删除一个结点时，需保证删除后的二叉树仍然是二叉排序树。为讨论方便，假定被删除结点为 p，其双亲结点为 f。删除的过程可按下述的两种情况分别处理。

（1）如果被删除的结点没有左子树，则只需把结点 f 指向 p 的指针改为指向 p 的右子树。如在图 9.6 中，图（b）为图（a）中删除结点 13 后的图示。

（2）如果被删除的结点 p 有左子树，则删除结点 p 时，有两种方法。第一种方法：从结点 p 的左子树中选择结点值最大的结点 s（其实就是 p 的左子树中最右下角的结点，该结点 s 可能有左子树，但右子树一定为空），用结点 s 替换结点 p（把 s 的数据复制到 p 中），再将指向结点 s 的指针改为指向结点 s 的左子树即可。如在图 9.6 中，图（c）为图（a）中删除结点 76 后的图示。第二种方法：从结点 p 的左子树中选择结点值最大的结点 s，将 s 的右指针指向 p 结点的右子树，用结点 p 的左孩子取代 p 的位置成为 f 的一个孩子（结点 f 指向 p 的指针改为指向 p 的左子树）。如在图 9.6 中，图（d）为图（a）中删除结点 76 后的图示。

其中，第（2）种情况中第二种方法因为可能会增加树的深度，因此第一种方法比较好。

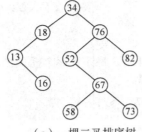
（a）一棵二叉排序树

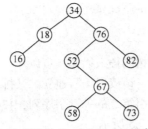
（b）删除结点 13 后的二叉排序树

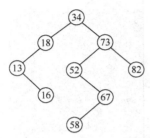
（c）删除结点 76 后的一种二叉排序树

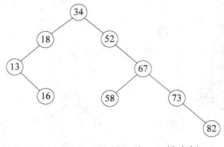
（d）删除结点 76 后的另一种二叉排序树

图 9.6　二叉排序树的删除过程

下面给出二叉排序树的删除结点算法。

算法 9-5　二叉排序树的删除结点算法

```
int BinSTree::BSTreeDelete(BinSTreeNode *&bt,KeyType k)
//在二叉排序树中删除元素为 k 的结点。*bt 指向二叉排序树的根结点。删除成功则返回 1,
//不成功则返回 0
{
  BinSTreeNode *f,*p,*q,*s;
  p=bt ; f=NULL;
  while(p&& p->key!=k)                    //查找关键字为 k 的结点，同时将此结点的双亲找出来
  {
    f=p;                                  //f 为指向结点*p 的双亲结点的指针
    if(p->key>k)p=p->lchild;              //搜索左子树
    else p=p->rchild ;                    //搜索右子树
  }
  if(p==NULL)return(0);                   //找不到待删的结点时返回
  if(p->lchild==NULL)                     //待删结点的左子树为空
  {
    if(f==NULL)bt=p->rchild;              //待删结点为根结点
    else if(f->lchild==p)                 //待删结点是其双亲结点的左结点
        f->lchild=p->rchild ;
    else f->rchild=p->rchild;             //待删结点是其双亲结点的右结点
    delete p ;return 1;
  }
  else{                                   //待删结点有左子树
    q=p; s=p->lchild;
    while(s->rchild)                      //在待删结点的左子树中查找最右下结点
```

```
    { q=s ; s=s->rchild;}
    if(q==p)q->lchild=s->lchild;          // 将最右下结点的左子树链到待删结点上
    else    q->rchild=s->lchild;
    p->key=s->key;
    delete s ;
    return 1;
    }
}
```

4．二叉排序树的查找分析

从前面的二叉排序树的查找算法可知，在二叉排序树中进行查找，若查找成功，则是从根结点出发走了一条从根结点到待查结点的路径；若查找失败，则走了一条从根结点到叶子结点的路径。与折半查找类似，和关键字的比较的次数不超过树的深度。然而，折半查找长度为 n 的表，其判定树是唯一的，而含有 n 个结点的二叉排序树却不是唯一的，树的形态和深度依赖于结点插入的先后次序。例如，关键字序列（36，45，67，28，20，40）构成的二叉排序树如图 9.7（a）所示，树的深度为 3；而关键字序列（20，28，36，40，45，67）构成的二叉排序树如图 9.7（b）所示，树的深度为 6。

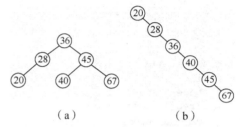

由图 9.7 可知，在查找失败的情况下，图（a）所示的树和图（b）所示的树的比较次数分别为 3 和 6；在查找成功的情况下，两者的平均查找长度也不相同。假定每个结点的查找概率相等，则图（a）所示的树在查找成功的情况下，其平均查找长度为

图 9.7　由一组关键字构成的不同的二叉排序树

$$ASL_a = \frac{1}{6}(1+2+2+3+3+3) = \frac{14}{6}$$

类似可得，图（b）所示的树在查找成功的情况下，其平均查找长度为

$$ASL_b = \frac{1}{6}(1+2+3+4+5+6) = \frac{21}{6}$$

通过上述分析可知，二叉排序树的平均查找长度和树的形态密切相关。在最坏的情况下，n 个结点构造的是一棵深度为 n 的单支树，其平均查找长度为 $(n+1)/2$；最好的情况下，构造的树的形态和折半查找相类似，因而其平均查找长度也是 $O(\log_2 n)$。但和折半查找相比，在二叉排序树上插入和删除结点无需大量移动结点，操作更加方便。

9.3.2　平衡二叉树（AVL 树）

从上一小节的讨论可知，二叉排序树的查找效率和树的形态密切相关。当树的形态比较均衡时，查找效率最好；而当树的形态明显偏向某一个方向时，查找效率会迅速下降。而一棵二叉排序树的形态取决于结点的插入顺序，因此在实际应用中，用前面所述的方法构造一棵比较均衡的二叉排序树是比较困难的。下面介绍一种对二叉排序树进行动态平衡的方法来构造一棵形态均衡的二叉排序树，即平衡二叉排序树。

平衡二叉树是 Adelson-Velskii 和 Landis 在 1962 年提出的，所以又称 AVL 树。其性质是：或者是一棵空树，或者是满足下列性质的二叉树；树的左子树和右子树的深度之差的绝对值不大于 1，且左、右子树也需满足上述性质。把二叉树上任一结点的左子树深度减去右子树的深度称为该结点的平衡因子。易知，平衡二叉树中所有结点的因子只可能为 0、–1 和 1。例如，图 9.8（a）所示是一棵平衡的二叉树，图 9.8（b）所示是一棵非平衡的二叉树。

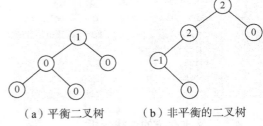

（a）平衡二叉树　　（b）非平衡的二叉树

图 9.8　平衡和非平衡二叉树

如果一个二叉树既是平衡二叉树又是二叉排序树，则该树被称为平衡二叉排序树。

平衡二叉排序树的存储结构定义为：

```
typedef   int  KeyType;
class AVLTree;
class AVLNode {
public:
KeyType  key;
int bf;                                    //bf 记录平衡因子
AVLNode *lchild;
AVLNode *rchild;
AVLNode(){lchild=NULL;rchild=NULL; }       //构造函数,构造一个空结点
};
class AVLTree {
public:
AVLNode *root;
AVLTree(){root=NULL;}
~ AVLTree(){DeleteTree();}
AVLNode *LL_Rotate(AVLNode *a);            //LL 型调整
AVLNode *RR_Rotate(AVLNode  *a);           //RR 型调整
AVLNode *LR_Rotate(AVLNode  *a);           //LR 型调整
AVLNode *RL_Rotate(AVLNode  *a);           //RL 型调整
void AVLInsert(AVLNode *&pavlt,AVLNode *s); //插入一个新结点
void Destroy(AVLNode *current);            //删除指定子树
void DeleteTree(){Destroy(root);root=NULL;} //删除整棵树
bool IsEmpty (){ return root == NULL; }    //判树空否
};
```

在平衡二叉排序树中插入和删除一个结点时，通常会影响到从根结点到插入结点路径上的某些结点的平衡因子，这就有可能破坏二叉排序树的平衡。若二叉排序树失去平衡，则应找出其中的最小不平衡子树，在保证排序树性质的前提下，调整最小不平衡子树中各结点的连接关系，以达到新的平衡。最小不平衡子树是指离插入结点最近，且平衡因子绝对值大于 1 的结点为根的子树。假定最小不平衡子树的根结点是 A，则失去平衡后调整子树的规律可归纳为以下 4 种情况。

1. LL 型调整（顺时针）

由于在结点 A 的左孩子（L）的左子树（L）中插入结点，结点 A 的平衡因子由 1 变为 2 而失去平衡。其一般形式如图 9.9（a）、图 9.9（b）所示，图中长方形表示子树，α、β、γ 子树的深度为 h，带阴影的小框表示插入的结点。调整规则是进行一次顺时针旋转操作，即将 A 的左孩子 B 提升为新二叉树的根，原来的根 A 连同其右子树 γ 向右下旋转成为 B 的右子树，而原 B 的右子树 β 作为 A 的左子树。易知，调整后得到的新的二叉树不仅是平衡的，而且仍是一棵二叉排序树。调整后的结果如图 9.9（c）所示。相应的算法描述如算法 9-6 所示。

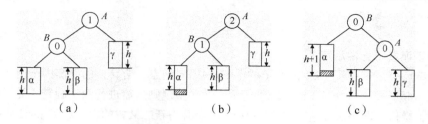

图 9.9　LL 型调整操作示意图

算法 9-6　LL 型调整

```
AVLNode  *AVLTree::LL_Rotate(AVLNode  *a)
                              //对以 a 为当前结点的最小不平衡子树进行 LL 型调整
{
AVLNode  *b;
b=a->lchild;                  //b 指向 a 的左子树根结点
a->lchild=b->rchild;          //b 的右子树挂接为 a 的左子树
b->rchild=a;
a->bf=b->bf=0;                //调整结点的平衡因子
return(b);
}
```

2. RR 型调整（逆时针）

由于在结点 A 的右孩子（R）的右子树（R）中插入结点，结点 A 的平衡因子由-1 变为-2 而失去平衡。其一般形式如图 9.10（a）、（b）所示。调整规则和 LL 型的类似，需进行一次逆时针旋转操作，即将 A 的右孩子 B 提升为新二叉树的根，原来的根 A 连同其左子树α向左下旋转成为 B 的左子树，而原 B 的左子树β作为 A 的右子树。调整后的结果如图 9.10（c）所示。相应的算法描述如算法 9-7 所示。

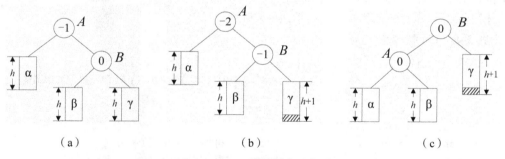

图 9.10　RR 型调整操作示意图

算法 9-7　RR 型调整

```
AVLNode  *AVLTree::RR_Rotate(AVLNode  *a)
                              //对以 a 为当前结点的最小不平衡子树进行 RR 型调整
{
    AVLNode  *b;
    b=a->rchild;              //b 指向 a 的右子树根结点
    a->rchild=b->lchild;      //b 的左子树挂接为 a 的右子树
    b->lchild=a;
    a->bf=b->bf=0;            //调整结点的平衡因子
```

```
    return(b);
  }
```

3. LR 型调整（先逆后顺）

由于在结点 A 的左孩子（L）的右子树（R）中插入结点，结点 A 的平衡因子由 1 变为 2 而失去平衡。其一般形式如图 9.11（a）、（b）所示。其调整规则是需进行两次旋转（先逆时针旋转后顺时针旋转）操作，即将 A 的左孩子的右孩子 C 提升为新二叉树的根，原 C 的父结点 B 连同左子树 α 成为新根 C 的左子树，原 C 的左子树 β 成为 B 的右子树，原来的根 A 连同右子树 δ 成为新根 C 的右子树，原 C 的右子树 γ 成为 A 的左子树。调整后的结果如图 9.11（c）所示。

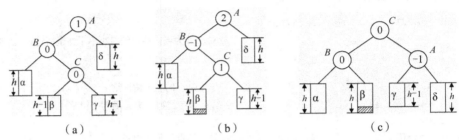

图 9.11　LR 型调整操作示意图

下面根据插入结点后 C 的平衡因子的不同，分析旋转后各结点的平衡因子的情况。

（1）若 α、β、γ、δ 都是空树，C 就是新插入的结点，旋转前 A、B 和 C 的平衡因子分别为 2、-1、0，经过旋转后 A、B 和 C 的平衡因子都变为 0。

（2）若新结点插入 C 的左子树中，旋转前 A、B 和 C 的平衡因子分别为 2、-1、1，旋转后 A、B 和 C 的平衡因子分别为 -1、0、0。

（3）若新结点插入 C 的右子树中，旋转前 A、B 和 C 的平衡因子分别为 2、-1、-1，旋转后 A、B 和 C 的平衡因子分别为 0、1、0。

根据上述分析，相应的算法描述如算法 9-8 所示。

算法 9-8　LR 型调整

```
AVLNode *AVLTree::LR_Rotate(AVLNode *a)
                             //对以 a 为当前结点的最小不平衡子树进行 LR 型调整
{
    AVLNode *b,*c;
    b=a->lchild; c=b->rchild;
    a->lchild=c->rchild;        //c 的右子树挂接为 a 的左子树
    b->rchild=c->lchild;        //c 的左子树挂接为 b 的右子树
    c->lchild=b;                //c 指向 b 的左子树根结点
    c->rchild=a;                //c 指向 a 的右子树根结点
    if(c->bf==1)                //调整结点的平衡因子
      { a->bf= -1;b->bf=0;}
    else if(c->bf==-1)
      { a->bf= 0;b->bf=1;}
    else {a->bf=b->bf=0;}
    c->bf=0;
    return(c);
}
```

4. RL 型调整（先顺后逆）

由于在 A 的右孩子（R）的左子树（L）中插入结点，A 的平衡因子由-1 变为-2 而失去平衡。其一般形式如图 9.12（a）、（b）所示。调整规则和 LR 型的类似，需进行两次旋转（先顺时针旋转后逆时针旋转）操作，即将 A 的右孩子的左孩子 C 提升为新二叉树的根，原 C 的父结点 B 连同右子树 δ 成为新根 C 的右子树，原 C 的右子树 γ 成为 B 的左子树，原来的根 A 连同左子树 α 成为新根 C 的左子树，原 C 的左子树 β 成为 A 的右子树。调整后的结果如图 9.12（c）所示。

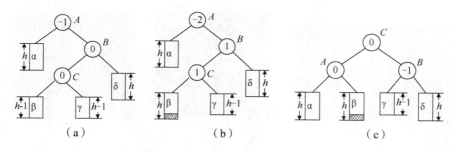

图 9.12　RL 型调整操作示意图

下面根据插入结点后 C 的平衡因子的不同，分析旋转后各结点的平衡因子的情况。

（1）若 α、β、γ、δ 都是空树，C 就是新插入的结点，旋转前 A、B 和 C 的平衡因子分别为-2、1、0，经过旋转后 A、B 和 C 的平衡因子都变为 0。

（2）若新结点插入 C 的左子树中，旋转前 A、B 和 C 的平衡因子分别为-2、1、1，旋转后 A、B 和 C 的平衡因子分别为 0、-1、0。

（3）若新结点插入 C 的右子树中，旋转前 A、B 和 C 的平衡因子分别为-2、1、-1，旋转后 A、B 和 C 的平衡因子分别为 1、0、0。

相应的算法描述如算法 9-9 所示。

算法 9-9　RL 型调整

```
AVLNode * AVLTree::RL_Rotate(AVLNode *a)
                                    //对以 a 为当前结点的最小不平衡子树进行 RL 型调整
{
    AVLNode *b,*c;
    b=a->rchild; c=b->lchild;
    a->rchild=c->lchild;            //c 的左子树挂接为 a 的右子树
    b->lchild=c->rchild;            //c 的右子树挂接为 b 的左子树
    c->lchild=a;                    //c 指向 a 的左子树根结点
    c->rchild=b;                    //c 指向 b 的右子树根结点
    if(c->bf==1)                    //调整结点的平衡因子
        { a->bf= 0;b->bf=-1;}
    else if(c->bf==-1)
        { a->bf= 1;b->bf=0;}
    else
        {a->bf=b->bf=0;}
    c->bf=0;
    return(c);
}
```

通过对上述调整过程的分析可以看到，调整后新子树的高度和插入前子树的高度相同。因此当插入结点导致二叉排序树不平衡时，只需对最小不平衡子树上的结点进行调整，就可实现整个二叉排序树的平衡。

AVL 树的元素插入算法：

如何使构成的二叉排序树成为一棵平衡二叉树？首先看一个具体的例子，假设要构造的平衡二叉排序树的各结点的关键字序列为（34，18，7，69，55），则平衡二叉树的生成过程如图 9.13 所示。

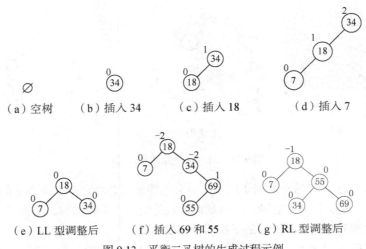

图 9.13　平衡二叉树的生成过程示例

从上述例子可以看到，平衡二叉树的插入操作是在二叉排序树的插入操作基础上实现的。当插入新结点而导致二叉排序树不平衡时，需进行平衡化旋转，转换成平衡二叉排序树，而完成这一过程需要解决以下几个问题。

（1）插入新结点后，若二叉树失去平衡，如何找到最小不平衡子树？

算法的基本思想是：在寻找新结点的插入位置时，始终令指针 a 指向离插入位置最近且平衡因子不为 0 的结点，同时令指针 fa 指向结点*a 的双亲结点。若这样的结点不存在，则指针 a 指向根结点。由此可以知道，当插入新结点导致树不平衡时，指针 a 所指的结点就是最小不平衡子树的根。

（2）新结点插入后，需修改哪些相关结点的平衡因子？如何修改？

失去平衡的最小子树的根结点*a 在插入新结点*s 之前，平衡因子必然不为 0，而且必然是离插入结点最近的平衡因子不为 0 的结点。插入新结点后，需修改从结点*a 到新结点路径上各结点的平衡因子。只需从*a 的孩子结点*b 开始，按顺序扫描该路径上的结点*p。若新结点*s 插在*p 的左子树中，则*p 的平衡因子由 0 变为 1；否则，新结点插在*p 的右子树中，*p 的平衡因子由 0 变为-1。结点*a 的平衡因子修改见第 3 个问题。

（3）如何判断以*a 为根的子树是否失去平衡？

当结点*a 的平衡因子为 1（或-1）时，若新结点插在结点*a 的右（或左）子树中，左、右子树等高，结点*a 的平衡因子为 0，则以*a 为根的子树没有失去平衡；若新结点插在结点*a 的左（或右）子树中，则以*a 为根的子树失去平衡，应对以*a 为根的最小不平衡子树进行平衡化调整。

（4）失去平衡时，如何确定旋转类型并做相应的调整？

当结点*a 的平衡因子为 2 时，若*a 的左孩子*b 的平衡因子为 1，表示新结点*s 插入结点
*b 的左子树中，应采用 LL 型方法进行调整；否则，结点*b 的平衡因子为-1，表示新结点*s
插入结点*b 的右子树中，应采用 LR 型方法进行调整。当结点*a 的平衡因子为-2 时，若*a 的
右孩子*b 的平衡因子为 1，表示新结点*s 插入结点*b 的左子树中，则应采用 RL 型方法进行
调整；否则，结点*b 的平衡因子为-1，表示新结点*s 插入结点*b 的右子树中，则应采用 RR
型方法进行调整。

综上所述，结点的插入如算法 9-10 所示。

算法 9-10　AVL 树的查找和插入算法

```
void AVLTree::AVLInsert(AVLNode *&pavlt,AVLNode *s)
                                    //将结点 s 插入以*pavlt 为根结点的平衡二叉排序树中
{
  AVLNode *f,*a,*b,*p,*q;
  if(pavlt==NULL)                   //AVL 树为空
    { pavlt=s; return;}
  a=pavlt; f=NULL;                  //指针 a 记录离*s 最近的平衡因子不为 0 的
                                    //结点，f 指向*a 的父结点
  p=pavlt; q=NULL;
  while(p!=NULL)                    //寻找插入结点的位置及最小不平衡子树
  { if(p->key==s->key)return;       //AVL 树中已存在该关键字
    if(p->bf!=0)                    //寻找最小不平衡子树
    { a=p; f=q;}
    q=p;
    if(s->key<p->key)
      p=p->lchild;
    else
      p=p->rchild;
  }
  if(s->key<q->key)                 //将结点*s 插入合适的位置
    q->lchild=s;
  else
    q->rchild=s;
  p=a;
  while(p!=s)                       //插入结点后，修改相关结点的平衡因子
  { if(s->key<p->key)
    { p->bf++; p=p->lchild;}
    else
    { p->bf--; p=p->rchild; }
  }
  if(a->bf>-2 && a->bf<2)return;    //插入结点后，没有破坏树的平衡性
  if(a->bf==2)
  { b=a->lchild;
    if(b->bf==1)                    //结点插在*a 的左孩子的左子树中
      p=LL_Rotate(a);               //LL 型调整
    else                            //结点插在*a 的左孩子的右子树中
      p=LR_Rotate(a);               //LR 型调整
  }
  else
  {
```

```
    b=a->rchild;
    if(b->bf==1)                          //结点插在*a 的右孩子的左子树中
       p=RL_Rotate(a);                    //RL 型调整
    else
       p= RR_Rotate(a);                   //RR 型调整
  }
  if(f==NULL)                             //原*a 是 AVL 树的根
     pavlt=p;
  else if(f->lchild==a)                   //将新子树链到原结点*a 的双亲结点上
     f->lchild=p;
  else
     f->rchild=p;
}
```

5. 效率分析

在平衡二叉排序树上进行查找的过程和普通排序树相同，因此，在查找过程中和给定值进行比较的关键字个数不超过树的深度。那么含有 n 个关键字的平衡树的最大深度是多少？为了回答这个问题，先来分析一下深度为 h 的平衡树所具有的最少结点数。

假设以 $N(h)$ 表示深度为 h 的平衡树中含有的最少结点数。显然，$N(0)=0$，$N(1)=1$，$N(2)=2$，并且 $N(h)=N(h-1)+N(h-2)+1$。这个关系和斐波那契数列极为相似，利用归纳法容易证明：当 $h\geqslant 0$ 时，$N_h=F_{h+2}-1$，而 F_h 约等于 $\varphi^h/\sqrt{5}$（其中 $\varphi=\dfrac{1+\sqrt{5}}{2}$），则 N_h 约等于 $\varphi^{h+2}/\sqrt{5}-1$。反之，含有 n 个结点的平衡树的最大深度为 $\log_\varphi[\sqrt{5}(n+1)]-2$。因此，在平衡树上进行查找的时间复杂度为 $O(\log_2 n)$。

9.3.3 B-树和 B+树

前面讨论的查找算法都是数据在内存里直接查找的，适用于规模较小的文件。对于规模较大的存放在外存的文件，前面所述的算法就不合适了。若以结点作为内、外存交换的单位，则在查找一个结点时，需多次对外存进行访问。以二叉排序树为例，平均需对外存进行 $\log_2 n$ 次访问，这需花费大量的时间。对一个数据规模较大、保存在外存的文件来说，查找的效率主要依赖于查找外存的次数，因而必须寻找其他方法来进行处理。1970 年，R. Bayer 和 E. Mccreght 提出了一种适用外查找的树——B-树。

1. B-树的定义

一棵 m 阶的 B-树满足下列条件：

（1）树中每个结点至多有 m 棵子树；

（2）除根结点和叶子结点外，其他每个结点至少有 $\lceil m/2 \rceil$ 棵子树；

（3）根结点至少有两个子树（B-树只有一个结点除外）；

（4）所有的叶子结点都在同一层，且叶子结点不包含任何信息；

（5）有 j 个孩子的非叶子结点恰好有 $j-1$ 个关键字，该结点包含的信息为

$$(P_0,\ K_1,\ P_1,\ K_2,\ P_2,\ \cdots,\ P_{j-2},\ K_{j-1},\ P_{j-1})$$

其中，K_i 为关键字，且满足 $K_i<K_{i+1}$；P_i 为指向子树根结点的指针，且 P_{i-1} 所指子树中所有结点的关键字都小于 K_i，P_i 所指子树中所有结点的关键字都大于 K_i。

例如，图 9.14 所示为一个 6 阶的 B-树。

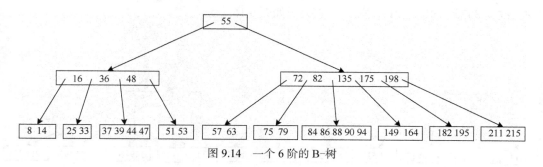

图 9.14　一个 6 阶的 B-树

2．B-树的运算

（1）B-树的查找

在 B-树上查找给定的关键字 Key 的方法是：首先根据给定的 B-树的指针取出根结点，在根结点所包含的关键字中按顺序或二分法查找给定的关键字，若 K_i=Key，则查找成功；否则一定可以找到 K_{i-1} 和 K_i，使得 K_{i-1}<Key<K_i，取指针 P_i 所指的结点继续查找，重复上述过程，直到找到或指针 P_i 为空，查找失败。整个查找过程中访问外存的次数不超过 B-树的深度。

例如，在图 9.14 中查找关键字 88。由于根结点只有一个结点 55，且 88>55，则在 P_1 指针所指的子树中继续进行查找；P_1 指针所指的结点包含 5 个关键字（72，82，135，175，198），且 55<88<135，则在 P_2 指针所指的子树中进行查找；最后结点（84，86，88，90，94）中包含关键字 88，查找成功。

当树中没有待查找的关键字时，方法类似。

（2）B-树的插入

B-树的插入是指在 B-树中添加一个关键字。易知，插入的关键字一定位于最底层的某个非叶子结点。插入的过程首先是查找待插入的最底层的某个非叶子结点，再把关键字添加到该结点中，具体可分为两种情况。

① 若该结点中关键字的个数小于 m-1，则直接插入即可。

例如，在图 9.14 中插入关键字 28，插入后的 B-树如图 9.15 所示。

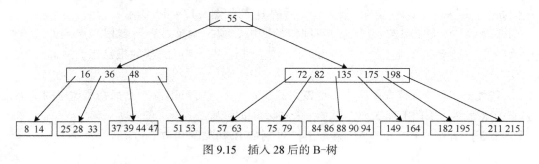

图 9.15　插入 28 后的 B-树

② 若该结点中关键字的个数大于 m-1，则将引起结点的分裂。这时需把结点分裂为两个，并把中间的一个关键字取出来放到该结点的双亲结点中去。若双亲结点中关键字的个数也是 m-1，则需要再分裂。如果一直分裂到根结点，则需建立一个新的根结点，整个 B-树增加一层。

例如，在图 9.14 中插入关键字 85。由于要插入的结点中已包含 5 个关键字，该结点分裂，把中间的关键字 86 插入该结点的父结点中。由于父结点已包含 5 个关键字，父结点再次分裂，把中间的关键字 86 插入根结点中。插入后的 B-树如图 9.16 所示。

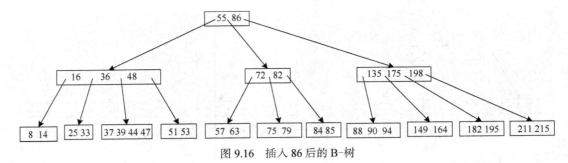

图 9.16　插入 86 后的 B-树

（3）B-树的删除

要在 B-树上删除一个关键字，首先在 B-树中查找到关键字所在的结点，然后根据下面的 4 种情况进行删除。假设父结点中信息为（P_0，K_1，P_1，K_2，P_2，…，P_{i-1}，K_i，P_i）。

① 若关键字处于最底层的某个非叶子结点中，且该结点中关键字的个数大于 $\lceil m/2 \rceil - 1$，删除该关键字后该结点仍满足 B-树的定义，则直接删除该关键字。

例如，图 9.17（a）所示为一个 3 阶 B-树，删除关键字 15 后的 B-树如图 9.17（b）所示。

② 若关键字处于最底层的某个非叶子结点中，且该结点中关键字的个数等于 $\lceil m/2 \rceil - 1$，但与该结点相邻的左兄弟（或右兄弟）结点中的关键字的个数大于 $\lceil m/2 \rceil - 1$，可将其兄弟结点中最大（或最小）的关键字上移至父结点，而将父结点中大于（或小于）且紧靠上移关键字的关键字下移至被删除的关键字所在的结点中。

例如，在图 9.17（b）中删除关键字 47 后的 B-树如图 9.17（c）所示。

③ 若关键字处于最底层的某个非叶子结点中，且该结点和其左、右兄弟的结点中的关键字个数都等于 $\lceil m/2 \rceil - 1$，则需要合并该结点、其左（或右）兄弟结点及父结点中的某个关键字。

假设其有右兄弟，且其右兄弟结点地址由父结点中的指针 P_i 所指，则删除关键字后，将该结点剩下的关键字加上其父结点中对应关键字 K_i 以及 P_i 所指结点中的关键字合并，并从父结点中删除 K_i。

例如，在图 9.17（c）中删除关键字 12 后的 B-树如图 9.17（d）所示。

由于删除 K_i 可能引起父结点进行同样的调整，这种调整一直传到根结点。如果根结点仅包含一个关键字，这时根结点和它的两个孩子进行组合，形成新的根结点，从而使得树减少一层。

④ 若关键字处于非终端结点中，令该关键字为 K_i，此时可用指针 P_i 所指子树中的最小关键字 K 替换 K_i，然后采用上述 3 种方法之一来删除关键字 K_i。

【例 9.3】　在图 9.17（d）中删除关键字 57 后的 B-树如图 9.17（e）所示。

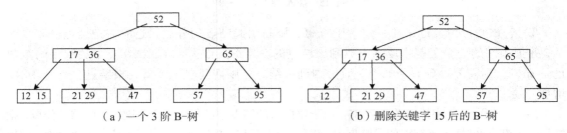

（a）一个 3 阶 B-树　　　　　　　　　　（b）删除关键字 15 后的 B-树

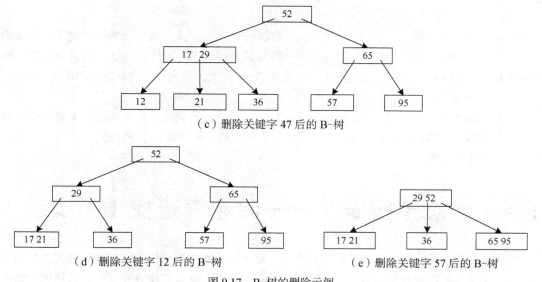

（c）删除关键字 47 后的 B-树

（d）删除关键字 12 后的 B-树　　　　　　　（e）删除关键字 57 后的 B-树

图 9.17　B-树的删除示例

3. B+树的定义

B+树是 B-树的一个变形树。它和 B-树的区别在于

（1）有 n 棵子树的结点中包含 n 个关键字；

（2）所有的叶子结点中包含全部关键字的信息，以及指向含这些关键字记录的指针，且叶子结点按关键字大小顺序链接；

（3）所有分支结点可看成索引部分，结点中仅包含其子树中最大（或最小）关键字。

图 9.18 所示为一棵 3 阶的 B+树，为便于查找，提供了两个头指针（root 和 head 指针）。

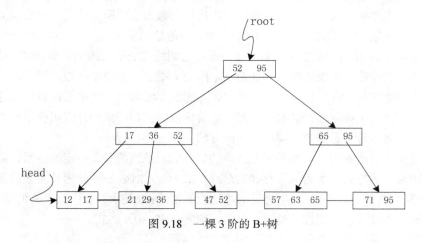

图 9.18　一棵 3 阶的 B+树

4. B+树的运算

（1）B+树的查找

通常在 B+树中有两个头指针：一个指向根结点，另一个指向关键字最小的叶子结点。这决定了 B+树有两种查找方式：一种是利用 head 指针直接从最小关键字开始按顺序查找；另一种是利用 root 指针从根结点开始随机查找，查找方式和 B-树类似，但在查找时，若非终端结点上的关键字等于给定值，查找并不结束，而是继续向下直到叶子结点。

（2）B+树的插入

B+树的插入操作和B-树类似，不同的是仅在叶子结点上进行，当结点中的关键字个数等于 m 时，结点分裂成两个结点，两结点中关键字个数分别为 $\lceil(m+1)/2\rceil$ 和 $\lfloor(m+1)/2\rfloor$，而且应把两个结点中的最大关键字放到它们的双亲结点中。因此和B-树类似，插入操作有可能使树增加一层。

（3）B+树的删除

B+树的删除也是仅在叶子结点中进行。和 B-树类似，若删除操作使结点中关键字的个数少于 $\lceil m/2\rceil$，需和兄弟结点合并。当叶子结点中最大的关键字被删除时，其在分支结点中的值可以作为分界关键字存在。

9.4　动态查找表 Ⅱ——哈希表查找（杂凑法）

前面介绍的各种查找方法的共同特点在于，由于结点在数据结构中的位置和待查值之间不存在确定的关系，因而查找时需通过对关键字的一系列比较，逐步缩小查找范围，直到确定结点的存储位置或确定查找失败。查找的效率依赖于查找过程中所进行的比较次数。如果在记录的存储位置和其关键字之间建立某种直接关系，那么在进行查找时，就无须作比较或只作很少次的比较，就能直接由关键字找到相应的记录。哈希（Hash）表查找正是基于这种思想。

哈希表与哈希表查找方法又名杂凑法或散列法，因其英文单词 Hash 而得名。哈希法的基本思想是：根据结点的键值确定结点的存储位置，即以待查的结点关键字 K 为自变量，通过一个确定的函数 H，计算出对应的函数值 $H(K)$，并以这个函数值作为该结点的存储地址，将结点存入 $H(K)$ 所指的存储位置上。查找时再以要查找的关键字 K 为自变量，用同样的函数计算地址，然后到相应的单元里取要查找的结点。用这种查找法进行查找时，只需对结点的关键字进行某种运算就能确定结点在表中的位置。因此哈希法的平均比较次数和表中所含结点的个数无关，能实现快速查找。把上述函数 H 称为哈希函数，$H(K)$ 称为哈希地址。

若某个哈希函数 H 对于不同的关键字 K_1 和 K_2 得到相同的哈希地址，即 $H(K_1)=H(K_2)$ 且 $K_1 \neq K_2$，这种现象称为冲突，而发生冲突的这两个不同的关键字称为哈希函数的同义词。在选定哈希函数时应考虑避免产生冲突，但在实际应用中，理想的、没有冲突的哈希函数极少存在。因此使用哈希法需要解决的关键问题是选取一个好的哈希函数，使得产生的冲突机会尽可能少。由于冲突难以避免，还需设计一种有效的解决冲突的方法。

在一般情况下，哈希表的空间必须比结点的集合大，虽然浪费了一定的空间，但换取的是查找效率。设哈希表的空间大小为 m，存储的结点总数为 n，则称 $\alpha=n/m$ 为哈希表的装填因子（或负载因子）。直观地看，α 越小，发生冲突的可能性就越小；α 越大，表中已填入的结点个数越多，再填入结点时发生冲突的可能性就越大。一般，取 $\alpha=0.65\sim0.9$ 为宜。

综上所述，哈希表查找必须解决以下两个主要问题。

（1）选取一个计算简单且冲突尽可能少的按键值均匀分布在给定的存储空间中的哈希函数。

（2）需设计一种能有效地解决冲突的方法。

9.4.1　常用的哈希方法

一个好的哈希函数应使函数值均匀地分布在存储空间的有效地址范围内，以尽可能减少冲突。由于实际问题中关键字的不同，无法构造出统一的哈希函数，所以构造哈希函数的方法多种多样。

这里只介绍一些比较常用的、计算较为简便的方法。

1. 直接定址法

直接取关键字值或关键字的某个线性函数作为哈希地址。如 $H(k)=k$ 或 $H(k)=a \times k+b$，其中 a 和 b 是常数。

该方法所得的地址集合和关键字集合大小相等。当某结构中的元素关键字都不相同时，采用该方法不会产生冲突。但由于失去压缩函数的特点，该方法在实际使用中并不常用。

2. 数字分析法

当关键字的位数比哈希表的地址码位数多时，对关键字的各位数字进行分析，丢掉数字分布不均匀的位，取分布均匀的位作为地址。

【例 9.4】 有一组 7 位数字的关键字表，如图 9.19 所示，哈希地址位数为 2 位，需经过数字分析丢掉 5 位。

分析这 7 个关键字得知，前三位都是 996，不均匀，应丢掉；第五位有 5 个 4；最后 1 位只取 6 和 9，所以也应该丢掉。留下的 4 和 6 位数字分布比较均匀，它们的组合作为哈希地址。

关键字 k	H(k)
9963456	35
9965349	54
9964436	43
9968499	89
9962246	24
9965416	51
9961409	10

图 9.19　一组关键字表

数字分析法的使用依赖于所有关键字的每一位的分布是已知的情况。在实际应用过程中，当不一定能已知关键字的全部情况时，该方法就不一定合适。

3. 除余法（亦称除留余数法）

选择一个适当的正整数 P，用 P 去除关键字，取其余数作为哈希地址，即

$$H(\text{key})=\text{key} \% P+b \quad (b \text{ 为常数})$$

但是在这种方法中，P 的选择是很重要的。如果选择关键字基数的幂次来除关键字，其结果必定是关键字的低位数字作哈希地址。若取 P 为任意偶数，则当关键字为偶数时，得到的哈希函数值为偶数；若关键字为奇数，则哈希函数值为奇数。因此，P 为偶数也是不好的。理论分析和试验结果均证明，P 应取小于存储区容量的素数。

【例 9.5】 一组关键字为（26，38，73，21，54，35，167，32，7，223，62）。当哈希表的长度为 15 时，P 取 13 比较合理。利用哈希函数 $H(K)=K \% 13$ 进行计算，可知上述关键字序列所对应的哈希地址如下。

关键字	26	38	73	21	54	35	167	32	7	223	62
哈希地址	0	12	8	8	2	9	11	6	7	2	10

从中可以看出，关键字 73，21 以及 54，223 属同义字，有冲突发生，后面将介绍如何解决冲突。

4. 平方取中法

该方法是先计算出关键字 K 的平方值 K^2，再取 K^2 值的中间几位或几位的组合作为哈希地址，取的位数由哈希表的表长决定。由于一个关键字平方后所得的中间几位和该关键字的每一位都相关，哈希地址的分布更加均匀。这是一种较常使用的构造哈希函数的方法。

例如，关键字为 3 632，则 $3\,632^2=13\,191\,424$。若表长为 1 000，则可以取第四位到第六位为哈希地址，即 $H(3\,632)=914$。

5. 折叠法

将关键字分割成位数相同的几部分（最后一部分的位数可以不同），然后取这几部分的叠加和（舍去进位）作为哈希地址，该方法称为折叠法。折叠法又可分为移位叠加和间界叠加两种方法。

移位叠加是将分割后的每一部分的最低位对齐，然后相加；间界叠加是从一端沿分割界来回折叠，然后对齐相加。

例如，关键字为 key=68 257 326，哈希表的长度为 1 000 时，可把关键字分为 68、257 和 326 三部分，其结果如图 9.20 所示。

$$
\begin{array}{r}
3\ 2\ 6\\
2\ 5\ 7\\
+\ 0\ 6\ 8\\
\hline
6\ 5\ 1
\end{array}
\qquad\qquad
\begin{array}{r}
3\ 2\ 6\\
7\ 5\ 2\\
+\ 0\ 6\ 8\\
\hline
1\ 1\ 4\ 6
\end{array}
$$

$H(\text{key})=651$ $H(\text{key})=146$

（a）移位叠加   （b）间界叠加

图 9.20　折叠法求哈希地址

因此，当关键字位数很多，而且关键字中每一位上数字分布大致均匀，不适宜用数字分析法时，可以采用折叠法得到哈希地址。

在实际应用中，应根据具体情况灵活采用不同的方法，并用实际数据测试它的性能，以便做出正确判定。通常应考虑以下 5 个因素：计算哈希函数所需时间（简单）、关键字的长度、哈希表大小、关键字分布情况、记录查找频率。

9.4.2　处理冲突的方法

选取一个好的哈希函数可以减少冲突，但不可避免冲突。处理冲突的方法主要有开放地址法和链地址法。

1. 开放地址法

具体做法：当发生冲突时，使用某种方法在哈希表中形成一个探查序列，沿着此探查序列逐个单元地查找，直到找到给定的关键字或者碰到一个开放的地址（该地址单元为空）为止。插入元素时，碰到开放的地址单元说明表中没有待查的元素，可将待插入的新关键字放在该地址单元中。查找时碰到一个开放的地址，单元表示表中没有待查的关键字。下面介绍几种常用的探查方法。

（1）线性探查法

基本思想：将哈希表看成一个循环表。若地址为 d （$d=H(K)$）的单元发生冲突，则依次探查下述地址单元：

$$d+1,\ d+2,\ \cdots,\ m-1,\ 0,\ 1,\ \cdots,\ d-1\ (m\text{ 为哈希表的长度})$$

直到找到一个空单元或查找到关键字为 key 的元素为止。若沿着该探查序列查找一遍之后，又回到地址 d，则表示哈希表的存储区已满。

【例 9.6】 一组关键字为（26，38，73，21，54，35，167，32，7，223，62），试用线性探查法解决冲突，并构造这组关键字的哈希表。设哈希表的长度为 15。

当哈希表的长度为 15 时，显然 P 取 13 比较合理。利用哈希函数 $H(K)= K \% 13$ 进行计算，可知上述关键字序列所对应的哈希地址如下。

关键字	26	38	73	21	54	35	167	32	7	223	62
哈希地址	0	12	8	8	2	9	11	6	7	2	10

根据哈希函数计算后，不同关键字的哈希地址出现了冲突，需依据线性探查法解决冲突，具体的情形如下。

插入 26、38、73 时，由于存储地址未被占用，可直接存放；插入 21 时，由于其地址和 73 的地址发生冲突，进行线性探查，21 插入下标为 9 的单元里；54 的地址为 2，可直接插入；35 的地址由于被 21 占用，线性探查后存入 10 单元里；167、32 和 7 可直接插入；223 的地址由于被 54 占用，线性探查后存入 3 单元里；62 的地址由于被占用，经过 3 次线性探查后存入 13 单元里。存放后的哈希表如下。

单元地址	0	1	2	3	4	5	6	7	8	9	10	11	12	13	14
关键字	26		54	223			32	7	73	21	35	167	38	62	
比较次数	1		1	2			1	1	1	2	2	1	1	4	

可以看到，35 和 21 虽然不是同义词，但发生了冲突，原因是 21 和 73 发生冲突时，为解决冲突，21 占用了 35 的地址，从而导致两个原本不是同义词的关键字之间发生冲突。这种现象称为堆积现象。查找成功的平均查找长度为

$$ASL=(1+1+2+1+1+1+2+2+1+1+4)/11=1.55$$

通过上述分析可知，用线性探查法处理冲突，思路清晰、算法简单，但该方法容易造成堆积和溢出现象，而且删除操作非常困难。假如要从哈希表中删除一个结点，只能对该位置做删除标志，不能把该位置置为空，否则会影响以后的查找。

（2）二次探测法

二次探测增量序列为

$$1^2,\ -1^2,\ 2^2,\ -2^2,\ \cdots,\ \pm K^2 \quad (K\leqslant \lfloor m/2 \rfloor)$$

该方法使用的探测序列跳跃式地散列在整个哈希表中，减少了堆积的可能性，但缺点是不容易探测到整个哈希表空间。

（3）伪随机探测再散列法

d_i=伪随机数序列。具体实现时，应建立一个伪随机数发生器（如 $i=(i+p)\% m$），并给定一个随机数作起点。

（4）双哈希函数探测法

该方法选用两个哈希函数 H_1 和 H_2，H_1 以关键字为自变量，产生一个 0 到 m-1 之间的数作为哈希地址，H_2 也以关键字为自变量，产生一个 0 到 m-1 之间的和 m 互素的数（两个数互素是指它们的最大公约数等于 1）作为对哈希地址的增量。若 $H_1(K)=d$ 时发生冲突，则再计算 $H_2(K)$，得到探查序列：

$$(d+H_2(K))\% m,\ (d+2H_2(K))\% m,\ (d+3H_2(K))\% m,\ \cdots$$

直到找到一个未被占用的地址。

需注意的是，为使发生冲突的各同义词地址均匀分布在整个哈希表中，$H_2(K)$ 的值需和 m 互素。一般情况下，m 也应取素数。

2. 链地址法

链地址法是解决冲突的另一种方法。它的基本思想是：选定一个长度为 m 的哈希表，表的每一个单元对应一个链表的头指针，将发生关键字冲突的同义词以结点的形式存放在对应的同一条链表中。插入和查找一个元素时，首先根据哈希函数 H 计算关键字的哈希地址 $H(K)$，得到对应

链表的头指针，再在链表中进行插入和查找操作。

【例 9.7】 已知一组关键字和选定的哈希函数与例 9.5 相同，m 也是取 13。用链地址法解决冲突构造这组关键字的哈希表。

利用哈希函数 $H(K)= K \% 13$ 进行计算，可知上述关键字序列所对应的哈希地址如下。

关键字	26	38	73	21	54	35	167	32	7	223	62
哈希地址	0	12	8	8	2	9	11	6	7	2	10
比较次数	1	1	1	2	1	1	1	1	1	2	1

用链地址法解决冲突得到的哈希表如图 9.21 所示。

采用链地址法处理冲突时，检索的过程首先是利用哈希函数计算被查找的元素位于哪条链表上，然后在对应的链表上检索该元素，因而检索的速度较快，而且不会产生堆积和溢出现象，同时在哈希表中删除结点时也比较方便。

3. 再哈希法

这种方法是同时构造多个不同的哈希函数：$Hi=RH1(key)$，$i=1, 2, \ldots, k$。当哈希地址 $Hi=RH1(key)$ 发生冲突时，再计算 $Hi=RH2(key)$……直到冲突不再产生。这种方法不易产生聚集，但增加了计算时间。

4. 建立公共溢出区法

这种方法的基本思想是：将哈希表分为基本表和溢出表两部分。凡是和基本表发生冲突的元素，一律填入溢出表。

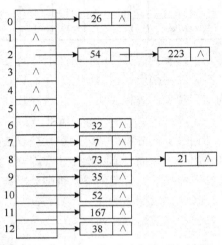

图 9.21　用链地址法解决冲突得到的哈希表

9.4.3　哈希表的操作

哈希表上的操作主要有查找、插入和删除，其中查找操作是最重要的操作。哈希表上的查找过程和建立哈希表的过程相似。查找过程为：假定给定 K 值，根据建表时设定的哈希函数计算其哈希地址，若该地址上没有结点值，则查找失败；否则，将给定的 K 值和该地址中的结点值比较，若相等则查找成功，否则按建表时设定的处理冲突的方法计算处理冲突后的下一个哈希地址，直到找到，或者某个地址上的结点值为空，或者遍历完整个哈希表，查找失败为止。

哈希表的类型定义为：

```cpp
class HashTable{
public:
DataType *HT;                    //哈希表
int maxsize;                     //哈希表的大小
int current;                     //哈希表中现有元素个数
public:
HashTable(int n){                //构造函数
maxsize=n;
HT=new DataType[maxsize];
```

```
current=0;
}
~HashTable(){delete[] HT;}          //析构函数
int H(KeyType  k);                  //哈希函数
int HashSearch(KeyType  k);         //哈希表的查找
void HashInsert(KeyType  k);        //哈希表的插入
void HashDelete(KeyType  k);        //哈希表的删除
int HashSize(){return current;}     //哈希表中现有元素个数
void Clear ();                      //清空
};
```

哈希表的查找算法如算法 9-11 所示。

算法 9-11　哈希表的查找算法

```
int HashTable::HashSearch(KeyType k)
                                    //查找成功,返回所在的下标,不成功则返回-1
{
 int d,i;
 d=H(k);                            //计算哈希地址,哈希函数为 H(key)
 for(i=0;i< maxsize;i++)
 {
  if(HT[d].key==k)
   return(d);                       //检索成功,返回哈希地址
  if(HT[d].key==NULL)
   return(-1);                      //检索失败
  d=(d+i)% maxsize;                 //用解决冲突的方法求下一个哈希地址
 }
return(-1);
}
```

哈希表的插入算法如算法 9-12 所示。

算法 9-12　哈希表的插入算法

```
void HashTable::HashInsert(KeyType k)    //将关键字 k 插入哈希表中
{ int d,j;
  d=H(k);                           //计算 k 的插入位置
  if(HT[d].key!=NULL)
  {  j=d;
     d=(d+1)% maxsize;
     while((d!=j)&& HT[d].key!=NULL)d=(d+1)% maxsize;
  }
  if(HT[d].key= =NULL)
  {  HT[d].key=k;                   //将关键字插入哈希表中
     current++;
  }
  else    cout<<"哈希表已满!"<<endl;  //表已满
}
```

由哈希表的查找过程可知，虽然哈希表是在关键字和存储位置之间直接建立了对应关系，可利用关键字值进行转换计算后，直接求出存储地址，但是由于冲突的产生，哈希表的查找过程仍然是一个和关键字比较的过程，所以仍需用平均查找长度来衡量哈希表查找效率。

查找过程中，哈希表中关键字和给定值进行比较的次数取决于以下 3 个因素：哈希函数、解决冲突的方法和哈希表的装填因子。

本章小结

本章主要讨论了查找表（包括静态查找表和动态查找表）的各种实现方法：顺序表、有序表、树表和哈希表，以及各种查找方法的查找效率，要求掌握何时该使用哪种查找方法。其中，顺序查找、二分查找、分块查找和开放地址法处理冲突的哈希表查找主要用于静态查找表；二叉排序树、AVL 树、B-树、B+树和链地址法处理冲突的哈希表查找主要用于动态查找表。各种查找方法中，B-树和 B+树主要适用于外查找，即查找适用于数据保存在外存储器的较大文件中，查找过程需要访问外存的查找；而其他方法主要适用于内查找，即适用于文件较小、查找过程都在内存中的查找。

习　题

一、选择题

1. 在等概率的情况下，采用顺序查找方法查找长度为 n 的线性表时，查找成功的平均查找长度为（　　）。

    A. n　　　　　　　　B. $n/2$　　　　　　C. $(n+1)/2$　　　　D. $(n-1)/2$

2. 对于一个数据序列，按照"逐点插入方法"建立一个二叉排序树，该二叉排序树的形状取决于（　　）。

    A. 该序列的存储结构　　　　　　　　B. 序列中的数据元素的取值范围

    C. 数据元素的输入次序　　　　　　　D. 使用的计算机的软、硬件条件

3. 有关键字值的集合 $A=\{55，30，35，15，45，25，95\}$，从空二叉树开始逐个插入每个关键字值，建立与集合 A 对应的二叉排序树。若希望得到的二叉排序树高度最小，则应选择（　　）作为输入序列。

    A. 45，25，55，15，35，95，30　　　　B. 35，25，15，30，55，45，95

    C. 15，25，30，35，45，55，95　　　　D. 30，25，15，35，45，95，55

4. 下列（　　）查找不是用查找表中数据元素的关系进行查找的方法。

    A. 有序表　　　　　　　　　　　　　B. 二叉排序树

    C. 平衡二叉树　　　　　　　　　　　D. 哈希

5. 折半查找要求结点（　　）。

    A. 有序，顺序存储　　　　　　　　　B. 有序，链式存储

    C. 无序，顺序存储　　　　　　　　　D. 无序，链式存储

6. 在平衡二叉树中插入一个结点后造成了不平衡，设最低的不平衡结点为 A，并已知 A 的左孩子的平衡因子为-1，右孩子的平衡因子为 0，则应作（　　）型调整以使其平衡。

    A. LL　　　　　　　B. LR　　　　　　　C. RL　　　　　　　D. RR

7. m 阶 B 树中的 m 是指（　　）。

A. 每个结点至少有 m 棵子树　　　　B. 非终端结点中关键字的个数

C. 每个结点至多有 m 棵子树　　　　D. m 阶 B 树的深度（或高度）

8. 对线性表进行折半查找最方便的存储结构是（　　）。

A. 顺序表　　　　B. 有序的顺序表

C. 链表　　　　　D. 有序的链表

9. 对一棵未要求关键字值相异的查找树根结点而言，左子树中所有结点的关键字（　　）右子树中所有结点的关键字。

A. 小于　　　　B. 大于　　　　C. 不大于　　　　D. 不小于

10. 具有 5 层结点的 AVL 树至少有（　　）个结点。

A. 10　　　　B. 12　　　　C. 15　　　　D. 17

11. 从具有 n 个结点的二叉排序树中查找一个元素时，最坏情况下的时间复杂度为（　　）。

A. $O(n)$　　　　B. $O(1)$　　　　C. $O(\log_2 n)$　　　　D. $O(n^2)$

12. 以下说法错误的是（　　）。

A. 哈希法存储的基本思想是由关键码值决定数据的存储地址

B. 哈希表的结点中只包含数据元素自身的信息，不包含任何指针

C. 装填因子是哈希表的一个重要参数，反映哈希表的装填程度

D. 哈希表的查找效率主要取决于哈希表造表时选取的哈希函数和处理冲突的方法

13. 采用分块查找时，若线性表中共有 625 个元素，查找每个元素的概率相同，假设采用顺序查找来确定所在的块，每块应分（　　）个结点最佳。

A. 10　　　　B. 25　　　　C. 6　　　　D. 625

14. 下面关于 B-树和 B+树的叙述中，错误的是（　　）。

A. B-树和 B+树都能有效地支持顺序查找

B. B-树和 B+树都能有效地支持随机查找

C. B-树和 B+树都是平衡的多分树

D. B-树和 B+树都可用于文件索引结构

15. 在关键字随机分布的情况下，用二叉排序树的方法进行查找，其查找长度与（　　）量级相当。

A. 顺序查找　　　　B. 折半查找　　　　C. 前两者均不正确

16. 哈希函数有一个共同性质，即函数值应按（　　）取其值域的每一个值。

A. 最大概率　　　　B. 最小概率　　　　C. 同等概率　　　　D. 平均概率

17. 假定有 K 个关键字互为同义词，若用线性探测法把这 K 个关键字存入哈希表中，至少要进行（　　）次探测。

A. $K-1$　　　　B. K　　　　C. $K+1$　　　　D. $K(K+1)/2$

18. 在一棵平衡二叉树中，每个结点的平衡因子取值范围是（　　）。

A. $-1 \sim 1$　　　　B. $-2 \sim 2$　　　　C. $1 \sim 2$　　　　D. $0 \sim 1$

19. 在非空 m 阶 B-树上，除根结点以外的所有其他非终端结点（　　）。

A. 至少有 $\lfloor m/2 \rfloor$ 棵子树　　　　B. 至多有 $\lfloor m/2 \rfloor$ 棵子树

C. 至少有 $\lceil m/2 \rceil$ 棵子树　　　　D. 至多有 $\lceil m/2 \rceil$ 棵子树

20. 一棵深度为 k 的平衡二叉排序树，其每个非终端结点的平衡因子都为 0，则该树共有（　　）个结点。

A. $2^{k-1}-1$ B. 2^k-1 C. 2^{k-1} D. 2^k

二、判断题

1. 平衡二叉排序树上任何一个结点的左、右子树的高度之差的绝对值不大于1。（　　）

2. 在任意一棵非空二叉树中，删除某结点后又将其插入，则所得二叉排序树与删除前原二叉排序树相同。（　　）

3. 就平均查找长度而言，分块查找最小，折半查找次之，顺序查找最大。（　　）

4. 在采用线性探测法处理冲突的哈希表中，所有同义词在表中一定相邻。（　　）

5. 用折半查找法对一个顺序表进行查找，这个顺序表可以按各键值排好序，也可以不按键值排好序。（　　）

6. 装填因子是哈希表的一个重要参数，反映哈希表的装满程度。（　　）

7. 最佳二叉树是AVL树（平衡二叉树）。（　　）

8. 二叉排序树的任意一棵子树中，关键字最小的结点必无左孩子，关键字最大的结点必无右孩子。（　　）

9. 对二叉排序树的查找都是从根结点开始的，则查找失败一定落在叶子结点上。（　　）

10. 若哈希表的装填因子 $\alpha<1$，则可避免冲突的产生。（　　）

三、填空题

1. 在分块查找方法中，首先查找_____，然后查找相应的_____。

2. 长度为900的表，采用分块查找法，每块的最佳长度为_____。

3. 对有17个元素的有序表 $A[1\cdots17]$ 作二分查找，在查找其等于 $A[8]$ 的元素时，被比较的元素下标依次是_____。

4. 高度为8的平衡二叉树的结点数至少有_____个。

5. 二叉排序树的查找效率与树的形态有关。当二叉排序树退化成单支树时，查找算法退化为_____查找，其平均查找长度上升为_____。当二叉排序树是一棵平衡二叉树时，其平均查找长度为_____。

6. 高度为5（叶子层除外）的3阶B-树至少有_____个结点。

7. 在平衡二叉树上删除一个结点后，可以通过旋转使其平衡，最坏情况下需_____次旋转。

8. 一棵深度为 h 的B-树，任意一个叶子结点所处的层数为_____；当向B-树插入一个新关键字时，为检索到插入位置，需读取_____个结点。

9. 在一棵 m 阶B-树中，若在某结点中插入一个新关键字而引起该结点分裂，则此结点中原有的关键字的个数是_____；若在某结点中删除一个关键字而导致结点合并，则该结点中原有的关键字的个数是_____。

10. 在哈希存储中，装填因子 α 的值越大，则_____；α 的值越小，则_____。

四、应用题

1. 设线性表中有1000个记录，对每个记录查找的概率相等。若采用顺序查找，查找成功所需平均比较次数为多少？查找不成功所需平均比较次数为多少？

2. 顺序表按关键字从小到大有序，试设计顺序查找算法，将监视哨设在高下标端，并求出在等概率情况下查找成功的平均查找长度。

3. 对二叉排序树的查找都是从根结点开始，查找失败时是否一定落在叶子结点上？为什么？

4. 如果有一组关键字，以不同的次序输入后建立起来的二叉排序树是否相同？当中序遍历这些二叉排序树时，其遍历的结果是否相同？为什么？

5. 已知序列 17，31，13，11，20，35，25，8，4，11，24，40，27。请画出该二叉排序树，并分别给出下列操作后的二叉树：

（1）插入数据 9；

（2）删除结点 17；

（3）再删除结点 13。

6. 画出按下表中元素的顺序构造的平衡二叉排序树：

{15，12，24，3，27，21，18，6，36，33，30，26，32}，

并求其在等概率的情况下查找成功的平均查找长度。

7. 将关键码 1，2，3，…，$2k-1$ 依次插入一棵初始为空的 AVL 树中。试证明结果树是完全平衡的（所谓"完全平衡"，是指所有叶子结点处于树的同一层次上，并在该层是满的）。

8. 含 12 个结点的平衡二叉树中最大的深度是多少？（设根结点深度为 1。）并画出一棵这样的树。

9. 图 9.22 所示的 3 阶 B-树依次执行下列操作，试画出每步的操作结果。

（1）插入 300；（2）插入 70；（3）插入 30；

（4）删除 150。

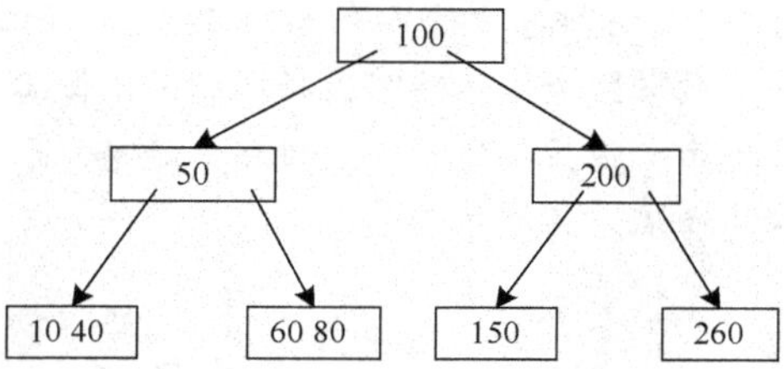

10. 已知哈希表地址空间为 0～12，哈希函数为 $H(\text{key})=\text{key MOD }13$，采用线性探测法处理冲突，

给定的关键字序列为 19，14，23，01，68，21，84，38。将上面数据序列依次存入该散列表中，并求出在等概率下计算成功和不成功的平均查找长度。

图 9.22 3 阶 B-树

五、算法设计题

1. 试用递归和非递归实现折半查找的算法。

2. 编写一个算法，删除二叉排序树中除根结点以外的任一结点 p，已知 p 的双亲结点 f。

3. 编写一个判定给定的二叉树是否是二叉排序树的算法。

4. 二叉排序树采用二叉链表存储，设计算法，删除关键字为 key 的结点，要求删除该结点后，此树仍然是一棵二叉排序树，并且高度没有增长。

5. 试编写一算法，求出指定结点在给定的二叉排序树中所在的层数。

6. 将一组数据元素按哈希函数 $H(\text{key})$ 散列到哈希表 $HT[0...m]$ 中，用线性探测法处理冲突，假设空单元用 EMPTY 表示，删除操作是将哈希表中结点标志位从 INUSE 标记为 DELETED，试写出该哈希表的查找、插入和删除 3 个基本操作算法。

7. 写出从哈希表中删除关键字为 k 的一个记录的算法，设所用哈希函数为 H，解决冲突的方法是链地址法。

教学提示：对于数据处理工作，排序是其最基本的运算之一。排序分为内排序和外排序。本章主要介绍内排序方法。内排序方法有 5 种：插入排序、交换排序、选择排序、归并排序和分配排序。5 种排序方法各有各的特点，不同的情况下可以根据它们的特点进行选择。

教学目标：熟练掌握排序的基本概念，掌握内排序 5 种排序方法（插入排序、交换排序、选择排序、归并排序和分配排序）的思想和特点；掌握每种排序方法的排序过程，能在不同的情况下选择不同的排序方法。

10.1 基本概念

数据处理中做得最多的工作之一就是排序。为了便于查找，通常希望计算机中的数据表是已经排好序的。如查找效率较高的折半查找就要求必须是有序表，二叉排序树、B⁻树和 B⁺树的构造过程实际上也是一个排序过程。因此排序是计算机程序设计中的一种重要操作。所谓排序，是把一组记录（数据元素集合或序列）按关键码值递增（或递减）的次序重新排列的过程。其中关键码，也称为排序码，是指记录中作为排序运算依据的某个数据项。本章中如无特别说明，均按递增序列讨论。下面给出排序的定义。

假设含 n 个记录的序列为 $\{R_1, R_2, \cdots, R_n\}$，其相应的键值序列为 $\{k_1, k_2, \cdots, k_n\}$。将这些记录重新排列为 $\{R_{i_1}, R_{i_2}, \cdots, R_{i_n}\}$，使得相应的关键码值满足条件 $k_{i_1} \leq k_{i_2} \leq \cdots \leq k_{i_n}$，这样一种运算称为排序。

如果关键码是主关键码，则对于任意待排序序列，经排序后得到的结果是唯一的；如果关键码是次关键码，排序结果可能不唯一。对任意的数据元素序列，使用某种排序方法按关键码进行排序，若相同关键码元素间的相对位置关系在排序前与排序后保持一致，则称此排序方法是稳定的；否则称为不稳定的。

【**例 10.1**】 一个具有 10 个记录的序列，排序前的记录及对应关键码值如表 10-1 所示，其中 R_4 和 R_9 的关键码值相同。将 10 个记录按关键码值递增排序，表 10-2 显示的是稳定的排序结果，表 10-3 显示的是不稳定的排序结果。

表 10-1　　　　　　　　　　排序前记录及关键码值

记录	R_1	R_2	R_3	R_4	R_5	R_6	R_7	R_8	R_9	R_{10}
关键码	47	51	72	30	13	15	04	49	30	19

表 10-2　　　　　　　　　　　　　按关键码值递增，稳定的排序结果

记录	R_7	R_5	R_6	R_{10}	R_4	R_9	R_1	R_8	R_2	R_3
关键码	04	13	15	19	30	<u>30</u>	47	49	51	72

表 10-3　　　　　　　　　　　　　按关键码值递增，不稳定的排序结果

记录	R_7	R_5	R_6	R_{10}	R_9	R_4	R_1	R_8	R_2	R_3
关键码	04	13	15	19	<u>30</u>	30	47	49	51	72

由于记录的形式、数量和所存放的存储设备不同，排序所采用的方法也不同。根据排序过程所涉及的存储设备，排序可分为两类：内排序和外排序。内排序是指排序的整个过程中，数据全部存放在内存储器中，并且在内存储器中调整记录间的相对位置，适合记录个数不太多的元素序列。外排序是指在排序过程中，数据的主要部分存放在外存储器中，借助内存储器逐步调整记录之间的相对位置，适用于记录个数较多、无法一次将其全部记录都放入内存的元素序列。

本章主要介绍内排序方法。内排序方法有很多，按照排序过程中依据的不同原则对其进行分类，主要包括插入排序、交换排序、选择排序、归并排序、分配排序。为了比较各种排序算法的优劣，需要分析算法的时间复杂度。通常只考虑键值的比较次数和记录的移动次数，即以键值的比较和记录移动为基本操作。评价排序的另一个重要标准是执行算法所需要的附加空间。

在本章算法中（除了链式基数排序），记录采用顺序存储并存放在 $r[1\cdots n]$ 之间，$r[0]$ 作为方便算法的附加存储空间使用，其中的记录结点类型描述如下。

```
typedef int KeyType;
typedef struct
{
   KeyType key;              //关键码
   …                        //其他数据项
} Node;
```

10.2　插　入　排　序

插入排序的基本思想是将整个记录序列 r 划分成两部分：(已按关键码值从小到大排序的有序区) [无序区]。从无序区取一个记录——通常取无序区的第一个记录，按其关键码值大小插入有序区的适当位置，使有序区仍然保持有序，重复上述过程，直至全部插入完毕。插入排序的关键是如何确定插入位置。

10.2.1　直接插入排序

直接插入排序的插入定位是通过将待插入记录与有序区各记录的关键码值依次比较来确定的。利用直接插入排序将具有 n 个待排记录递增排序的具体步骤如下。

（1）记录初始状态为：第一个记录处于有序区，其他记录都被认为处于无序区。（用如下方法表示，其中圆括号表示有序区，方括号表示无序区。）

初始状态：$(r[1])[r[2]\cdots r[n]]$。

（2）将无序区中第一个记录取出，与有序区记录进行顺序比较，确定插入位置。

（3）将该记录插入有序区。

（4）重复步骤（2）、（3），直至有序区包含全部记录。

记录的最终状态为：$(r[i_1]\ r[i_2]\cdots r[i_n])[\ ]$。

算法 10-1　直接插入排序算法

```
void Dinsert_sort1(Node r[ ],int n)
{
    int i,j,k;
    for(i=2;i<=n;i++)
    {
        r[0]=r[i];                          //设置监视哨
        for(j=i-1;r[0].key< r[j].key;j--);  //寻找 R[i]的插入位置
        for(k=i-1;k>j;k--)r[k+1]=r[k];      //元素后移
        r[j+1]=r[0];                        //元素插入正确位置
    }
}
```

为提高算法效率，算法 10-1 中两个循环可以合并，具体算法如下。

算法 10-2　直接插入排序算法（两个循环合并）

```
void Dinsert_sort2(Node r[ ],int n)
{
  int i,j;
  for(i=2;i<=n;i++)
  {
    r[0]=r[i];                          //设置监视哨
    for(j=i-1;r[0].key< r[j].key;j--)   //边寻找插入位置边移动元素
      r[j+1]=r[j];
    r[j+1]=r[0];                        //元素插入正确位置
  }
}
```

算法 10-2 性能分析：直接插入排序的基本操作有两个，一个是比较两个记录关键码的大小，另一个是记录移动。从时间效率分析：

①最好情况是原始记录已按关键字递增有序（正序），此时

比较次数：$(n-1)$；

移动次数：$2(n-1)$；

时间复杂度：$T(n)=O(n)$。

②最坏情况是原始记录已按关键字递减有序（逆序），此时

比较次数：$\sum_{i=2}^{n} i = \dfrac{(n-1)*(n+2)}{2}$；

移动次数：$\sum_{i=2}^{n}(i+1) = \dfrac{(n-1)*(n+4)}{2}$；

时间复杂度：$T(n)=O(n^2)$。

③平均情况下，时间复杂度：$T(n)=O(n^2)$。

从空间效率来看，仅用了一个辅助空间。

直接插入排序属于稳定排序，除了用顺序存储结构实现外，还可以用链式存储结构实现。请读者考虑如何实现。

10.2.2　二分插入排序

二分插入排序也叫折半插入排序，它的插入位置是通过对有序表中的元素进行折半查找进行确定的。将待插入记录的关键码与有序区的中点处记录关键码进行比较，使要比较的有序子表范围缩小一半，不断重复直至确定插入位置。

算法 10-3　折半插入算法

```
void Bi_insertsort(Node r[ ],int n)
{
   int i,j,low,high,mid;
   for(i=2;i<=n;i++)
   {
     r[0]=r[i];
     low=1; high=i-1;                     //比较范围初始化
     while(low<=high)                     //确定插入位置
     {
         mid=(low+high)/2;
         if(r[0].key<r[mid].key)high=mid-1;
         else low=mid+1;
     }                                    //循环结束，low 为插入位置
     for(j=i-1;j>=low;j--)r[j+1]=r[j];    //元素后移
     r[low]=r[0];                         //第 i 个元素进行插入
   }
}
```

算法 10-3 性能分析：从时间效率看，定位一个记录位置需要的关键码比较次数最多为 $\log_2(n+1)$ 次，所以比较次数的时间复杂度为 $O(n\log_2 n)$，与直接插入排序相比，比较次数有所减少，但移动次数一样，所以总的时间复杂度仍为 $T(n)=O(n^2)$；从空间效率看，需要一个辅助空间。

折半插入排序是一个稳定的排序方法，只适合顺序存储的排序表，不适合链式存储排序表。

10.2.3　希尔排序

希尔排序是由 D.L.shell 在 1959 年提出的，对直接插入排序作了改进。直接插入排序算法比较简单，并且在两种情况下排序效率较高：一是待排记录个数 n 值较小，二是序列已按关键码基本有序。对于 n 值较大又无序的记录序列，希尔排序利用了直接插入排序的这两个特点提高排序效率。它的具体步骤如下。

（1）取一个小于 n 并且大于 1 的整数 d（称为步长），将待排序数组 r 分成若干个小组，间隔为 d 的元素在同一个组中；

（2）在每个小组内部进行直接插入排序，称为"步长为 d 的一趟希尔排序算法"；

（3）逐步减小步长 d，重复步骤（1）和步骤（2），直至步长 $d=1$ 使全部记录有序为止。

【例 10.2】 8 个记录（53，36，48，41，60，7，18，36）的希尔排序过程如下，步长序列的取值顺序为 4、2、1。

第 1 次分组 d=4:　53　36　48　41　60　7　18　36

第 2 次分组 d=2:　53　7　18　36　60　36　48　41

第 3 次分组 d=1:　18　7　48　36　53　36　60　41

排序结果:　　7　18　36　36　41　48　53　60

算法 10–4　步长为 d 的一趟希尔排序算法

```
void Shell_insert(Node r[ ],int n,int d)
{
  int i,j;
  for(i=d+1;i<=n;i++)
  {
    r[0]=r[i];
    for(j=i-d;j>0&&r[0].key< r[j].key;j=j-d)    //边寻找插入位置边移动元素
      r[j+d]=r[j];
    r[j+d]=r[0];                                 //元素插入正确位置
  }
}
```

将步长为 d 的排序算法（算法 10-4）与直接插入排序算法（算法 10-2）进行比较可以发现，直接插入排序实际上就是算法 10-4 中步长为 1 时的特殊情况。

希尔排序整个过程如下：首先确定步长序列 int dt[ ]，然后循环调用 Shell_insert 函数实现。

算法 10–5　希尔排序算法

```
void Shell_sort(Node r[ ],int n,int dt[ ],int t)
{  // dt 为步长序列,t 为步长序列的个数
  int k;
  for(k=0;k<=t-1;k++)
    Shell_insert(r,n,dt[k]);
}
```

希尔排序时效分析很难，在理论上还有待进一步研究。希尔排序在第一趟并没有优势，但随着步长的减小，序列越来越有序，插入排序效率就越高。显然，希尔排序时间复杂度优于直接插入排序。有学者分析，希尔排序的时间复杂度在 $O(n\log_2 n)$ 和 $O(n^2)$ 之间，大致为 $O(n^{1.3})$。

希尔排序中关键字的比较次数与记录移动次数依赖于步长因子序列的选取，特定情况下可以准确估算出关键字的比较次数和记录的移动次数。步长 d_i 有各种不同的取法，一般认为 d_i 都取成奇数、d_i 之间互素为好。究竟如何选取 d_i 最好？理论上至今没有得到证明。但需要注意，步长因子中除 1 外没有公因子，且最后一个步长因子必须为 1。

从例 10.2 可以发现，具有相同关键码的两个记录 36, 36，经过希尔排序后相对位置发生了变化。可见，希尔排序是一个不稳定的排序方法。

10.3 交 换 排 序

交换排序的基本思想是：比较待排序列中两个记录的关键码，若与排序要求相逆，则将两者交换。

10.3.1 冒泡排序

冒泡排序是一种简单的交换排序方法，基本思路如下。

（1）将整个排序表 r 划分成两部分：（已按关键码值从小到大排序的有序区）[无序区]。初始状态下，所有记录都处在无序区。

初始状态：$(\ )[r[1]\ r[2]\cdots r[n]]$。

（2）从无序区右边开始，依次对相邻记录的关键码进行两两比较，不满足顺序要求的进行交换。

（3）将无序区的第一个记录移入有序区的尾部。

（4）重复步骤（2）和步骤（3），直至全部记录有序，为最终状态。

最终状态：$(r[i_1]\ r[i_2]\cdots r[i_n])[\ ]$。

【例 10.3】 8 个记录（53，36，48，36，60，7，18，41）第一趟冒泡排序过程如下。

初始状态：( )[53　36　48　36　60　7　18　41]

第 1 次比较：( )[53　36　48　36　60　7　18　41]

第 2 次比较：( )[53　36　48　36　60　7　18　41]

第 3 次比较：( )[53　36　48　36　60　7　18　41]

第 4 次比较：( )[53　36　48　36　7　60　18　41]

第 5 次比较：( )[53　36　48　7　36　60　18　41]

第 6 次比较：( )[53　36　7　48　36　60　18　41]

第 7 次比较：( )[53　7　36　48　36　60　18　41]

第 1 趟冒泡排序结果：(7)　[53　36　48　36　60　18　41]

冒泡排序最多进行 $n-1$ 趟。如果在某趟的两两比较过程中一次交换都未发生，表明该序列已经有序，则排序可以提前结束。

算法 10-6　冒泡排序算法

```
void  Bubble_sort(Node r[ ],int n)
{
  int i,j,flag;
  for(i=1;i<n;i++)
  {
    flag=0;                        //是否发生交换的标志
```

```
      for(j=n;j>=i+1;j--)
        if(r[j].key<r[j-1].key)
         {
           r[0]=r[j];r[j]=r[j-1];r[j-1]=r[0];
           flag=1;                          //发生了交换
         }
      if(!flag)break;
    }
}
```

算法 10-6 性能分析：从时间效率上看，最好情况是正序，由于在第一趟比较过程中，一次交换都未发生，所以一趟之后就结束，只需比较 n-1 次，记录移动 0 次；最坏情况是逆序，总共进行 n-1 趟，比较次数为

$$\sum_{i=1}^{n-1}(n-i) = \frac{1}{2}(n^2 - n)$$

移动次数为

$$3\sum_{i=1}^{n-1}(n-i) = \frac{3}{2}(n^2 - n)$$

所以总的时间复杂度为：$T(n)=O(n^2)$。

从空间效率上看，只需要一个辅助空间。

冒泡排序是稳定排序。

10.3.2 快速排序

快速排序是冒泡排序的一种改进。快速排序的基本思想是：以某个记录为标准（也称为支点），其余记录都与支点记录进行比较，比支点记录大或相等的元素交换到支点记录之后，小的交换到支点记录之前，通过一趟快速排序将待排序列分成两组。一趟快速排序之后状态如下。

[比支点记录小的元素序列]（支点记录）[比支点记录大或相等的元素序列]

即支点记录就放在两组之间，它的位置实际上就是排序结束时的最终位置。对两组分别继续快速排序，直到整个序列按关键码有序。

一趟快速排序（也称为划分）的关键是如何确定支点记录的最终位置，步骤如下。

（1）确定支点记录 （一般取第一个记录）；

（2）首先设置两个指针 low 和 high 指示待划分的区域的两个端点，其中 low 所指的记录就是支点记录，在 low<high 的前提下，执行下一步骤；

（3）从 high 指针开始向前搜索比支点关键码小的记录，并将其交换到 low 指针处；

（4）low 向后移动一个位置；

（5）从 low 指针开始向后搜索比支点关键码大的记录，并将其交换到 high 指针处；

（6）high 向前移动一个位置；

（7）重复步骤（3）～步骤（6），直至 low 和 high 相等。

【例 10.4】 8 个记录（34，39，31，20，50，60，40，28）的一趟快速排序过程如下（其中加□表示支点记录）。

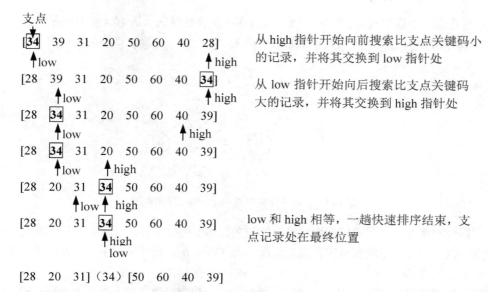

支点

[34 39 31 20 50 60 40 28]　　　从 high 指针开始向前搜索比支点关键码小
↑low　　　　　　　　↑high　　　的记录，并将其交换到 low 指针处

[28 39 31 20 50 60 40 34]　　　从 low 指针开始向后搜索比支点关键码
　↑low　　　　　　　↑high　　　大的记录，并将其交换到 high 指针处

[28 34 31 20 50 60 40 39]
　↑low　　　　　　　↑high

[28 34 31 20 50 60 40 39]
　↑low　↑high

[28 20 31 34 50 60 40 39]
　　↑low↑high

[28 20 31 34 50 60 40 39]　　　low 和 high 相等，一趟快速排序结束，支
　　　↑high　　　　　　　　　点记录处在最终位置
　　　low

[28 20 31]（34）[50 60 40 39]

一趟快速排序算法如算法 10-7 所示。在此算法中，为了减少支点移动的次数，先将支点记录缓存起来，最后置入最终的位置。

算法 10-7　一趟快速排序（划分）算法

```
int  Partition(Node r[ ],int low,int high)
{
   if(low==high)return low;
   r[0]=r[low];                                  //缓存支点记录
   while(low<high)
   {
      while(low<high && r[high].key>=r[0].key)high--;
      if(low<high){r[low]=r[high]; low++;}
      while(low<high && r[low].key<=r[0].key)low++;
      if(low<high){r[high]=r[low]; high--;}
   }
   r[low]=r[0];                                   //支点记录最终位置
   return low;
}
```

经过划分之后，支点被放在最终排好序的位置上，再分别对支点前后的两组继续划分，直到每一组只有一个记录为止，则形成最后的有序序列。快速排序算法如下。

算法 10-8　快速排序算法

```
void  Qsort(Node r[ ],int s,int t)
{
   int i;
   if(s >= t)return;
   i= Partition(r,s,t);
   Qsort(r,s,i-1);
   Qsort(r,i+1,t);
}
void Quick_sort(Node r[ ],int n)
{
   Qsort(r,1,n);
}
```

快速排序是一个递归过程，可用一棵二叉排序树形象地给出。例 10.4 中各记录快速排序递归过程如图 10.1 所示（每个结点为支点记录关键码）。

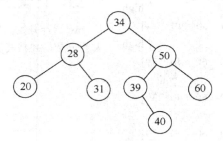

图 10.1　快速排序递归调用过程的二叉树表示

从空间效率来看，每层递归调用时的指针和参数均要用栈来存放，递归调用层次与上述二叉树的深度一致。因此，空间复杂度在理想情况下为 $O(\log_2 n)$。最坏情况下，二叉树蜕化为一个单链，空间复杂度为 $O(n)$。

从时间效率来看，在 n 个记录的待排序列中，一趟快速排序需要 n-1 次关键码比较，时间复杂度为 $O(n)$。理想情况下，每趟快速排序正好分成两个等长的子序列，时间复杂度为 $O(n\log_2 n)$。最坏情况下（如原始序列已经有序），每趟快速排序只得到一个子序列，时间复杂度为 $O(n^2)$。

快速排序通常被认为在同数量级 $O(n\log_2 n)$ 的排序方法中平均性能最好。但若初始序列已经按关键码有序或基本有序时，快速排序反而蜕化，效率降低。为改进这种情况，可以利用"三者取中法"选取支点记录，即将排序区间的两个端点与中点 3 个记录关键码居中的记录调整为支点记录。

快速排序是一个不稳定的排序方法。

10.4　选　择　排　序

设整个待排序列 r 被划分成两部分：（已按关键码值从小到大排序的有序区）[无序区]，初始状态是所有的记录都在无序区。

初始状态：（）[$r[1]$ $r[2]$…$r[n]$]。

选择排序的基本思想是：每次从无序区选择关键码值最小的记录，添加到有序区的尾部，直至所有记录有序。选择排序的关键是如何从无序区中选择最小记录。

10.4.1　简单选择排序

简单选择排序中关键码值最小的记录选择方法是：在无序区中依次比较各记录关键码值。具体步骤如下。

（1）从无序区中依次比较找出关键码最小的记录，与该区第一个记录交换；

（2）将无序区第一个记录加入有序区尾部，并从无序区删除；

（3）重复步骤（1）、（2），直至全部记录有序。

【例 10.5】 6 个记录（53，36，48，<u>36</u>，60，7）的简单选择排序过程如下。

初始状态： （ ）[53　36　48　<u>36</u>　60　7]

第 1 次选择： （ ）[53　36　48　<u>36</u>　60　7]

第 2 次选择： （7）[36　48　<u>36</u>　60　53]

第 3 次选择： （7　36）[48　<u>36</u>　60　53]

第 4 次选择： （7　36　<u>36</u>）[48　60　53]

第 5 次选择： （7　36　<u>36</u>　48）[60　53]

（7　36　<u>36</u>　48　53）[60]

最终状态： （7　36　<u>36</u>　48　53　60）

n 个记录经过 $n-1$ 次选择将全部排好序，简单选择排序算法如下。

算法 10-9　简单选择排序算法

```
void Select_sort(Node r[ ],int n)
{
   int  i,j,k;
   for(i=1;i<n;i++)
   {
      for(k=i,j=i+1;j<=n;j++)               //选择最小的记录序号 k
        if(r[j].key<r[k].key)k=j;
      if(i!=k) {r[0]=r[k]; r[k]=r[i]; r[i]=r[0];}
   }
}
```

算法 10-9 时间性能分析：从时间效率来看，记录移动的次数比较少，主要的基本操作为比较。比较次数为：

$$\sum_{i=1}^{n-1}(n-i) = n(n-1)/2$$

时间复杂度：$T(n)=O(n^2)$。

从空间效率来看，记录交换时需要一个辅助空间。

简单选择排序是一种不稳定排序，它的时间主要花费在记录的比较上。在每一轮选择最小记录过程中，记录的比较结果没有保存，造成后面的选择中重复比较。为提高效率、减少比较次数，应该保留每次比较的结果，树型选择排序和堆排序就是采取这种方法。

10.4.2　树型选择排序

树型选择排序按照锦标赛的思路进行，具体步骤如下。

（1）将 n 个参赛的选手看成完全二叉树的叶结点；

（2）两两进行比赛，胜出的产生一个新结点（如果 n 是奇数，则最后一个直接胜出）；

（3）在胜出的结点中重复步骤（2），直至胜出的结点个数为 1（该结点为完全二叉树的根），这时产生了第一名；

（4）输出第一名，在完全二叉树中将原第一名的结点设置成最差的，从叶子开始至根，依次和二叉树上原来与之比较过的结点进行重新比较，直至获得第二名；

（5）重复步骤（4），直至所有选手的名次排定。

【例 10.6】 7 个记录（20，60，21，30，28，50，34）的树型选择排序中产生第一名及第二名的过程分别如图 10.2 和图 10.3 所示。

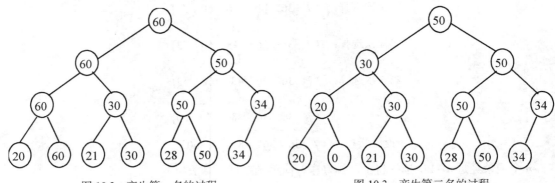

图 10.2　产生第一名的过程　　　　　　　　图 10.3　产生第二名的过程

n 个记录进行树型选择排序的过程中，产生第一名需要的比较次数等于完全二叉树上非叶子结点个数，即 $n-1$ 个。以后每个名次的产生需要的比较次数等于树的高度 $\log_2 n$。所以，总的关键码比较次数至多为 $(n-1)+(n-1)\log_2 n$，所以时间复杂度为 $O(n\log_2 n)$。该方法的时间效率比简单选择排序提高了，但需要 $n-1$ 个记录辅助空间。

10.4.3　堆排序

堆排序是将待排序的记录集合看作顺序存储的完全二叉树，然后利用二叉树的特征实现对记录集合的排序。

1. 堆定义

一个数据序列 $\{K_1, K_2, \cdots, K_n\}$，当满足如下关系时（其中 $i=1$，2，3，$\cdots$，$\dfrac{n}{2}$），称为堆。

$$\begin{cases} K_i \leqslant K_{2i} \\ K_i \leqslant K_{2i+1} \end{cases}$$

或

$$\begin{cases} K_i \geqslant K_{2i} \\ K_i \geqslant K_{2i+1} \end{cases}$$

前者称为小顶堆，后者称为大顶堆。可以用完全二叉树的形式直观地描述一个堆。

【例 10.7】 序列（12，36，24，85，47，30，53，91）是一个小顶堆，其存储结构如图 10.4（a）所示；序列（91，47，85，24，36，53，30，16）是一个大顶堆，其存储结构如图 10.4（b）所示。

以下都以大顶堆为例。由堆的特点可知，虽然序列中的记录无序，但堆顶记录的关键码是最大的。堆排序的基本思想是：首先将 n 个记录按关键码建成堆（称为初始堆），将堆顶元素输出，然后将剩下的元素调整成堆……如此反复，便得到一个按关键码有序的序列。

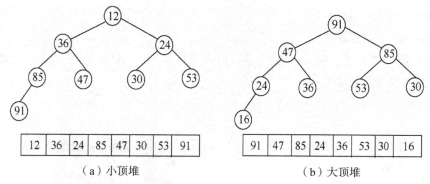

（a）小顶堆　　　　　　　　　　（b）大顶堆

图 10.4　堆及其顺序存储结构

堆排序的实现需要解决两个问题：

（1）如何由一个无序序列建立初始堆？

（2）在输出堆顶元素之后，如何调整剩余元素，使之成为一个新的堆？这个过程称为筛选。

下面先讨论第二个问题。

2．筛选

由堆的特点可知，输出堆顶元素之后，剩下的左、右两棵子树分别是一个堆。因此筛选的具体步骤如下。

（1）以堆中最后一个元素替代堆顶位置，设为 x；

（2）将元素 x 的关键码值与其左、右孩子中较大者（设为 y）进行比较，如果 $x>y$，则算法结束，否则转至步骤（3）；

（3）x、y 交换；

（4）如果 x 所在结点为叶子，则算法结束，否则转至步骤（2）。

【例 10.8】 大顶堆（91，47，85，24，36，53，30，16）筛选过程如图 10.5 所示。

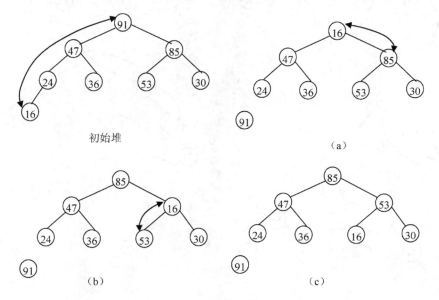

图 10.5　筛选过程

3. 堆排序筛选算法描述

算法 10-10 筛选算法

（进行筛选的元素存放在 $r[s \cdots t]$ 中，$r[s \cdots t]$ 中的记录除 $r[s]$ 外均满足堆的特性，本算法将对其进行筛选，使其成为大顶堆）

```
void  Sift(Node r[ ],int s,int t)
{
  int i,j;
  r[0]=r[s];                                    //堆顶元素暂存在 r[0]
  i=s; j=2*i;
  while(j<=t)                                   //堆顶元素下筛
  {
    if(j+1<=t&&r[j+1].key>r[j].key)j++;         //确定下筛方向
    if(r[0].key<r[j].key){r[i]=r[j];i=j;j=2*i;} //r[j]往堆顶方向上移
    else break;
  }
  r[i]=r[0];                                    //原堆顶元素的最后位置
}
```

4. 初始堆建立

初始堆建立方法：从无序序列的第 $n/2$ 个元素（此无序序列对应的完全二叉树的最后一个非终端结点）起，至第一个元素止，进行反复筛选。

【例 10.9】 8 个记录（16，24，53，47，36，85，30，91）建立初始大顶堆过程如图 10.6 所示。

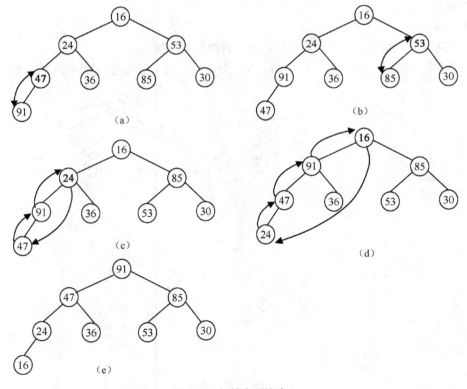

图 10.6 初始大顶堆建立

5.　堆排序算法的实现

堆排序的过程为：

（1）对 n 个元素序列先建立初始堆；

（2）对该堆进行 $n-1$ 次筛选。

算法 10-11　堆排序算法

```
void Heat_sort(Node r[ ],int n)
{                                          //堆排序算法
   int i;
   for(i=n/2;i>=1;i--)Sift(r,i,n);         //建立初始堆
   for(i=n;i>=2;i--)                       //n-1 次筛选
   {
      r[0]=r[i];r[i]=r[1];r[1]=r[0];
      Sift(r,1,i-1);
   }
}
```

算法 10-11 性能分析：堆排序的时间复杂度仍为 $O(n\log_2 n)$，但只需要一个辅助空间。

10.5　归　并　排　序

归并排序的基本思路是将多个有序表进行若干次归并，最后合成一个有序序列。通常采用二路归并排序，其基本操作是将两个有序序列合并为一个有序表，称为一次归并。

1.　一次归并

算法 10-12　一次归并算法（待排序的元素存放在 $r1[s..t]$ 中，其中 $r1[s\cdots m]$ 和 $r1[m+1\cdots t]$ 分别有序，合并之后存放在 $r2[s\cdots t]$ 中）

```
void Mergeone(Node  r1[],Node  r2[],int s,int m,int t)
{
   int i,j,k;
   i=s;j=m+1;k=s;
   while(i<=m &&j<=t)
     if(r1[i].key<=r1[j].key){r2[k]=r1[i];i++;k++;}
     else {r2[k]=r1[j];j++;k++;}
   while(i<=m)r2[k++]=r1[i++];
   while(j<=t)r2[k++]=r1[j++];
}
```

2.　二路归并

n 个记录进行二路归并的具体步骤如下。

（1）将 n 个记录看成 n 个长度为 L（L 初值为 1）的有序子表；

（2）进行一趟归并：将两两有序子表分别进行一次归并，使原来长度为 L 的有序子表变为长度为 $2L$ 的有序子表；

（3）重复步骤（2），直至归并为一个长度为 n 的有序表。

【例 10.10】　7 个记录（34，39，31，20，50，10，4）的二路归并过程如下。

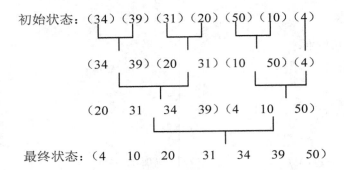

初始状态：（34）（39）（31）（20）（50）（10）（4）

（34　39）（20　31）（10　50）（4）

（20　31　34　39）（4　10　50）

最终状态：（4　10　20　31　34　39　50）

应用一次归并算法 Mergeone，可以写出将长度为 L 的序列归并为长度为 $2L$ 的一趟归并，算法需要 2 个步骤：

（1）两个子表长度都为 L 的子表合并。

（2）剩下子表分为两种情况：

① 剩下两个子表，其中一个表长为 L，另一个表长 $<L$；

② 剩下一个子表，该子表长 $\leqslant L$。

算法 10-13　一趟归并算法

```
void Mergepass(Node r1[],Node r2[],int L,int n)
{                                      //r1 中子表长为 L，进行一趟归并到 r2
   int i=1;
   while(i+2*L-1<=n)                   //两个子表长度都为 L 的合并
   {
      Mergeone(r1,r2,i,i+L-1,i+2*L-1);
      i= i+2*L;
   }
   if(i+L-1<n)                         //剩下两个子表，其中一个表长为 L，另一个不足 L
      Mergeone(r1,r2,i,i+L-1,n);
   else                                //剩下一个子表长≤L
      for(;i<=n;i++)r2[i]=r1[i];
}
```

二路归并就是将 n 个记录的序列进行若干趟归并。

算法 10-14　二路归并算法

```
void Merge_sort(Node r[ ],int n)
{
   Node r1[MAX];
   int len=1;
   while(len<n)
   {
      Mergepass(r,r1,len,n);
      len=2*len;
      Mergepass(r1,r,len,n);
      len=2*len;
   }
}
```

算法 10-14 性能分析：二路归并需要一个与表长等长的辅助数组空间，所以空间复杂度为

O(n)。若将这 n 个元素看作叶子结点，将两两归并合成的子表看作它们的父结点，则归并过程对应由叶子结点向根生成一棵二叉树的过程。所以归并趟数约等于二叉树的高度-1，即 $\log_2 n$。每趟归并需移动记录 n 次，故时间复杂度为 O($n\log_2 n$)。

归并排序是一种稳定的排序方法。

3. 归并排序的递归算法

归并排序方法也可以用递归的形式描述，即首先将待排序的记录序列分为左、右两部分，并分别将这两部分用归并方法进行排序，最后调用一次归并算法（Mergeone）将这两个有序段合并成一个含有全部记录的有序段。

算法 10-15 二路归并的递归算法

```
void Msort(Node  r1[],int s,int t)
{
   Node r2[MAX];
   int m;
   if(s == t)return;
   else
   {
     m=(s + t)/2;
     Msort(r1,s,m);
     Msort(r1,m+1,t);
     Mergeone(r1,r2,s,m,t);
     Mergeone(r2,r1,s,t,t);
   }
}
void  Merge1_sort(Node r[ ],int n)
{
   Msort(r,1,n);
}
```

归并排序的递归算法从程序的书写形式上看比较简单，但是在算法执行时，需要占用较多的辅助存储空间，即除了在递归调用时需要保存一些必要的信息外，还需要与存放原始记录序列同样数量的存储空间，以便存放归并结果。

归并排序与快速排序及堆排序相比，虽然需要较多的存储空间，但它是一种稳定的排序方法。

10.6 分 配 排 序

分配排序是一种借助于多关键码排序的思想，是将单关键码转换成"多关键码"进行排序的方法。

10.6.1 多关键码排序

看一个例子：扑克牌排序，扑克牌中的 52 张牌具有花色和面值两种属性，大小顺序定义为：

花色：梅花<方块<红心<黑桃

面值：2<3<4<…<Q<K<A

若对扑克牌按花色、面值进行升序排序，可排成如下序列：梅花 2，梅花 3，…，梅花 A，方块 2，…，黑桃 A。

两张牌若花色不同，不论面值怎样，花色低的那张牌小于花色高的；只有在同花色情况下，大小关系才由面值的大小确定。这就是扑克牌的多关键码排序。这里关键码可以看成"花色"和"面值"组成的复合关键码 K^2K^1，K^1 代表面值，K^2 代表花色。

扑克牌排序方法有两种：

（1）最高位优先法（MSD 法）：首先按花色 K^2 分成 4 类，然后每类按面值 K^1 从小到大排序，最后按花色从小到大叠放在一起。

（2）最低位优先法（LSD 法）：首先按面值 K^1 分成 13 类，从小到大收集，然后按花色 K^2 分成 4 堆，最后从小到大收集。

MSD 与 LSD 在算法实现时有所不同。按 MSD 排序，必须将序列逐层分割成若干子序列，然后对各子序列分别排序；而按 LSD 排序，不必分成子序列，对每个关键码都是整个序列参加排序，并且可不通过关键码比较，只需若干次分配与收集实现排序。

因此，LSD 排序算法容易实现。分配排序采用 LSD 方法进行排序，存储结构可以采用顺序或链式。本节采用链式存储结构，称为链式基数排序。

10.6.2　链式基数排序

基数指的是值的范围，如十进制数的基数为 10，26 个英文字母的基数为 26。

设 n 个记录的关键码分别为（K_1，K_2，$\cdots$，K_n），基数为 RADIX。基数排序的基本思想是：将每个记录的关键码 K_i（i=1，2，$\cdots$，n）看成是由 d 位单关键码组成的，每一位值的范围都在 0～RADIX-1 内，K_i 表示为：

$$K_i=K_i^d\cdots K_i^1$$

其中，K_i^1 是最低位，K_i^d 是最高位。链式基数排序是以链表作为排序表的存储结构，用 RADIX 个链队列作为分配队列，具体步骤如下。

（1）n 个初始记录形成一个单链表 h；

（2）根据基数 RADIX，设定 RADIX 个空队列，初始化 s=1；

（3）按 LSD 法，把 n 个记录按第 s 位关键码 K^s 值分配到相应队列；

（4）将 RADIX 个队列从小到大首尾相接进行收集，此时 n 个关键码已按第 s 位关键码 K^s 的值排好序；

（5）设 s=s+1，重复步骤（3）、（4）进行分配和收集，直至 s=d。

【例 10.11】　10 个记录（129，108，205，083，469，970，025，039，372，052），每个记录关键码由 3 位组成。利用链式基数排序，经过 3 趟的分配和收集形成有序序列，具体排序过程如下。

初始记录形成单链表；

h →129 →108 →205 →083 →469 →970 →025 →039 →372 →052 ∧

第一趟按个位数进行分配，修改结点指针域，将链表中的每个记录根据个位数的值分配到相应的链队列中；

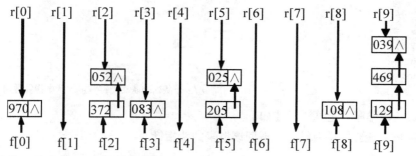

第一趟收集，将各队列首尾链接起来，形成单链表；

第二趟按<u>十位数</u>进行分配，修改结点指针域，将链表中的每个记录根据十位数的值分配到相应的链队列中；

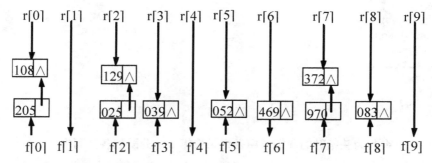

第二趟收集，将各队列首尾链接起来，形成单链表；

第三趟按<u>百位数</u>进行分配，修改结点指针域，将链表中的每个记录根据百位数值分配到相应的链队列中；

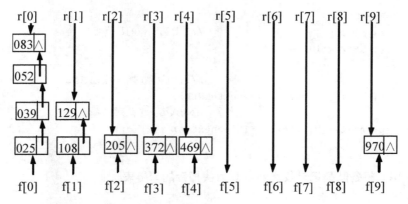

第三趟收集，将各队列首尾链接起来，形成单链表，此时，序列已有序；

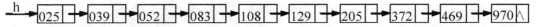

（1）链式基数排序的类型定义：

```
#define RADIX 10
typedef int KeyType;
```

```
typedef struct Node                          //链表结点类
{
  KeyType key;                               //关键码
  struct Node *next;
} JLNode;
JLNode  *f[RADIX],*r[RADIX];                 //r个队列的队头指针数组和队尾指针数组*
```

（2）链式基数排序关键算法描述如下。

算法 10-16   建立初始单链表，返回该链表的头指针

```
#define END -1
JLNode *Creat_RanLinklist( )
{
  JLNode *h=NULL;
  JLNode *p;
  KeyType x;
  cin>>x;
  while(x!=END)
  {  p=new JLNode;
     p->key=x;
     p->next=h; h=p;
     cin>>x;
  }
   return h;
}
```

算法 10-17   将 h 为头指针的单链表中各记录按第 s 位分配到各队列中

```
void Distribute(JLNode **h,int s,JLNode *f[],JLNode *r[])
{
    JLNode *p;
    int k,j;
    while(*h)
    {
       p=*h;
       *h=p->next;
       k=p->key;j=s;                         //计算第 s 位的数值 k
       while(j>1){k=k/10;j--;}
       k=k%10;
       if(r[k]==NULL)                        //r[k]队列的第一个记录插入
           {f[k]=p; r[k]=p;  r[k]->next=NULL;}
       else                                  //插入第 k 个队列的队尾
           {p->next=r[k]->next; r[k]->next=p; r[k]=p;}
    }
}
```

算法 10-18   将各队列记录收集到以 h 为头指针的单链表

```
void Collect(JLNode **h,JLNode *f[],JLNode *r[])
                                             //将各队列记录收集到以 *h 为头指针的单链表中
   {
   *h=NULL;
   for(int j=RADIX-1;j>=0;j--)
   if(f[j]!=NULL)
    { r[j]->next=*h;*h=f[j]; }                //本队列链到单链表前面
}
```

算法 10–19　链式基数排序算法

```
void Radix_sort(JLNode **h,int d)
                              //链式基数排序算法,d为关键码的最大位数
    {
    JLNode *f[RADIX],*r[RADIX];
    for(int j=0;j<RADIX;j++)
    {
      f[j]=NULL;
      r[j]=NULL;
    }
    for(int i=1;i<=d;i++)
    {
      Distribute(h,i,f,r);
      Collect(h,f,r);
    }
}
```

算法性能分析：从时间效率来看，设待排序序列为 n 个记录，d 为关键码位数，每位关键码的取值范围为 0～RADIX-1，一趟分配时间复杂度为 O(n)，一趟收集时间复杂度为 O(RADIX)，共进行 d 趟分配和收集，所以链式基数排序的时间复杂度为 O($d(n$+RADIX))；从空间效率来看，需要 2*RADIX 个队列头尾指针辅助空间。

链式基数排序是稳定的排序方法。

10.7　各种内排序方法的比较和选择

好的排序方法是比较次数及占用的存储空间都应该比较少。

就平均时间性能而言，快速排序最佳，但快速排序在最坏情况下时间性能不如堆排序和归并排序。而后两者相比较的结果是，在 n 值较大时，归并排序所需时间较堆排序少，但它所需的辅助存储量最多。

简单排序包括直接插入排序、折半插入排序、冒泡排序和简单选择排序，其中直接插入排序最简单。当序列中的记录基本有序或 n 值较小时，它是最佳的排序方法。因此常将它和其他排序方法，如快速排序、归并排序等结合起来使用。

各种内排序方法的性能比较如表 10-4 所示。

表 10-4　　　　　　　　　　　各种内排序方法的比较

排序方法	平均时间	最好时间性能	最坏时间性能	辅助存储空间	稳定性
直接插入排序	O(n^2)	O(n)	O(n^2)	O(1)	稳定
冒泡排序	O(n^2)	O(n)	O(n^2)	O(1)	稳定
快速排序	O($n\log_2 n$)	O($n\log_2 n$)	O(n^2)	O($\log_2 n$)～O(n)	不稳定
简单选择排序	O(n^2)	O(n^2)	O(n^2)	O(1)	稳定
归并排序	O($n\log_2 n$)	O($n\log_2 n$)	O($n\log_2 n$)	O(n)	稳定
基数排序	O($d(n$+RADIX))	O($d(n$+RADIX))	O($d(n$+RADIX))	O(2*RADIX)	稳定
堆排序	O($n\log_2 n$)	O($n\log_2 n$)	O($n\log_2 n$)	O(1)	不稳定

在实际运用中，应该根据各排序记录的特征来选择排序方法。若待排序的记录个数 n 较小，可采用直接插入、冒泡或简单选择排序。当记录本身信息量较大时，由于直接插入、冒泡排序所需记录移动的操作次数较多，因此可以选择简单选择排序方法。

若待排序的记录已经按关键码基本有序，则宜采用直接插入或冒泡排序。

若当 n 值较大且记录的关键码位数较少，则采用链式基数排序较好。

若 n 值较大，则应采用快速排序、堆排序或归并排序方法。快速排序是目前内部排序中被认为最好的方法。当待排序记录的关键码位随机分布时，快速排序的平均运行时间最短。堆排序的优点是只需一个辅助存储空间，并且不会出现快速排序可能出现的最坏情况。这两种排序方法都是不稳定排序方法。若要求排序稳定，则可选择归并排序。

归并排序通常和直接插入排序结合起来使用。

本章小结

排序是数据处理中经常出现的一种操作。排序分为内排序和外排序，内排序是将待排序记录全部放在内存的排序，外排序是对存放在外存的大型文件的排序。本章介绍了各种内排序的方法。根据排序所依据的基本思想，把排序分为插入排序、交换排序、选择排序、归并排序和分配排序。要求读者掌握各种内部排序方法的基本思想、特点、时间和空间性能，以及排序的稳定性情况。

习　题

一、选择题

1. 下面给出的 4 种排序方法中，排序过程中（　　）排序法的比较次数与记录初始排列次序无关。

  A. 简单选择　　　B. 直接插入　　　C. 快速　　　D. 堆

2. 对一组数据（84，47，25，15，21）排序，数据的排列次序在排序的过程中的变化为：

  （1）84 47 25 15 21　　　　　（2）15 47 25 84 21

  （3）15 21 25 84 47　　　　　（4）15 21 25 47 84

则采用的是（　　）排序。

  A. 简单选择　　　B. 冒泡　　　C. 快速　　　D. 直接插入

3. 下列排序算法中，（　　）排序在一趟结束后不一定能选出一个元素放在其最终位置上。

  A. 简单选择　　　B. 冒泡　　　C. 归并　　　D. 堆

4. 一组记录的关键码为（46，79，56，38，40，84），若利用快速排序的方法，则以第一个记录为基准得到的一次划分结果为（　　）。

  A.（38，40，46，56，79，84）　　　B.（40，38，46，79，56，84）

  C.（40，38，46，56，79，84）　　　D.（40，38，46，84，56，79）

5. 在下面的排序方法中，辅助空间为 O(n) 的是（　　）排序。

  A. 希尔　　　B. 堆　　　C. 简单选择　　　D. 归并

6. 下列排序算法中，在待排序数据已有序时，花费时间反而最多的是（　　）排序。

　　A. 冒泡　　　　　B. 希尔　　　　　C. 快速　　　　　D. 堆

7. 下列排序算法中，在每一趟都能选出一个元素放到其最终位置上，并且其时间性能受数据初始特性影响的是（　　）排序。

　　A. 直接插入　　　B. 快速　　　　C. 简单选择　　　D. 归并

8. 对初始状态为递增序列的表按递增顺序排序，最省时间的是（　　）排序算法，最费时间的是（　　）排序算法。

　　A. 堆　　　　　　B. 快速　　　　C. 直接插入　　　D. 归并

9. 如果只想得到 1 000 个元素组成的序列中第 5 个最小元素之前的部分排序的序列，用（　　）排序方法最快。

　　A. 简单选择　　　B. 快速　　　　C. Shell　　　　D. 堆

10. 下列排序算法中，（　　）排序算法可能会出现下面情况：在最后一趟开始之前，所有元素都不在其最终的位置上。

　　A. 堆　　　　　　B. 冒泡　　　　C. 快速　　　　D. 直接插入

11. 在排序算法中，每次从未排序的记录中挑出最小（或最大）关键码字的记录，加入到已排序记录的末尾，该方法是（　　）排序。

　　A. 简单选择　　　B. 冒泡　　　　C. 直接插入　　　D. 堆

12. 用直接插入排序方法对下面 4 个序列进行排序（由小到大），元素比较次数最少的是（　　）。

　　A. 94，32，40，90，80，46，21，69　　B. 32，40，21，46，69，94，90，80
　　C. 21，32，46，40，80，69，90，94　　D. 90，69，80，46，21，32，94，40

13. 若用冒泡排序方法对序列{10，14，26，29，41，52}从大到小排序，则需进行（　　）次比较。

　　A. 5　　　　　　B. 10　　　　　C. 15　　　　　D. 25

14. 快速排序方法在（　　）情况下最不利于发挥其长处。

　　A. 要排序的数据量太大　　　　　B. 要排序的数据中含有多个相同值
　　C. 要排序的数据个数为奇数　　　D. 要排序的数据已基本有序

15. 以下序列不是堆的是（　　）。

　　A.（100，85，98，77，80，60，82，40，20，10，66）
　　B.（100，98，85，82，80，77，66，60，40，20，10）
　　C.（10，20，40，60，66，77，80，82，85，98，100）
　　D.（100，85，40，77，80，60，66，98，82，10，20）

二、判断题

1. 当待排序列的元素数量较大时，为了交换元素的位置，移动元素要占用较多的时间，这是影响时间复杂度的主要因素。　　　　　　　　　　　　　　　　　　　　（　　）

2. 内排序要求数据一定要以顺序方式存储。　　　　　　　　　　　　　　（　　）

3. 排序算法中的比较次数与初始元素序列的排列无关。　　　　　　　　（　　）

4. 在初始数据表已经有序时，快速排序算法的时间复杂度为 $O(n\log_2 n)$。　（　　）

5. 堆肯定是一棵平衡二叉树。　　　　　　　　　　　　　　　　　　　　（　　）

6.（101，88，46，70，34，39，45，58，66，10）是堆。　　　　　　　（　　）

7. 堆排序是稳定的排序方法。　　　　　　　　　　　　　　　　　　　　（　　）

8. 归并排序辅助存储为 O（1）。 （   ）

9. 冒泡排序和快速排序都是基于交换两个逆序元素的排序方法。冒泡排序算法的最坏时间复杂度是 $O(n*n)$，而快速排序算法的最坏时间复杂度是 $O(n\log_2 n)$。所以快速排序在任何情况下都比冒泡排序算法效率高。 （   ）

10. 快速排序和归并排序在最坏情况下的比较次数都是 $O(n\log_2 n)$。 （   ）

三、填空题

1. 排序方法有许多种，_____法从未排序的序列中依次取出元素，与已排序序列中的元素作比较，将其放入已排序序列的正确位置上；_____法从未排序的序列中挑选元素，并将其依次放入已排序序列（初始时为空）的一端；交换排序方法是对序列中的元素进行一系列比较，当被比较的两元素逆序时，进行交换；_____和_____是基于这类方法的两种排序方法，而_____是比_____效率更高的方法；_____法是基于选择排序的一种排序方法，是完全二叉树结构的一个重要应用。

2. 分别采用堆排序、快速排序、冒泡排序和归并排序，对初态为有序的表，则最省时间的是_____算法，最费时间的是_____算法。

3. 分别采用选择排序、快速排序、冒泡排序和直接插入排序，不受待排序初始序列的影响，时间复杂度为 $O(n^2)$ 的排序算法是_____。在排序算法的最后一趟开始之前，所有元素都可能不在其最终位置上的排序算法是_____。

4. 直接插入排序用监视哨的作用是_____。

5. 设有字母序列{Q, D, F, X, A, P, N, B, Y, M, C, W}，按字母顺序递增排序，请写出2路归并排序方法对该序列进行一趟扫描后的结果：_____。

6. 关键码序列（Q, H, C, Y, Q, A, M, S, R, D, F, X），要按照关键码值递增的次序进行排序，若采用初始步长为 4 的 Shell 排序法，则一趟扫描的结果是_____；若采用以第一个元素为分界元素的快速排序法，则扫描一趟的结果是_____。

四、应用题

1. 在各种排序方法中，哪些是稳定的？哪些是不稳定的？并为每一种不稳定的排序方法举出一个不稳定的实例。

2. 有堆排序、快速排序和归并排序3种排序方法。

（1）若只从存储空间考虑，则应首先选取哪种排序方法，其次选取哪种排序方法，最后选取哪种排序方法？

（2）若只从排序结果的稳定性考虑，则应选取哪种排序方法？

（3）若只从平均情况下排序最快考虑，则应选取哪种排序方法？

（4）若只从最坏情况下排序最快并且要节省内存考虑，则应选取哪种排序方法？

3. 对于 n 个元素组成的线性表进行快速排序时，所需进行的比较次数与这 n 个元素的初始排序有关。问：

（1）当 $n=7$ 时，在最好情况下需进行多少次比较？请说明理由。

（2）当 $n=7$ 时，给出一个最好情况的初始排序的实例。

（3）当 $n=7$ 时，在最坏情况下需进行多少次比较？请说明理由。

（4）当 $n=7$ 时，给出一个最坏情况的初始排序的实例。

4. 已知关键字序列为（24, 69, 12, 30, 96, 8, 26, 76, 87, 70），试分别用下列排序方法进行排序，并写出每一趟排序后的结果。

（1）直接插入排序；（2）简单选择排序；（3）冒泡排序；（4）归并排序；（5）基数排序。

5. 对给定文件（28，07，39，10，65，14，61，17，50，21）选择第一个元素 28 进行划分，写出其快速排序第一遍的排序过程。

6. 判别下列两个序列是否为堆，若不是，按照对序列建堆的思想把它调整为堆，用图表示建堆的过程。

（1）（1，5，7，20，18，8，8，40）；（2）（18，9，5，8，4，17，21，6）。

7. 在多关键字排序时，LSD 和 MSD 两种方法的特点是什么？

8. 请写出应填入下列叙述中（　　）内的正确答案。

排序有各种方法，如直接插入排序、快速排序、堆排序等。

设一数组中原有数据如下：15，13，20，18，12，60。下面是一组由不同排序方法进行一趟排序后的结果。

（　　）排序的结果为：12，13，15，18，20，60

（　　）排序的结果为：13，15，18，12，20，60

（　　）排序的结果为：13，15，20，18，12，60

（　　）排序的结果为：12，13，20，18，15，60

五、算法设计题

1. 有 n 个记录存储在带头结点的双向链表中，现用双向起泡排序法对其按上升序进行排序，请写出这种排序的算法。（注：双向起泡排序即相邻两趟排序向相反方向起泡。）

2. 有一种简单的排序算法，叫作计数排序（Count Sorting）。这种排序算法对一个待排序的表（用数组表示）进行排序，并将排序结果存放到另一个新表中。必须注意的是，表中所有待排序的关键码互不相同，计数排序算法针对表中的每个记录，扫描待排序的表一趟，统计表中有多少个记录的关键码比该记录的关键码小。假设针对某一个记录，统计出的计数值为 c，那么，这个记录在新的有序表中的合适的存放位置即为 c。编写实现计数排序的算法。

3. 编写算法，对 n 个关键字取整数的记录进行整理，使得所有关键字为负值的记录排在关键字为非负值的记录之前，要求：

（1）采用顺序存储结构，至多使用一个记录的辅助存储空间；

（2）算法的时间复杂度为 O(n)；

（3）讨论算法中记录的最大移动次数。